21世纪应用型本科教学改革新形态教材

渭南师范学院“十三五”重大科研项目（“基于数论的密码算法及云数据安全外包系统”）资助

线性代数

◎赵教练 主 编
谢小韦 副主编

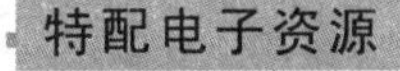

南京大学出版社

图书在版编目(CIP)数据

线性代数 / 赵教练主编. —南京：南京大学出版社，2020.7(2022.6 重印)

ISBN 978-7-305-23304-3

Ⅰ.①线… Ⅱ.①赵… Ⅲ.①线性代数—高等学校—教材 Ⅳ.①O151.2

中国版本图书馆 CIP 数据核字(2020)第 106370 号

出版发行 南京大学出版社
社　　址 南京市汉口路 22 号　　邮　　编 210093
出 版 人 金鑫荣

书　　名 线性代数
主　　编 赵教练
责任编辑 刘　飞　　编辑热线 025-53592146

照　　排 南京开卷文化传媒有限公司
印　　刷 盐城市华光印刷厂
开　　本 787×960 1/16 印张 12 字数 230 千
版　　次 2020 年 7 月第 1 版　2022 年 6 月第 5 次印刷
ISBN 978-7-305-23304-3
定　　价 34.00 元

网　　址：http://www.njupco.com
官方微博：http://weibo.com/njupco
官方微信号：njupress
销售咨询热线：(025)83594756

前　言

线性代数是高等教育阶段理工科类专业的一门重要的数学公共基础课。它的思想、方法和成果在科学与工程技术、管理与金融等众多领域都有着广泛的应用。瑞典数学家 Lars Garding 在其名著《Encounter with Mathematics》中说:“如果不熟悉线性代数的概念,要去学习自然科学,现在看来就和文盲差不多”。

本教材按照师范类院校从基础理论向应用型转型发展的要求,强调适用性和应用性,精简和凝练学科知识。全书主要包括行列式及其运算、矩阵及性质、向量和线性方程组理论、特征值与特征向量、矩阵相似对角化、二次型等内容。本书重点放在线性代数的基本知识、基本原理、基本方法的的介绍。

按照现行的国际标准,线性代数是通过公理化来表述的。同时,其结构化与抽象化思维方式,对训练和提高大学生的现代科学素养都大有裨益。但这也给教与学都带来了诸多障碍,本教材从以下几个角度努力尝试改变这一现状。

1. 通俗易懂。为了加强概念引入的背景介绍,讲清楚结论的来龙去脉,理清知识的逻辑体系,本书每个章节增加了二维码数字化视频讲座,及时引导学生梳理知识。

2. 因材施教。精心挑选,配置思考题和练习题;把所有习题分级配置,适应不同需求学生训练和掌握内容。

3. 交叉融合。为了激发学生学习兴趣,加强学科交叉融合。本书结合各章节内容增加了诸如插值多项式、密码学、经济学等学科的内容。

4. 注重应用。为了提升学生应用线性代数的意识和动手能力，适应未来数字时代对数学的要求，书末增加了 MATLAB 软件作为实验实训内容。

本书涵盖了全国硕士研究生入学统一考试数学类考试大纲有关线性代数的全部内容，也参考了众多的相关教材和文献资料，在此一并感谢。本书由渭南师范学院赵教练主编，南京铁道职业技术学院谢小韦老师也参与了本书的编写工作。同时，本书也得到了渭南师范学院“十三五”重大科研项目“基于数论的密码算法及云数据安全外包系统”的资助。本教材在使用过程中肯定会存在一些不足之处，衷心感谢同行专家、教师和学生批评、指正，使得本书不断完善。

编　者

2020 年 5 月

目　录

第 1 章　行列式

尽管行列式理论并不是线性代数的主体，但它无疑是处理各类线性代数问题的不可缺少的工具. 行列式的理论起源于解线性方程组，首次使用行列式概念的是 17 世纪德国数学家莱布尼茨. 后来瑞士数学家克莱姆于 1750 年发表了著名的用行列式方法解线性方程组的克莱姆法则，1772 年他对行列式做出了连贯的逻辑阐述. 法国数学家柯西于 1840 年给出了现代的行列式概念和符号，包括行列式一词的使用，但他的某些思想和方法来自于高斯. 在行列式理论形成和发展中做出重要贡献的还有拉格朗日、维尔斯特拉斯、西勤维特斯和凯莱等著名数学家.

本章通过解二元或三元线性方程组，引入了 2 阶或 3 阶行列式，在此基础上，进一步建立了 n 阶行列式理论，并且讨论了 n 阶行列式对求解 n 元线性方程组的应用.

§1.1　2 阶和 3 阶行列式

我们先回顾一下，在中学里曾经学过用消元法解二元一次线性方程组

$$\begin{cases} a_{11}x_1 + a_{12}x_2 = b_1 \\ a_{21}x_1 + a_{22}x_2 = b_2 \end{cases} \tag{1.1.1}$$

的求解过程.

利用初等的加减消元法可得

$(a_{11}a_{22} - a_{12}a_{21})x_1 = b_1a_{22} - a_{12}b_2$ 和 $(a_{11}a_{22} - a_{12}a_{21})x_2 = a_{11}b_2 - b_1a_{21}$.

因此当 $a_{11}a_{22} - a_{12}a_{21} \neq 0$ 时，则方程组(1.1.1)有唯一解：

$$x_1 = \frac{b_1a_{22} - a_{12}b_2}{a_{11}a_{22} - a_{12}a_{21}}, \quad x_2 = \frac{a_{11}b_2 - b_1a_{21}}{a_{11}a_{22} - a_{12}a_{21}}.$$

为了便于记忆，现在我们引入下列 2 阶行列式的定义：

定义 1.1.1 用 2^2 个数组成的 $\begin{vmatrix} a_{11} & a_{12} \\ a_{21} & a_{22} \end{vmatrix}$ 表示数 $a_{11}a_{22}-a_{12}a_{21}$，并称之为 2 阶行列式，其中 $a_{ij}(i,j=1,2)$ 称为 2 阶行列式的元素，横排称为行，竖排称为列；从左上角到右下角的对角线称为行列式的主对角线，从左下角到右上角的对角线称为行列式的副对角线.

于是方程组(1.1.1)的解可以用 2 阶行列式来表示：

$$x_1=\frac{\begin{vmatrix} b_1 & a_{12} \\ b_2 & a_{22} \end{vmatrix}}{\begin{vmatrix} a_{11} & a_{12} \\ a_{21} & a_{22} \end{vmatrix}},\quad x_2=\frac{\begin{vmatrix} a_{11} & b_1 \\ a_{21} & b_2 \end{vmatrix}}{\begin{vmatrix} a_{11} & a_{12} \\ a_{21} & a_{22} \end{vmatrix}}.$$

我们称 2 阶行列式 $D=\begin{vmatrix} a_{11} & a_{12} \\ a_{21} & a_{22} \end{vmatrix}$ 为方程组(1.1.1)的系数行列式，若 $D\neq 0$，用 D_j 表示将 D 中第 j 列替换成方程组(1.1.1)右边的常数列而得的 2 阶行列式，则方程组(1.1.1)的解可以用公式表示：

$$x_j=\frac{D_j}{D}(j=1,2). \tag{1.1.2}$$

例 1.1.1 用行列式解方程组 $\begin{cases} 2x+3y=1 \\ 3x-4y=-1 \end{cases}$.

解：计算 2 阶行列式

$$D=\begin{vmatrix} 2 & 3 \\ 3 & -4 \end{vmatrix}=-17, D_1=\begin{vmatrix} 1 & 3 \\ -1 & -4 \end{vmatrix}=-1, D_2=\begin{vmatrix} 2 & 1 \\ 3 & -1 \end{vmatrix}=-5.$$

因为 $D\neq 0$，所以方程组有唯一解：

$$x_1=\frac{D_1}{D}=\frac{-1}{-17}=\frac{1}{17},\quad x_2=\frac{D_2}{D}=\frac{-5}{-17}=\frac{5}{17}.$$

对于三元一次线性方程组

$$\begin{cases} a_{11}x_1+a_{12}x_2+a_{13}x_3=b_1 \\ a_{21}x_1+a_{22}x_2+a_{23}x_3=b_2, \\ a_{31}x_1+a_{32}x_2+a_{33}x_3=b_3 \end{cases} \tag{1.1.3}$$

我们同样可以得到求解公式.

我们先引入 3 阶行列式的定义：

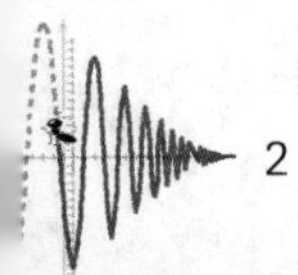

定义 1.1.2　类似地，用 3^2 个数组成的 $\begin{vmatrix} a_{11} & a_{12} & a_{13} \\ a_{21} & a_{22} & a_{23} \\ a_{31} & a_{32} & a_{33} \end{vmatrix}$ 表示数 $a_{11}a_{22}a_{33}+a_{12}a_{23}a_{31}+a_{13}a_{21}a_{32}-a_{11}a_{23}a_{32}-a_{12}a_{21}a_{33}-a_{13}a_{22}a_{31}$，并称之为3阶行列式，它是由3行3列共9个元素组成，是6项的代数和.

对于3阶行列式，我们可以用对角线法则，如下图1-1-1所示，将图中每一实线上的3个元素之积前加正号，每一虚线上的3个元素之积前加负号，最后各项相加就是3阶行列式的值.

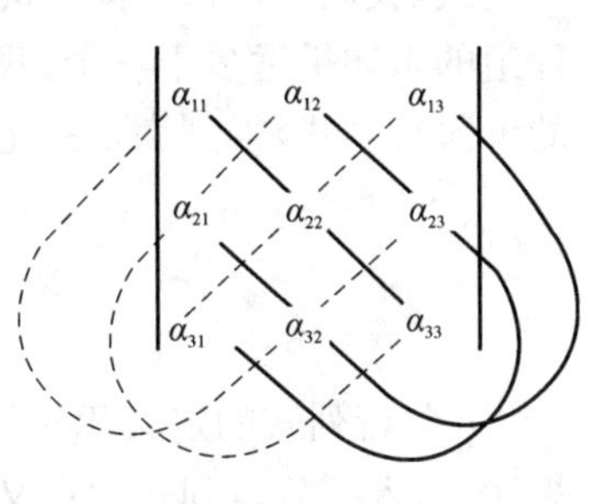

图 1-1-1

当方程组(1.1.3)的系数行列式 $D=\begin{vmatrix} a_{11} & a_{12} & a_{13} \\ a_{21} & a_{22} & a_{23} \\ a_{31} & a_{32} & a_{33} \end{vmatrix}\neq 0$ 时，类似于解方程组(1.1.1)那样，用初等的加减消元法，可得方程组(1.1.3)的唯一解：

$$x_j=\frac{D_j}{D}(j=1,2,3). \tag{1.1.4}$$

其中

$$D_1=\begin{vmatrix} b_1 & a_{12} & a_{13} \\ b_2 & a_{22} & a_{23} \\ b_3 & a_{32} & a_{33} \end{vmatrix}, D_2=\begin{vmatrix} a_{11} & b_1 & a_{13} \\ a_{21} & b_2 & a_{23} \\ a_{31} & b_3 & a_{33} \end{vmatrix}, D_3=\begin{vmatrix} a_{11} & a_{12} & b_1 \\ a_{21} & a_{22} & b_2 \\ a_{31} & a_{32} & b_3 \end{vmatrix}.$$

例 1.1.2　用行列式解方程组 $\begin{cases} x_1+x_2+x_3=0 \\ 2x_1-5x_2-3x_3=10. \\ 4x_1+8x_2+2x_3=4 \end{cases}$

解：计算3阶行列式

$$D=\begin{vmatrix} 1 & 1 & 1 \\ 2 & -5 & -3 \\ 4 & 8 & 2 \end{vmatrix}=34, D_1=\begin{vmatrix} 0 & 1 & 1 \\ 10 & -5 & -3 \\ 4 & 8 & 2 \end{vmatrix}=68,$$

$$D_2=\begin{vmatrix} 1 & 0 & 1 \\ 2 & 10 & -3 \\ 4 & 4 & 2 \end{vmatrix}=0, D_3=\begin{vmatrix} 1 & 1 & 0 \\ 2 & -5 & 10 \\ 4 & 8 & 4 \end{vmatrix}=-68.$$

因为 $D\neq0$，所以方程组有唯一解：

$$x_1=\frac{D_1}{D}=\frac{68}{34}=2,x_2=\frac{D_2}{D}=\frac{0}{34}=0,x_3=\frac{D_3}{D}=\frac{-68}{34}=-2.$$

由以上例子显见，对于二元或三元一次线性方程组，通过引入 2 阶或 3 阶行列式，我们可以得到简便的求解公式. 但在实际应用中，我们遇到的线性方程组的未知量远多于三个，我们自然希望能引入更高阶的行列式，甚至是一般的 n 阶行列式，得到满足一定条件的 n 元线性方程组的求解公式.

§1.2 n 阶行列式

n 阶行列式的定义相对复杂，我们试图从 2 阶和 3 阶行列式的定义，找出规律，引入 n 阶行列式的定义.

先将 3 阶行列式的定义(1.1.5)改写为

$$\begin{aligned}&\begin{vmatrix}a_{11}&a_{12}&a_{13}\\a_{21}&a_{22}&a_{23}\\a_{31}&a_{32}&a_{33}\end{vmatrix}\\&=a_{11}a_{22}a_{33}+a_{12}a_{23}a_{31}+a_{13}a_{21}a_{32}-a_{13}a_{22}a_{31}-a_{12}a_{21}a_{33}-a_{11}a_{23}a_{32}\\&=a_{11}(a_{22}a_{33}-a_{23}a_{32})-a_{12}(a_{21}a_{33}-a_{23}a_{31})+a_{13}(a_{21}a_{32}-a_{22}a_{31})\\&=a_{11}(-1)^{1+1}\begin{vmatrix}a_{22}&a_{23}\\a_{32}&a_{33}\end{vmatrix}+a_{12}(-1)^{1+2}\begin{vmatrix}a_{21}&a_{23}\\a_{31}&a_{33}\end{vmatrix}+\\&\quad a_{13}(-1)^{1+3}\begin{vmatrix}a_{21}&a_{22}\\a_{31}&a_{32}\end{vmatrix}.\end{aligned}\tag{1.2.1}$$

我们分别称 2 阶行列式 $\begin{vmatrix}a_{22}&a_{23}\\a_{32}&a_{33}\end{vmatrix}$，$\begin{vmatrix}a_{21}&a_{23}\\a_{31}&a_{33}\end{vmatrix}$ 和 $\begin{vmatrix}a_{21}&a_{22}\\a_{31}&a_{32}\end{vmatrix}$ 是 a_{11}，a_{12} 和 a_{13} 的余子式，记为 M_{11}，M_{12} 和 M_{13}.

分别称 $(-1)^{1+1}M_{11}$，$(-1)^{1+2}M_{12}$ 和 $(-1)^{1+3}M_{13}$ 是 a_{11}，a_{12} 和 a_{13} 的代数余子式，记为 A_{11}，A_{12} 和 A_{13}.

于是(1.2.1)可写为

$$\begin{vmatrix}a_{11}&a_{12}&a_{13}\\a_{21}&a_{22}&a_{23}\\a_{31}&a_{32}&a_{33}\end{vmatrix}=a_{11}A_{11}+a_{12}A_{12}+a_{13}A_{13}.\tag{1.2.2}$$

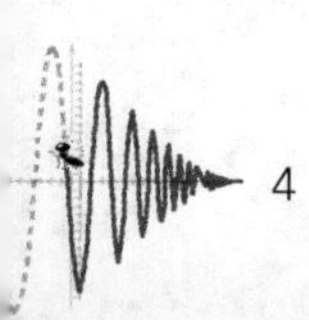

显见,元素 a_{1j} 的余子式 M_{1j} 就是在 3 阶行列式 $\begin{vmatrix} a_{11} & a_{12} & a_{13} \\ a_{21} & a_{22} & a_{23} \\ a_{31} & a_{32} & a_{33} \end{vmatrix}$ 中划去元素 a_{1j} 所在的行和列后,剩下的元素按原来的顺序组成的一个 2 阶行列式. 因此,3 阶行列式可以用 2 阶行列式表示.

事实上,我们若定义 1 阶行列式就是一个元素 a,记为 $|a|$,和 3 阶行列式那样,分别引入 2 阶行列式 $\begin{vmatrix} a_{11} & a_{12} \\ a_{21} & a_{22} \end{vmatrix}$ 的元素 a_{11} 和 a_{12} 的余子式 $M_{11}=|a_{22}|$ 和 $M_{12}=|a_{21}|$ 以及代数余子式 $A_{11}=(-1)^{1+1}M_{11}$ 和 $A_{12}=(-1)^{1+2}M_{12}$,则 2 阶行列式可以用 1 阶行列式表示:

$$\begin{vmatrix} a_{11} & a_{12} \\ a_{21} & a_{22} \end{vmatrix} = a_{11}A_{11}+a_{12}A_{12}. \tag{1.2.3}$$

以上对 2 阶和 3 阶行列式定义的分析,启发我们引入如下的 n 阶行列式的定义.

n 阶行列式的符号是由 n^2 个元素 $a_{ij}(i,j=1,2,\cdots,n)$ 排成 n 行和 n 列,左右两旁用两条竖线围起来的如下形式:

$$\begin{vmatrix} a_{11} & a_{12} & \cdots & a_{1n} \\ a_{21} & a_{22} & \cdots & a_{2n} \\ \vdots & \vdots & & \vdots \\ a_{n1} & a_{n2} & \cdots & a_{nn} \end{vmatrix}. \tag{1.2.4}$$

上述 n 阶行列式可简记为 $|a_{ij}|_n$,元素 a_{ij} 的第一个足标 i 表示行指标,第二个足标 j 表示列指标,因此 a_{ij} 表示它是位于行列式中第 i 行、第 j 列交叉处的元素.

定义 1.2.1　对于任一对 $i,j(1\leqslant i,j\leqslant n)$,在 n 阶行列式 $|a_{ij}|_n$ 中,划去元素 a_{ij} 所在的行和列后,剩下的 $(n-1)^2$ 个元素按原来的顺序排成 $n-1$ 阶行列式

$$\begin{vmatrix} a_{11} & \cdots & a_{1j-1} & a_{1j+1} & \cdots & a_{1n} \\ \vdots & & \vdots & \vdots & & \vdots \\ a_{i-11} & \cdots & a_{i-1j-1} & a_{i-1j+1} & \cdots & a_{i-1n} \\ a_{i+11} & \cdots & a_{i+1j-1} & a_{i+1j+1} & \cdots & a_{i+1n} \\ \vdots & & \vdots & \vdots & & \vdots \\ a_{n1} & \cdots & a_{nj-1} & a_{nj+1} & \cdots & a_{nn} \end{vmatrix},$$

我们称之为元素 a_{ij} 的余子式，记作 M_{ij}.

记

$$A_{ij} = (-1)^{i+j} M_{ij},$$

我们称 A_{ij} 为元素 a_{ij} 的代数余子式.

下面我们用归纳法来定义 n 阶行列式 $|a_{ij}|_n$ 的值.

定义 1.2.2 当 $n=1$ 时，规定 $|a_{ij}|_1 = a_{11}$，若对 $n-1$ 阶行列式的值已经定义了它们的值，则对任意的 $i,j(1 \leqslant i,j \leqslant n)$，$A_{ij}$ 表示元素 a_{ij} 的代数余子式，于是定义

$$|a_{ij}|_n = a_{11}A_{11} + a_{12}A_{12} + \cdots + a_{1n}A_{1n}. \tag{1.2.5}$$

(1.2.5)式称为行列式 $|a_{ij}|_n$ 按第一行的展开式，它从理论上给出了一个计算 n 阶行列式的方法.

例 1.2.1 设 $D = \begin{vmatrix} 1 & -1 & 0 & 0 \\ 0 & 2 & -1 & 0 \\ 0 & -3 & 5 & 4 \\ -1 & 0 & 2 & 1 \end{vmatrix}$，计算：(1) A_{11}, A_{12}；(2) D 的值.

解：(1) 因为 $M_{11} = \begin{vmatrix} 2 & -1 & 0 \\ -3 & 5 & 4 \\ 0 & 2 & 1 \end{vmatrix} = -9$，$M_{12} = \begin{vmatrix} 0 & -1 & 0 \\ 0 & 5 & 4 \\ -1 & 2 & 1 \end{vmatrix} = 4$，

所以

$$A_{11} = (-1)^{1+1} M_{11} = M_{11} = -9, A_{12} = (-1)^{1+2} M_{12} = -M_{12} = -4.$$

(2) 由行列式的定义知，

$$D = a_{11}A_{11} + a_{12}A_{12} + a_{13}A_{13} + a_{14}A_{14},$$

因为 $a_{13} = a_{14} = 0$，所以

$$D = a_{11}A_{11} + a_{12}A_{12} = 1 \times (-9) + (-1) \times (-4) = -5.$$

例 1.2.2 计算 n 阶行列式：

$$D = \begin{vmatrix} a_{11} & 0 & 0 & \cdots & 0 \\ a_{21} & a_{22} & 0 & \cdots & 0 \\ a_{31} & a_{32} & a_{33} & \cdots & 0 \\ \vdots & \vdots & \vdots & & \vdots \\ a_{n1} & a_{n2} & a_{n3} & \cdots & a_{nn} \end{vmatrix}.$$

这个形状的行列式称为下三角行列式，它的主对角线(即元素 a_{11}，a_{22}，…，a_{nn}所在的对角线)上方元素全为零.

解：因为下三角行列式 D 的第一行元素除了 a_{11}外全为零，所以 D 按第一行展开时只有一项可能不为零，于是

$$D = a_{11}A_{11} = a_{11}M_{11} = a_{11}\begin{vmatrix} a_{22} & 0 & \cdots & 0 \\ a_{32} & a_{33} & \cdots & 0 \\ \vdots & \vdots & & \vdots \\ a_{n2} & a_{n3} & \cdots & a_{nn} \end{vmatrix}.$$

显然，a_{11}的余子式 M_{11} 仍是一个下三角行列式，只是比原行列式的阶数少了1，因此可用同样的方法求得

$$M_{11} = a_{22}\begin{vmatrix} a_{33} & 0 & \cdots & 0 \\ a_{43} & a_{44} & \cdots & 0 \\ \vdots & \vdots & & \vdots \\ a_{n3} & a_{n4} & \cdots & a_{nn} \end{vmatrix},$$

于是

$$D = a_{11}a_{22}\begin{vmatrix} a_{33} & 0 & \cdots & 0 \\ a_{43} & a_{44} & \cdots & 0 \\ \vdots & \vdots & & \vdots \\ a_{n3} & a_{n4} & \cdots & a_{nn} \end{vmatrix},$$

再对 $n-2$ 阶行列式 $\begin{vmatrix} a_{33} & 0 & \cdots & 0 \\ a_{43} & a_{44} & \cdots & 0 \\ \vdots & \vdots & & \vdots \\ a_{n3} & a_{n4} & \cdots & a_{nn} \end{vmatrix}$ 进行类似的讨论，一直如此下去，最终易得

$$D = a_{11}a_{22}\cdots a_{nn},$$

即下三角行列式的值等于其主对角线上元素的乘积.

特别地，对角行列式(即除了主对角元素外，其余元素全为零的行列式)的值等于其主对角线上元素的乘积，即

$$\begin{vmatrix} a_{11} & 0 & \cdots & 0 \\ 0 & a_{22} & \cdots & 0 \\ \vdots & \vdots & & \vdots \\ 0 & 0 & \cdots & a_{nn} \end{vmatrix} = a_{11}a_{22}\cdots a_{nn}.$$

§1.3 行列式的性质

计算任意阶行列式的值,理论上我们都可用按第一行的展开式(1.2.5)来实现.例如计算一个 n 阶行列式的值,它可以转化为计算 n 个 $n-1$ 阶行列式的值来实现;计算一个 $n-1$ 阶行列式的值,它可以转化为计算 $n-1$ 个 $n-2$ 阶行列式的值来实现;一直如此下去,最后转化为计算 2 阶行列式的值来实现.

但这个办法实在是一个"笨"办法,之所以说这个办法是"笨"的,是因为计算一个 n 阶行列式的值,若最终都转化为计算 2 阶行列式的值来实现,要计算多少个 2 阶行列式的值呢?答案是$\frac{n!}{2}$个.例如计算一个 10 阶行列式的值,若用上述办法,就要计算 1814400 个 2 阶行列式的值,这是常人无法完成的任务.

要解决行列式值的计算这个难题,我们就要来研究行列式的基本性质(也称行列式变换)和重要定理,利用这些性质和定理,有时我们可以大大简化行列式的计算.

定义 1.3.1 将行列式 D 的行与列互换后所得的行列式,称为 D 的转置行列式,记作 D^{T}.

性质 1.3.1(转置变换) 设 $D=|a_{ij}|_n$,则 $D^{\mathrm{T}}=D$.

性质 1.3.1 表明,一个行列式与它的转置行列式的值是相同的,更为重要的是,它还表明在行列式中行与列所处的地位是相同的,也就是说,凡是对行成立的性质,对列也同样成立,反之亦然.

例 1.3.1 计算 n 阶上三角行列式

$$\begin{vmatrix} a_{11} & a_{12} & a_{13} & \cdots & a_{1n} \\ 0 & a_{22} & a_{23} & \cdots & a_{2n} \\ 0 & 0 & a_{33} & \cdots & a_{3n} \\ \vdots & \vdots & \vdots & & \vdots \\ 0 & 0 & 0 & \cdots & a_{nn} \end{vmatrix}.$$

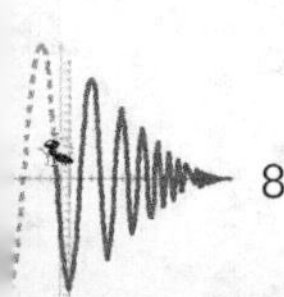

解:因为上三角行列式转置后就变为下三角行列式,由例 1.2.2 立得

$$
\begin{vmatrix}
a_{11} & a_{12} & a_{13} & \cdots & a_{1n} \\
0 & a_{22} & a_{23} & \cdots & a_{2n} \\
0 & 0 & a_{33} & \cdots & a_{3n} \\
\vdots & \vdots & \vdots & & \vdots \\
0 & 0 & 0 & \cdots & a_{nn}
\end{vmatrix}
= \begin{vmatrix}
a_{11} & a_{12} & a_{13} & \cdots & a_{1n} \\
0 & a_{22} & a_{23} & \cdots & a_{2n} \\
0 & 0 & a_{33} & \cdots & a_{3n} \\
\vdots & \vdots & \vdots & & \vdots \\
0 & 0 & 0 & \cdots & a_{nn}
\end{vmatrix}^{\mathrm{T}}
= \begin{vmatrix}
a_{11} & 0 & 0 & \cdots & 0 \\
a_{12} & a_{22} & 0 & \cdots & 0 \\
a_{13} & a_{23} & a_{33} & \cdots & 0 \\
\vdots & \vdots & \vdots & & \vdots \\
a_{1n} & a_{2n} & a_{3n} & \cdots & a_{nn}
\end{vmatrix}
= a_{11}a_{22}\cdots a_{nn}.
$$

性质 1.3.2(倍乘变换)　把行列式某一行(列)元素都乘以 k,或者说行列式某一行(列)元素有公因子 k,则行列式的值是原值的 k 倍.

例如,倍乘行变换:

$$
\begin{vmatrix}
a_{11} & a_{12} & \cdots & a_{1n} \\
\vdots & \vdots & & \vdots \\
ka_{i1} & ka_{i2} & \cdots & ka_{in} \\
\vdots & \vdots & & \vdots \\
a_{n1} & a_{n2} & \cdots & a_{nn}
\end{vmatrix}
= k\begin{vmatrix}
a_{11} & a_{12} & \cdots & a_{1n} \\
\vdots & \vdots & & \vdots \\
a_{i1} & a_{i2} & \cdots & a_{in} \\
\vdots & \vdots & & \vdots \\
a_{n1} & a_{n2} & \cdots & a_{nn}
\end{vmatrix}.
$$

性质 1.3.3(分行分列相加性)　若行列式的某一行(列)的元素都是两数之和,则行列式就等于两个行列式的和,而这两个行列式除这一行(列)之外全与原行列式的对应的行(列)一样.

例如,分行相加性:

$$\begin{vmatrix} a_{11} & a_{12} & \cdots & a_{1n} \\ \vdots & \vdots & & \vdots \\ b_{i1}+c_{i1} & b_{i2}+c_{i2} & \cdots & b_{in}+c_{in} \\ \vdots & \vdots & & \vdots \\ a_{n1} & a_{n2} & \cdots & a_{nn} \end{vmatrix}$$

$$= \begin{vmatrix} a_{11} & a_{12} & \cdots & a_{1n} \\ \vdots & \vdots & & \vdots \\ b_{i1} & b_{i2} & \cdots & b_{in} \\ \vdots & \vdots & & \vdots \\ a_{n1} & a_{n2} & \cdots & a_{nn} \end{vmatrix} + \begin{vmatrix} a_{11} & a_{12} & \cdots & a_{1n} \\ \vdots & \vdots & & \vdots \\ c_{i1} & c_{i2} & \cdots & c_{in} \\ \vdots & \vdots & & \vdots \\ a_{n1} & a_{n2} & \cdots & a_{nn} \end{vmatrix}.$$

值得提醒的是，两个同阶行列式的和若要变成一个行列式，则只能是这两个行列式中除了某一指标相同行(或列)外，其余行(或列)元素都要对应相同才行.

例 1.3.2 计算行列式 $D=\begin{vmatrix} 1+a_1 & 2+a_1 & 3+a_1 \\ 1+a_2 & 2+a_2 & 3+a_2 \\ 1+a_3 & 2+a_3 & 3+a_3 \end{vmatrix}$.

解:由行列式的分行分列相加性，易得 $D=0$.

性质 1.3.4(换法变换) 交换行列式的两行(列)的位置，行列式的值变号.

例如，换法行变换：

$$\begin{vmatrix} a_{11} & a_{12} & \cdots & a_{1n} \\ \vdots & \vdots & & \\ a_{i1} & a_{i2} & \cdots & a_{in} \\ \vdots & \vdots & & \\ a_{j1} & a_{j2} & \cdots & a_{jn} \\ \vdots & \vdots & & \\ a_{n1} & a_{n2} & \cdots & a_{nn} \end{vmatrix} = - \begin{vmatrix} a_{11} & a_{12} & \cdots & a_{1n} \\ \vdots & \vdots & & \\ a_{j1} & a_{j2} & \cdots & a_{jn} \\ \vdots & \vdots & & \\ a_{i1} & a_{i2} & \cdots & a_{in} \\ \vdots & \vdots & & \\ a_{n1} & a_{n2} & \cdots & a_{nn} \end{vmatrix}$$

由上述性质，容易得到以下两个重要推论.

推论 1.3.1 若行列式中有两行(列)元素对应相同，则行列式的值为零.

推论 1.3.2 若行列式中两行(列)元素对应成比例，则行列式的值为零.

性质 1.3.5(倍加变换) 将行列式中的某一行(列)的所有元素都乘以 k 后加到另一行(列)对应位置的元素上，则行列式的值不变.

例如,倍加行变换:

$$\begin{vmatrix} a_{11} & a_{12} & \cdots & a_{1n} \\ \vdots & \vdots & & \vdots \\ a_{i1}+ka_{j1} & a_{i2}+ka_{j2} & \cdots & a_{in}+ka_{jn} \\ \vdots & \vdots & & \vdots \\ a_{j1} & a_{j2} & \cdots & a_{jn} \\ \vdots & \vdots & & \vdots \\ a_{n1} & a_{n2} & \cdots & a_{nn} \end{vmatrix}$$

$$= \begin{vmatrix} a_{11} & a_{12} & \cdots & a_{1n} \\ \vdots & \vdots & & \vdots \\ a_{i1} & a_{i2} & \cdots & a_{in} \\ \vdots & \vdots & & \vdots \\ a_{j1} & a_{j2} & \cdots & a_{jn} \\ \vdots & \vdots & & \vdots \\ a_{n1} & a_{n2} & \cdots & a_{nn} \end{vmatrix}.$$

行列式不仅可以按第一行展开(定义 1.2.2),而且还可以按任意一行或一列展开,这就是下面的按行(列)展开定理.

定理 1.3.1(按行(列)展开定理)　一个行列式等于它的任一行(列)的各元素与其对应的代数余子式乘积之和.

设 $D=|a_{ij}|_n$,A_{ij} 为元素 a_{ij} 的代数余子式,则

(1) **(按行展开)**　$D=a_{i1}A_{i1}+a_{i2}A_{i2}+\cdots+a_{in}A_{in}$,$(1\leqslant i\leqslant n)$;

(2) **(按列展开)**　$D=a_{1j}A_{1j}+a_{2j}A_{2j}+\cdots+a_{nj}A_{nj}$,$(1\leqslant j\leqslant n)$.

推论 1.3.3　设 $D=|a_{ij}|_n$,则行列式任一行(列)的元素与另一行(列)的对应元素的代数余子式乘积之和等于零,即

(1) $a_{i1}A_{k1}+a_{i2}A_{k2}+\cdots+a_{in}A_{kn}=0$,$(1\leqslant i\neq k\leqslant n)$;

(2) $a_{1j}A_{1s}+a_{2j}A_{2s}+\cdots+a_{nj}A_{ns}=0$,$(1\leqslant j\neq s\leqslant n)$.

证明:(1) 当 $i\neq k$ 时,将 $D=|a_{ij}|_n$ 中的第 k 行元素用第 i 行元素替换,得到新的行列式 D_1,因为 D_1 中的第 i 行元素和第 k 行元素相同,所以 $D_1=0$.

另一方面,将 D_1 按第 k 行展开,由定理 1.3.1 得,

$$a_{i1}A_{k1}+a_{i2}A_{k2}+\cdots+a_{in}A_{kn}=D_1=0.$$

思考题:上述(2) 的证明如何给出?

例 1.3.3 设 $D=\begin{vmatrix} 1 & 2 & 3 & 4 & 5 \\ 5 & 5 & 5 & 3 & 3 \\ 3 & 2 & 5 & 4 & 2 \\ 2 & 2 & 2 & 1 & 1 \\ 4 & 6 & 5 & 2 & 3 \end{vmatrix}$,求:(1) $A_{31}+A_{32}+A_{33}$;(2) $A_{34}+A_{35}$.

解:利用已知的行列式 D,构造两个新的行列式:

$$D_1=\begin{vmatrix} 1 & 2 & 3 & 4 & 5 \\ 5 & 5 & 5 & 3 & 3 \\ 5 & 5 & 5 & 3 & 3 \\ 2 & 2 & 2 & 1 & 1 \\ 4 & 6 & 5 & 2 & 3 \end{vmatrix}, \quad D_2=\begin{vmatrix} 1 & 2 & 3 & 4 & 5 \\ 5 & 5 & 5 & 3 & 3 \\ 2 & 2 & 2 & 1 & 1 \\ 2 & 2 & 2 & 1 & 1 \\ 4 & 6 & 5 & 2 & 3 \end{vmatrix}.$$

显然,$D_1=D_2=0$.

将 D_1,D_2 分别按第 3 行展开,则得到一个关于 $A_{31}+A_{32}+A_{33}$ 和 $A_{34}+A_{35}$ 的二元一次线性方程组:

$$\begin{cases} 5A_{31}+5A_{32}+5A_{33}+3A_{34}+3A_{35}=0 \\ 2A_{31}+2A_{32}+2A_{33}+A_{34}+A_{35}=0 \end{cases},$$

直接解得:$A_{31}+A_{32}+A_{33}=0$,$A_{34}+A_{35}=0$.

§1.4 行列式的计算

行列式的性质和定理好比木匠师傅使用的锯、刨这些工具,木匠师傅要打一个家具,这些工具仅仅是辅助的,主要靠的是工艺和技术,我们计算行列式的值的道理也一样.求行列式的值最基础的有以下三种办法:

一是降阶法 即将所求行列式用行列式的变换,先化成某一行或一列只有一个非零元,然后按这一行或列的展开定理降阶,一直这样做下去,直至能求得这个行列式的值为止.

为了便于计算过程的描述,我们将交换行列式中的第 i 行(列)与第 j 行(列)的位置,记为 $r_i \leftrightarrow r_j (c_i \leftrightarrow c_j)$,行列式的第 j 行(列)乘以数 k 以后加到第 i 行(列)中去,记为

$$r_i+kr_j(c_i+kc_j).$$

例 1.4.1　计算行列式 $D=\begin{vmatrix} 3 & 0 & 0 & 0 \\ 2 & 2 & 4 & -2 \\ -1 & 0 & 5 & 0 \\ 1 & 0 & 2 & -1 \end{vmatrix}$.

解:D 的第一行中除元素 3 外都为 0,按第一行展开,得

$$D=3\times(-1)^{1+1}\begin{vmatrix} 2 & 4 & -2 \\ 0 & 5 & 0 \\ 0 & 2 & -1 \end{vmatrix}=3\times2\times(-1)^{1+1}\begin{vmatrix} 5 & 0 \\ 2 & -1 \end{vmatrix}=-30.$$

例 1.4.2　计算行列式 $D=\begin{vmatrix} 1 & 1 & -1 & 2 \\ -1 & -1 & -4 & 1 \\ 2 & 4 & -6 & 1 \\ 1 & 2 & 4 & 2 \end{vmatrix}$.

解:将 D 的第 1 列元素除了第 1 个元素 1 外,其余元素都变为 0,为此对 D 分别作如下倍加行变换:第 1 行分别乘以 1,-2,-1 后加到第 2 行,第 3 行和第 4 行,即

$$D=\begin{vmatrix} 1 & 1 & -1 & 2 \\ -1 & -1 & -4 & 1 \\ 2 & 4 & -6 & 1 \\ 1 & 2 & 4 & 2 \end{vmatrix}\xlongequal{r_2+r_1,r_3-2r_1,r_4-r_1}\begin{vmatrix} 1 & 1 & -1 & 2 \\ 0 & 0 & -5 & 3 \\ 0 & 2 & -4 & -3 \\ 0 & 1 & 5 & 0 \end{vmatrix};$$

对行列式 $\begin{vmatrix} 1 & 1 & -1 & 2 \\ 0 & 0 & -5 & 3 \\ 0 & 2 & -4 & -3 \\ 0 & 1 & 5 & 0 \end{vmatrix}$ 按第 1 列展开化为一个 3 阶行列式,即

$$D=\begin{vmatrix} 1 & 1 & -1 & 2 \\ 0 & 0 & -5 & 3 \\ 0 & 2 & -4 & -3 \\ 0 & 1 & 5 & 0 \end{vmatrix}=1\times A_{11}=M_{11}=\begin{vmatrix} 0 & -5 & 3 \\ 2 & -4 & -3 \\ 1 & 5 & 0 \end{vmatrix};$$

再将行列式 $\begin{vmatrix} 0 & -5 & 3 \\ 2 & -4 & -3 \\ 1 & 5 & 0 \end{vmatrix}$ 中第 1 列元素除第 3 个元素 1 外,其他元素都变成零,即

$$D=\begin{vmatrix}0&-5&3\\2&-4&-3\\1&5&0\end{vmatrix}\xlongequal{r_2-2r_3}\begin{vmatrix}0&-5&3\\0&-14&-3\\1&5&0\end{vmatrix};$$

对行列式$\begin{vmatrix}0&-5&3\\0&-14&-3\\1&5&0\end{vmatrix}$按第1列展开化为一个2阶行列式，就可得到原行列式的值了，即

$$D=\begin{vmatrix}0&-5&3\\0&-14&-3\\1&5&0\end{vmatrix}=1\times A_{31}=M_{31}=\begin{vmatrix}-5&3\\-14&-3\end{vmatrix}=57.$$

二是化上(下)三角形法 就是将所求行列式用行列式的变换化为上(下)三角形行列式.

例 1.4.3 计算行列式$D=\begin{vmatrix}2&1&-3&-1\\3&1&-2&7\\-1&2&4&-2\\1&0&-1&2\end{vmatrix}$.

解：$D\xlongequal{r_1/r_4}-\begin{vmatrix}1&0&-1&2\\3&1&-2&7\\-1&2&4&-2\\2&1&-3&-1\end{vmatrix}$

$$\xlongequal{r_2-3r_1,r_3+r_1,r_4-2r_1}-\begin{vmatrix}1&0&-1&2\\0&1&1&1\\0&2&3&0\\0&1&-1&-5\end{vmatrix}$$

$$\xlongequal{r_3-2r_2,r_4-r_2}-\begin{vmatrix}1&0&-1&2\\0&1&1&1\\0&0&1&-2\\0&0&-2&-6\end{vmatrix}$$

$$\xlongequal{r_4+2r_3}-\begin{vmatrix}1&0&-1&2\\0&1&1&1\\0&0&1&-2\\0&0&0&-10\end{vmatrix}=10.$$

例 1.4.4　计算行列式 $D=\begin{vmatrix} -1 & 1 & 1 & 2 & -1 \\ 0 & -1 & 0 & 1 & 2 \\ 2 & 1 & 1 & 3 & -1 \\ 1 & 2 & 2 & 1 & 0 \\ 0 & 3 & 0 & 1 & 3 \end{vmatrix}$.

解：

$$D \xlongequal{r_3+2r_1,r_4+r_1} \begin{vmatrix} -1 & 1 & 1 & 2 & -1 \\ 0 & -1 & 0 & 1 & 2 \\ 0 & 3 & 3 & 7 & -3 \\ 0 & 3 & 3 & 3 & -1 \\ 0 & 3 & 0 & 1 & 3 \end{vmatrix}$$

$$\xlongequal{r_5-r_3,r_4-r_3,r_3+3r_2} \begin{vmatrix} -1 & 1 & 1 & 2 & -1 \\ 0 & -1 & 0 & 1 & 2 \\ 0 & 0 & 3 & 10 & 3 \\ 0 & 0 & 0 & -4 & 2 \\ 0 & 0 & -3 & -6 & 6 \end{vmatrix}$$

$$\xlongequal{r_5+r_3} \begin{vmatrix} -1 & 1 & 1 & 2 & -1 \\ 0 & -1 & 0 & 1 & 2 \\ 0 & 0 & 3 & 10 & 3 \\ 0 & 0 & 0 & -4 & 2 \\ 0 & 0 & 0 & 4 & 9 \end{vmatrix}$$

$$\xlongequal{r_5+r_4} \begin{vmatrix} -1 & 1 & 1 & 2 & -1 \\ 0 & -1 & 0 & 1 & 2 \\ 0 & 0 & 3 & 10 & 3 \\ 0 & 0 & 0 & -4 & 2 \\ 0 & 0 & 0 & 0 & 11 \end{vmatrix}$$

$$=-132.$$

例 1.4.5　计算 n 阶行列式 $D=\begin{vmatrix} a & b & b & \cdots & b \\ b & a & b & \cdots & b \\ \vdots & \vdots & \vdots & & \vdots \\ b & b & b & \cdots & a \end{vmatrix}$.

解：由于该行列式每行均有一个 a 和 $n-1$ 个 b，故从第 2 行起，先将各行都加到第 1 行中去，即

$$D \xlongequal{r_1+r_2+\cdots+r_n} \begin{vmatrix} a+(n-1)b & a+(n-1)b & a+(n-1)b & \cdots & a+(n-1)b \\ b & a & b & \cdots & b \\ \vdots & \vdots & \vdots & & \vdots \\ b & b & b & \cdots & a \end{vmatrix}$$

$$=[a+(n-1)b]\begin{vmatrix} 1 & 1 & 1 & \cdots & 1 \\ b & a & b & \cdots & b \\ \vdots & \vdots & \vdots & & \vdots \\ b & b & b & \cdots & a \end{vmatrix};$$

从第 2 列起，每列分别减去第 1 列，化为下三角形行列式，即

$$D \xlongequal[i=2,3,\cdots,n]{c_i-c_1} [a+(n-1)b]\begin{vmatrix} 1 & 0 & 0 & \cdots & 0 \\ b & a-b & 0 & \cdots & 0 \\ \vdots & \vdots & \vdots & & \vdots \\ b & b & b & \cdots & a-b \end{vmatrix}$$

$$=[a+(n-1)b](a-b)^{n-1}.$$

三是递推公式法 所谓递推公式，就是所求行列式和结构一样的较低阶行列式的关系式.

例 1.4.6 计算 n 阶行列式 $D_n=\begin{vmatrix} x & 0 & 0 & \cdots & 0 & a_0 \\ -1 & x & 0 & \cdots & 0 & a_1 \\ 0 & -1 & x & \cdots & 0 & a_2 \\ \vdots & \vdots & \vdots & & \vdots & \vdots \\ 0 & 0 & 0 & \cdots & x & a_{n-2} \\ 0 & 0 & 0 & \cdots & -1 & a_{n-1} \end{vmatrix}$.

解：将 D_n 按第 1 行展开，得

$$D_n = x\begin{vmatrix} x & 0 & \cdots & 0 & a_1 \\ -1 & x & \cdots & 0 & a_2 \\ \vdots & \vdots & & \vdots & \vdots \\ 0 & 0 & \cdots & x & a_{n-2} \\ 0 & 0 & \cdots & -1 & a_{n-1} \end{vmatrix} + a_0(-1)^{n+1}\begin{vmatrix} -1 & x & \cdots & 0 & 0 \\ 0 & -1 & \cdots & 0 & 0 \\ \vdots & \vdots & & \vdots & \vdots \\ 0 & 0 & \cdots & -1 & x \\ 0 & 0 & \cdots & 0 & -1 \end{vmatrix}$$

$$= xD_{n-1}+a_0,$$

即得递推公式：

$$D_n = xD_{n-1}+a_0.$$

其中 $D_1=a_{n-1}$，于是

$$\begin{aligned} D_n &= xD_{n-1}+a_0 \\ &= x(xD_{n-2}+a_1)+a_0 \\ &= x^2D_{n-2}+a_1x+a_0 \\ &= x^3D_{n-3}+a_2x^2+a_1x+a_0 \\ &= \cdots \\ &= x^{n-1}D_1+a_{n-2}x^{n-2}+\cdots+a_1x+a_0 \\ &= a_{n-1}x^{n-1}+a_{n-2}x^{n-2}+\cdots+a_1x+a_0. \end{aligned}$$

例 1.4.7 证明范德蒙德行列式

$$V_n=\begin{vmatrix} 1 & 1 & \cdots & 1 \\ x_1 & x_2 & \cdots & x_n \\ \vdots & \vdots & & \vdots \\ x_1^{n-1} & x_2^{n-1} & \cdots & x_n^{n-1} \end{vmatrix}=\prod_{1\leqslant j<i\leqslant n}(x_i-x_j).$$

这里 $\prod$ 表示连乘积，i,j 在保持 $j<i$ 条件下取遍 1 到 n.

例如

$$\begin{aligned} V_4 &= \begin{vmatrix} 1 & 1 & 1 & 1 \\ x_1 & x_2 & x_3 & x_4 \\ x_1^2 & x_2^2 & x_3^2 & x_4^2 \\ x_1^3 & x_2^3 & x_3^3 & x_4^3 \end{vmatrix} \\ &= \prod_{1\leqslant j<i\leqslant 4}(x_i-x_j) \\ &= (x_2-x_1)(x_3-x_1)(x_4-x_1)(x_3-x_2)(x_4-x_2)(x_4-x_3). \end{aligned}$$

证明：从第 n 行起，自下而上，每一行都减去前一行的 x_1 倍，即

$$V_n=\begin{vmatrix} 1 & 1 & \cdots & 1 \\ 0 & x_2-x_1 & \cdots & x_n-x_1 \\ 0 & (x_2-x_1)x_2 & \cdots & (x_n-x_1)x_n \\ \vdots & \vdots & & \vdots \\ 0 & (x_2-x_1)x_2^{n-1} & \cdots & (x_n-x_1)x_n^{n-1} \end{vmatrix},$$

按第 1 列展开，并提取各行的公因子，得

$$V_n = (x_2 - x_1)(x_3 - x_1)\cdots(x_n - x_1)\begin{vmatrix} 1 & 1 & \cdots & 1 \\ x_2 & x_3 & \cdots & x_n \\ \vdots & \vdots & & \vdots \\ x_2^{n-1} & x_3^{n-1} & \cdots & x_n^{n-1} \end{vmatrix}$$

$$= (x_2 - x_1)(x_3 - x_1)\cdots(x_n - x_1)V_{n-1},$$

得到以下递推公式：

$$V_n = (x_2 - x_1)(x_3 - x_1)\cdots(x_n - x_1)V_{n-1}.$$

根据递推公式，易得

$$\begin{aligned} V_n = &(x_2 - x_1)(x_3 - x_1)\cdots(x_n - x_1) \\ &(x_3 - x_2)\cdots(x_n - x_2) \\ &\ddots \\ &(x_n - x_{n-1}) \\ = &\prod_{1\leqslant j<i\leqslant n}(x_i - x_j). \end{aligned}$$

行列式计算是线性代数的重点也是难点，需要读者充分熟悉行列式的性质，同时在计算上要耐心和仔细. 特别要说明的是，对于含字母的高阶行列式计算，它需要高超的计算技巧，我们在这里不再一一举例.

§1.5　克莱姆法则

有了前面 n 阶行列式的定义后，我们可以将§1.1中利用行列式解二元和三元线性方程组的方法，推广到解含有 n 个未知量和 n 个方程的特殊的线性方程组中去，这就是所谓的克莱姆法则.

定理 1.5.1（克莱姆法则）　如果线性方程组

$$\begin{cases} a_{11}x_1 + a_{12}x_2 + \cdots + a_{1n}x_n = b_1 \\ a_{21}x_1 + a_{22}x_2 + \cdots + a_{2n}x_n = b_2 \\ \qquad\qquad\vdots \\ a_{n1}x_1 + a_{n2}x_2 + \cdots + a_{nn}x_n = b_n \end{cases} \tag{1.5.1}$$

的系数行列式 $D=|a_{ij}|_n\neq 0$，则线性方程组有唯一解 $x_i=\dfrac{D_i}{D}(i=1,2,\cdots,n)$，其中 D_i 是把 D 的第 i 列替换为(1.5.1)的右边常数项后所得的行列式.

例 1.5.1　解线性方程组 $\begin{cases} 2x_1+x_2-5x_3+x_4=8 \\ x_1-3x_2-6x_4=9 \\ 2x_2-x_3+2x_4=-5 \\ x_1+4x_2-7x_3+6x_4=0 \end{cases}$.

解:因为系数行列式

$$D=\begin{vmatrix} 2 & 1 & -5 & 1 \\ 1 & -3 & 0 & -6 \\ 0 & 2 & -1 & 2 \\ 1 & 4 & -7 & 6 \end{vmatrix}=27\neq 0,$$

所以方程组有唯一解,计算得

$$D_1=\begin{vmatrix} 8 & 1 & -5 & 1 \\ 9 & -3 & 0 & -6 \\ -5 & 2 & -1 & 2 \\ 0 & 4 & -7 & 6 \end{vmatrix}=81,$$

$$D_2=\begin{vmatrix} 2 & 8 & -5 & 1 \\ 1 & 9 & 0 & -6 \\ 0 & -5 & -1 & 2 \\ 1 & 0 & -7 & 6 \end{vmatrix}=-108,$$

$$D_3=\begin{vmatrix} 2 & 1 & 8 & 1 \\ 1 & -3 & 9 & -6 \\ 0 & 2 & -5 & 2 \\ 1 & 4 & 0 & 6 \end{vmatrix}=-27,$$

$$D_4=\begin{vmatrix} 2 & 1 & -5 & 8 \\ 1 & -3 & 0 & 9 \\ 0 & 2 & -1 & -5 \\ 1 & 4 & -7 & 0 \end{vmatrix}=27.$$

于是方程组的唯一解为

$$x_1=\frac{D_1}{D}=3,x_2=\frac{D_2}{D}=-4,x_3=\frac{D_3}{D}=-1,x_4=\frac{D_4}{D}=1.$$

常数项全为零的线性方程组,称为齐次线性方程组.显然,齐次线性方程组肯定有解,因为未知量全取零就是其中的一个解,这样的解,我们以后称它为零解.因此,对于齐次线性方程组,所关心的是方程组是否有非零解,对于方程个数与未知量个数相同的齐次线性方程组,应用克莱姆法则,易得下面的定理.

定理 1.5.2 若齐次线性方程组

$$\begin{cases} a_{11}x_1+a_{12}x_2+\cdots+a_{1n}x_n=0 \\ a_{21}x_1+a_{22}x_2+\cdots+a_{2n}x_n=0 \\ \quad\vdots \\ a_{n1}x_1+a_{n2}x_2+\cdots+a_{nn}x_n=0 \end{cases} \tag{1.5.2}$$

的系数行列式 $D=|a_{ij}|_n\neq0$,则它只有零解.若 n 元齐次线性方程组有非零解,则必有 $D=0$.

例 1.5.2 问 λ,μ 取何值时,齐次线性方程组

$$\begin{cases} \lambda x_1+x_2+x_3=0 \\ x_1+\mu x_2+x_3=0 \\ x_1+2\mu x_2+x_3=0 \end{cases}$$

有非零解?

解:方程组的系数行列式 $D=\begin{vmatrix} \lambda & 1 & 1 \\ 1 & \mu & 1 \\ 1 & 2\mu & 1 \end{vmatrix}=\mu(1-\lambda)$,于是要使方程组有非零解,由定理 1.5.2 知,$D=0$,即 $\mu(1-\lambda)=0$,故当 $\lambda=1$ 或 $\mu=0$ 时,方程组有非零解.

最后指出,利用克莱姆法则解线性方程组有局限性,因为它要求线性方程组的方程个数和未知量个数一样多,不仅如此,还要求其系数行列式不为零.克莱姆法则真正的意义在于它给出了特殊线性方程组的解与系数的关系式,即求解公式,它如同在中学代数中的一元二次方程的求根公式.这个求解公式在理论研究中十分重要,但是对于一般线性方程组的求解,往往采用消元法,我们将在后面§3.1 中予以讨论.

§1.6 应用实例——插值多项式

科技问题中的函数关系有许多是以数表形式给出的.例如,为了求水银密度 y 与温度 x 的关系式,我们在实验室测得以下数据,用表 1.6.1 表示.

表 1.6.1　水银密度与温度的关系

x/℃	0	10	20	30
y/(g·cm^{-3})	13.60	13.57	13.55	13.52

为了较完整地刻画变量 x 和 y 的关系，便于分析它的性质或者进行计算(如 x 为15℃时的 y 值)，我们就要寻求 x 和 y 之间的函数关系的近似表达式，插值法就是解决这类问题的方法之一.

所谓插值法，就是构造完全适合给定的函数表的简单易算的近似函数方法. 最常用的代数插值法是以一元多项式为近似函数的方法. 下面我们来求插值多项式.

设插值多项式为

$$p_n(x)=a_0+a_1x+\cdots+a_nx^n, \tag{1.6.1}$$

它满足条件：$p_n(x_i)=y_i(i=0,1,\cdots,n)$，其中当 $i\neq j$ 时，$x_i\neq x_j(i,j=0,1,\cdots,n)$.

即

$$\begin{cases}a_0+a_1x_0+\cdots+a_nx_0^n=y_0\\ a_0+a_1x_1+\cdots+a_nx_1^n=y_1\\ \quad\vdots\\ a_0+a_1x_n+\cdots+a_nx_n^n=y_n\end{cases}, \tag{1.6.2}$$

它是一个关于 $n+1$ 个未知量 $a_0,a_1,\cdots,a_n$ 和含有 $n+1$ 个方程的线性方程组，该方程组的系数是范德蒙德行列式

$$D=\begin{vmatrix}1 & x_0 & x_0^2 & \cdots & x_0^n\\ 1 & x_1 & x_1^2 & \cdots & x_1^n\\ 1 & x_2 & x_2^2 & \cdots & x_2^n\\ \vdots & \vdots & \vdots & & \vdots\\ 1 & x_n & x_n^2 & \cdots & x_n^n\end{vmatrix}=\prod_{0\leqslant j<i\leqslant n}(x_i-x_j).$$

因为当 $i\neq j$ 时，$x_i\neq x_j(i,j=0,1,\cdots,n)$，所以 $D\neq 0$，由克莱姆法则知，线性方程组(1.6.2)有唯一解，即所求的插值多项式(1.6.1)是唯一的.

最后我们根据表 1.6.1 的实验数据，求插值多项式 $p_3(x)$. 将温度 x 与水银密度 y 的实验数据分别代入关系式

$$p_3(x)=a_0+a_1x+a_2x^2+a_3x^3,$$

得 $a_0=13.60$，且

$$\begin{cases}10a_1+100a_2+1\,000a_3=-0.03\\20a_1+400a_2+8\,000a_3=-0.05\\30a_1+900a_2+27\,000a_3=-0.08\end{cases}.$$

经计算：

$$D=\begin{vmatrix}10 & 100 & 1\,000\\20 & 400 & 8\,000\\30 & 900 & 27\,000\end{vmatrix}=12\,000\,000,$$

$$D_1=\begin{vmatrix}-0.03 & 100 & 1\,000\\-0.05 & 400 & 8\,000\\-0.08 & 900 & 27\,000\end{vmatrix}=-500\,000,$$

$$D_2=\begin{vmatrix}10 & -0.03 & 1\,000\\20 & -0.05 & 8\,000\\30 & -0.08 & 27\,000\end{vmatrix}=1\,800,$$

$$D_3=\begin{vmatrix}10 & 100 & -0.03\\20 & 400 & -0.05\\30 & 900 & -0.08\end{vmatrix}=-40,$$

由克莱姆法则可求得

$$a_1=\frac{D_1}{D}=-0.004\,2, a_2=\frac{D_2}{D}=0.000\,15, a_3=\frac{D_3}{D}=-0.000\,003\,3,$$

故所求插值多项式为

$$p_3(x)=13.60-0.004\,2x+0.000\,15x^2-0.000\,003\,3x^2.$$

当温度 $x=15$℃时，其水银密度 $y=p_3(15)=13.56(\mathrm{g/cm^3})$.

习题 1

(A)

1. 按定义计算下列行列式：

(1) $\begin{vmatrix}\cos\alpha & \sin\alpha\\-\sin\alpha & \cos\alpha\end{vmatrix}$；　　(2) $\begin{vmatrix}a-1 & b-1\\b+1 & a+1\end{vmatrix}$；

(3) $\begin{vmatrix}1 & 2 & 3\\0 & 1 & 2\\1 & 1 & 1\end{vmatrix}$；　　(4) $\begin{vmatrix}0 & a & 0\\b & 0 & c\\0 & d & 0\end{vmatrix}$.

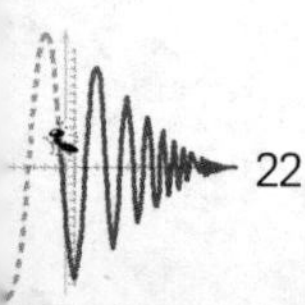

2. 解下列方程：

(1) $\begin{vmatrix} x-2 & 1 & -2 \\ 2 & 2 & 1 \\ -1 & 1 & 1 \end{vmatrix}=0$；　　(2) $\begin{vmatrix} x & 3 & 4 \\ -1 & x & 0 \\ 0 & x & 1 \end{vmatrix}=0$.

3. 举例说明下列等式不成立：

$$\begin{vmatrix} a_{11}+b_{11} & a_{12}+b_{12} \\ a_{21}+b_{21} & a_{22}+b_{22} \end{vmatrix}=\begin{vmatrix} a_{11} & a_{12} \\ a_{21} & a_{22} \end{vmatrix}+\begin{vmatrix} b_{11} & b_{12} \\ b_{21} & b_{22} \end{vmatrix}.$$

试问：根据性质1.3.3(分行分列相加性)，行列式 $\begin{vmatrix} a_{11}+b_{11} & a_{12}+b_{12} \\ a_{21}+b_{21} & a_{22}+b_{22} \end{vmatrix}$ 应等于什么？

4. 设三阶行列式 $|a_{ij}|_3=1$，计算下列行列式：

(1) $\begin{vmatrix} 3a_{11}-a_{13} & 2a_{12}-a_{11} & -a_{13} \\ 3a_{21}-a_{23} & 2a_{22}-a_{21} & -a_{23} \\ 3a_{31}-a_{33} & 2a_{32}-a_{31} & -a_{33} \end{vmatrix}$；

(2) $\begin{vmatrix} 2a_{22}-3a_{21} & 4a_{21} & a_{23} \\ 2a_{12}-3a_{11} & 4a_{11} & a_{13} \\ 2a_{32}-3a_{31} & 4a_{31} & a_{33} \end{vmatrix}$.

5. 计算下列行列式：

(1) $\begin{vmatrix} 54215 & 55215 \\ 61007 & 62007 \end{vmatrix}$；　　(2) $\begin{vmatrix} 1 & 2 & 3 \\ 0 & 1 & 2 \\ 1 & 1 & 1 \end{vmatrix}$；

(3) $\begin{vmatrix} 2 & 2 & 1 \\ 4 & 1 & -1 \\ 202 & 199 & 101 \end{vmatrix}$；　　(4) $\begin{vmatrix} 0 & a & b \\ -a & 0 & -c \\ -b & c & 0 \end{vmatrix}$；

(5) $\begin{vmatrix} a & a^2 & a^3 \\ b & b^2 & b^3 \\ c & c^2 & c^3 \end{vmatrix}$；　　(6) $\begin{vmatrix} a & 1 & 1 & 1 \\ 1 & a & 1 & 1 \\ 1 & 1 & a & 1 \\ 1 & 1 & 1 & a \end{vmatrix}$；

(7) $\begin{vmatrix} 2 & 1 & 4 & 1 \\ 3 & -1 & 2 & 1 \\ 1 & 2 & 3 & 2 \\ 5 & 0 & 6 & 2 \end{vmatrix}$；　　(8) $\begin{vmatrix} 3 & 1 & 1 & 1 \\ 1 & 3 & 1 & 1 \\ 1 & 1 & 3 & 1 \\ 1 & 1 & 1 & 3 \end{vmatrix}$；

(9) $\begin{vmatrix} 1 & 2 & 3 & 4 & 5 \\ 6 & 7 & 8 & 9 & 10 \\ 0 & 0 & 0 & 1 & 3 \\ 0 & 0 & 0 & 2 & 4 \\ 0 & 1 & 0 & 1 & 1 \end{vmatrix}$；　　(10) $\begin{vmatrix} 3 & 6 & 5 & 6 & 4 \\ 5 & 9 & 7 & 8 & 6 \\ 6 & 12 & 13 & 9 & 7 \\ 4 & 6 & 6 & 5 & 4 \\ 2 & 5 & 4 & 5 & 3 \end{vmatrix}$.

6. 已知 $D=\begin{vmatrix} 1 & x & y & z \\ x & 1 & 0 & 0 \\ y & 0 & 1 & 0 \\ z & 0 & 0 & 1 \end{vmatrix}=1$，求 x,y,z.

7. 证明下列等式：

(1) $\begin{vmatrix} a_1+kb_1 & b_1+c_1 & c_1 \\ a_2+kb_2 & b_2+c_2 & c_2 \\ a_3+kb_3 & b_3+c_3 & c_3 \end{vmatrix}=\begin{vmatrix} a_1 & b_1 & c_1 \\ a_2 & b_2 & c_2 \\ a_3 & b_3 & c_3 \end{vmatrix}$；

(2) $\begin{vmatrix} y+z & z+x & x+y \\ x+y & y+z & z+x \\ z+x & x+y & y+z \end{vmatrix}=2\begin{vmatrix} x & y & z \\ z & x & y \\ y & z & x \end{vmatrix}$.

8. 计算行列式 $\begin{vmatrix} 1 & -1 & 2 \\ 3 & 2 & 1 \\ 0 & 1 & 4 \end{vmatrix}$ 的全部余子式和代数余子式.

9. 用克莱姆法则，解下列方程组：

(1) $\begin{cases} x_1+x_2-2x_3=-3 \\ 5x_1-2x_2+7x_3=22 \\ 2x_1-5x_2+4x_3=4 \end{cases}$；

(2) $\begin{cases} 2x_1-x_2-x_3=4 \\ 3x_1+4x_2-2x_3=11 \\ 3x_1-2x_2+4x_3=11 \end{cases}$.

10. 求使下列方程组有非零解的 k 值：

$$\begin{cases} x+y+z=kz \\ 4x+3y+2z=ky \\ x+2y+3z=kx \end{cases}.$$

11. λ 取何值时，线性方程组

$$\begin{cases}(\lambda+3)x_1+x_2+2x_3=0\\ \lambda x_1+(\lambda-1)x_2+x_3=0\\ 3(\lambda+1)x_1+\lambda x_2+(\lambda+3)x_3=0\end{cases}$$

(1) 只有零解？　(2) 有非零解？

(B)

1. 填空题

(1) $\begin{vmatrix} 0 & -a & b \\ a & 0 & -c \\ -b & c & 0 \end{vmatrix}=$________；

(2) $\begin{vmatrix} 1 & 1 & 1 & 0 \\ 1 & 1 & 0 & 1 \\ 1 & 0 & 1 & 1 \\ 0 & 1 & 1 & 1 \end{vmatrix}=$________；

(3) $\begin{vmatrix} 1 & -1 & 1 & x-1 \\ 1 & -1 & x+1 & -1 \\ 1 & x-1 & 1 & -1 \\ x+1 & -1 & 1 & -1 \end{vmatrix}=$________；

(4) $\begin{vmatrix} 1-a & a & 0 & 0 & 0 \\ -1 & 1-a & a & 0 & 0 \\ 0 & -1 & 1-a & a & 0 \\ 0 & 0 & -1 & 1-a & a \\ 0 & 0 & 0 & -1 & 1-a \end{vmatrix}=$________；

(5) 已知 x 的一次多项式

$$f(x)=\begin{vmatrix} 1 & 1 & 1 & 1 \\ 1 & 1 & -1 & -1 \\ 1 & -1 & 1 & -1 \\ x & -1 & -1 & 1 \end{vmatrix},$$

则其根为________；

(6) n 阶行列式 $\begin{vmatrix} 2 & 0 & \cdots & 0 & 2 \\ -1 & 2 & \cdots & 0 & 2 \\ \vdots & \vdots & & \vdots & \vdots \\ 0 & 0 & \cdots & 2 & 2 \\ 0 & 0 & \cdots & -1 & 2 \end{vmatrix}=$________.

2. 单项选择题

(1) 若 $D=\begin{vmatrix} a_{11} & a_{12} & a_{13} \\ a_{21} & a_{22} & a_{23} \\ a_{31} & a_{32} & a_{33} \end{vmatrix}=M\neq 0, D_1=\begin{vmatrix} 3a_{11} & 4a_{11} & -a_{12} & -a_{13} \\ 3a_{21} & 4a_{21} & -a_{22} & -a_{23} \\ 3a_{31} & 4a_{31} & -a_{32} & -a_{33} \end{vmatrix}$,
则 $D_1=$________;

A. $-3M$　　B. $3M$　　C. $12M$　　D. $-12M$

(2) 行列式 $\begin{vmatrix} 0 & a & 0 & 0 \\ b & c & 0 & 0 \\ 0 & 0 & d & e \\ 0 & 0 & 0 & f \end{vmatrix}=$________;

A. $abcdef$　　B. $-abdf$　　C. $abdf$　　D. cdf

(3) 行列式 $\begin{vmatrix} 0 & a & b & 0 \\ a & 0 & 0 & b \\ 0 & c & d & 0 \\ c & 0 & 0 & d \end{vmatrix}=$________;

A. $(ad-bc)^2$　　B. $-(ad-bc)^2$　C. $a^2d^2-b^2c^2$　　D. $b^2c^2-a^2d^2$

(4) 已知 x 的一次多项式 $f(x)=\begin{vmatrix} 1 & 1 & 1 & 1 \\ 1 & 1 & -1 & -1 \\ 1 & -1 & 1 & -1 \\ x & -1 & -1 & 1 \end{vmatrix}$,则该多项式的根为________;

A. 0　　B. -1　　C. -2　　D. -3

(5) 行列式 $\begin{vmatrix} a^2 & (a+1)^2 & (a+2)^2 & (a+3)^2 \\ b^2 & (b+1)^2 & (b+2)^2 & (b+3)^2 \\ c^2 & (c+1)^2 & (c+2)^2 & (c+3)^2 \\ d^2 & (d+1)^2 & (d+2)^2 & (d+3)^2 \end{vmatrix}=$________;

A. 0　　B. $abcd$

C. $a^2+b^2+c^2+d^2$　　D. $a^2b^2c^2d^2$

(6) $\begin{vmatrix} a^2+1 & ab & ac \\ ab & b^2+1 & bc \\ ac & bc & c^2+1 \end{vmatrix}=$________.

A. $\begin{vmatrix} a^2 & ab & ac \\ ab & b^2 & bc \\ ac & bc & c^2 \end{vmatrix}+\begin{vmatrix} 1 & 0 & 0 \\ 0 & 1 & 0 \\ 0 & 0 & 1 \end{vmatrix}$

B. $\begin{vmatrix} a^2 & ab & ac \\ ab & b^2+1 & bc \\ ac & bc & c^2+1 \end{vmatrix}+\begin{vmatrix} 1 & ab & ac \\ ab & b^2+1 & bc \\ ac & bc & c^2+1 \end{vmatrix}$

C. $\begin{vmatrix} a^2 & ab & ac \\ ab & b^2+1 & bc \\ ac & bc & c^2+1 \end{vmatrix}+\begin{vmatrix} 1 & ab & ac \\ 0 & b^2+1 & bc \\ 0 & bc & c^2+1 \end{vmatrix}$

D. $\begin{vmatrix} a^2 & ab & ac \\ ab & b^2 & bc \\ ac & bc & c^2 \end{vmatrix}+\begin{vmatrix} 1 & ab & ac \\ ab & 1 & bc \\ ac & bc & 1 \end{vmatrix}$

3. 计算下列行列式

(1) $\begin{vmatrix} 1 & a_1 & a_2 & a_3 \\ 1 & a_1+b_1 & a_2 & a_3 \\ 1 & a_1 & a_2+b_2 & a_3 \\ 1 & a_1 & a_2 & a_3+b_3 \end{vmatrix}$;

(2) $\begin{vmatrix} 1 & -1 & 1 & x-1 \\ 1 & -1 & x+1 & -1 \\ 1 & x-1 & 1 & -1 \\ x+1 & -1 & 1 & -1 \end{vmatrix}$;

(3) $D=\begin{vmatrix} a+b+c+2d & a & b & c \\ c & a+b+c+d & d & b \\ c & a & a+b+c+d & d \\ d & a & b & a+b+2c+d \end{vmatrix}$;

(4) $\begin{vmatrix} a_1^4 & a_1^3b_1 & a_1^2b_1^2 & a_1b_1^3 & b_1^4 \\ a_2^4 & a_2^3b_2 & a_2^2b_2^2 & a_2b_2^3 & b_2^4 \\ a_3^4 & a_3^3b_3 & a_3^2b_3^2 & a_3b_3^3 & b_3^4 \\ a_4^4 & a_4^3b_4 & a_4^2b_4^2 & a_4b_4^3 & b_4^4 \\ a_5^4 & a_5^3b_5 & a_5^2b_5^2 & a_5b_5^3 & b_5^4 \end{vmatrix}$.

4. 计算下列 n 阶行列式：

(1) $\begin{vmatrix} 1 & 2 & 3 & \cdots & n-1 & n \\ -1 & 0 & 3 & \cdots & n-1 & n \\ -1 & -2 & 0 & \cdots & n-1 & n \\ \vdots & \vdots & \vdots & & \vdots & \vdots \\ -1 & -2 & -3 & \cdots & 0 & n \\ -1 & -2 & -3 & \cdots & -(n-1) & 0 \end{vmatrix}$；

(2) $\begin{vmatrix} a & 0 & \cdots & 0 & 1 \\ 0 & a & \cdots & 0 & 0 \\ \vdots & \vdots & & \vdots & \vdots \\ 0 & 0 & \cdots & a & 0 \\ 1 & 0 & \cdots & 0 & a \end{vmatrix}$；

(3) $\begin{vmatrix} x-a & a & a & \cdots & a \\ a & x-a & a & \cdots & a \\ a & a & x-a & \cdots & a \\ \vdots & \vdots & \vdots & & \vdots \\ a & a & a & \cdots & x-a \end{vmatrix}$；

(4) $\begin{vmatrix} 1 & 1 & 1 & \cdots & 1 \\ x_1+1 & x_2+1 & x_3+1 & \cdots & x_n+1 \\ x_1^2+x_1 & x_2^2+x_2 & x_3^2+x_3 & \cdots & x_n^2+x_n \\ \vdots & \vdots & \vdots & & \vdots \\ x_1^{n-1}+x_1^{n-2} & x_2^{n-1}+x_2^{n-2} & x_3^{n-1}+x_3^{n-2} & \cdots & x_n^{n-1}+x_n^{n-2} \end{vmatrix}$.

5. 设 α,β,γ 为互不相等的实数，试证明

$$\begin{vmatrix} 1 & 1 & 1 \\ \alpha & \beta & \gamma \\ \alpha^3 & \beta^3 & \gamma^3 \end{vmatrix}=0$$

的充要条件是 $\alpha+\beta+\gamma=0$.

6. 证明：$\begin{vmatrix} by+az & bz+ax & bx+ay \\ bx+ay & by+az & bz+ax \\ bz+ax & bx+ay & by+az \end{vmatrix}=(a^3+b^3)\begin{vmatrix} x & y & z \\ z & x & y \\ y & z & x \end{vmatrix}$.

7. 一元二次函数可由其图像上的 3 个 x 坐标互不相同的点所唯一确定，试证之.

第 2 章　矩阵

矩阵是线性代数中的一个重要概念，它是研究线性关系的一个有力工具，在自然科学、工程技术以及某些社会科学中有十分广泛的应用."矩阵"这个词是英国数学家西勒维斯特在 1850 年首先使用的，他和凯莱共同对矩阵理论做了很多开创性的工作。矩阵在 20 世纪得到飞速发展，但其历史非常久远，可追溯到东汉初年(公元 1 世纪)成书的《九章算术》，其"方程章"的第一题的方程实质上就是一个矩阵，所用的解法就是矩阵的初等变换.我国著名数学家华罗庚在矩阵理论研究方面也做了很多的工作.

§2.1　矩阵的概念

为了使读者对矩阵的概念有更具体的理解，我们先看两个例子.

例 2.1.1　假设某中学高一(1) 班前四号学生，期中考试三门课程的考试成绩如表 2.1.1 所示.

表 2.1.1　考试成绩表

学号	语文	数学	英语
1	72	90	92
2	80	88	95
3	84	91	70
4	61	74	78

此成绩表可简单地表示为如下的矩形表格：

$$\begin{matrix} 72 & 90 & 92 \\ 80 & 88 & 95 \\ 84 & 91 & 70 \\ 61 & 74 & 78 \end{matrix}$$

例 2.1.2 假设在某一地区经销煤炭物资，有 2 个产地 A_1，A_2 和 3 个销地 B_1，B_2，B_3，那么一个调运方案可以用表 2.1.2 表示：

表 2.1.2 煤炭调运方案

产地	销地		
	B_1	B_2	B_3
A_1	a_{11}	a_{12}	a_{13}
A_2	a_{21}	a_{22}	a_{23}

其中 a_{ij} 表示由产地 A_i 运往销地 B_j 的数量，此调运方案也可简单地表示为如下的矩形表格：

$$\begin{matrix} a_{11} & a_{12} & a_{13} \\ a_{21} & a_{22} & a_{23} \end{matrix}$$

上述两个矩形表格，我们都称之为矩阵，一般矩阵定义如下：

定义 2.1.1 由 $m\times n$ 个数 $a_{ij}(i=1,2,\cdots,m;j=1,2,\cdots,n)$ 排成的 m 行 n 列的矩形表格：

$$\begin{matrix} a_{11} & a_{12} & \cdots & a_{1n} \\ a_{21} & a_{22} & \cdots & a_{2n} \\ \vdots & \vdots & & \vdots \\ a_{m1} & a_{m2} & \cdots & a_{mn} \end{matrix} \tag{2.1.1}$$

称为 m 行 n 列矩阵，简称为 $m\times n$ 矩阵.

矩阵常用大写英文字母 $\boldsymbol{A},\boldsymbol{B},\boldsymbol{C},\cdots$表示，为了把矩阵写得紧凑便于分辨，往往用大括弧将矩阵(2.1.1)两边括起来，记为如下形式：

$$\boldsymbol{A}=\begin{pmatrix} a_{11} & a_{12} & \cdots & a_{1n} \\ a_{21} & a_{22} & \cdots & a_{2n} \\ \vdots & \vdots & & \vdots \\ a_{m1} & a_{m2} & \cdots & a_{mn} \end{pmatrix}, \tag{2.1.2}$$

简记作 $\boldsymbol{A}=(a_{ij})_{m\times n}$，其中 a_{ij} 就是 $\boldsymbol{A}$ 的第 i 行与第 j 列交叉处的元素.

特别地，当 $m=n$ 时，称 $\boldsymbol{A}$ 为 n 阶方阵或 n 阶矩阵，其中的 $a_{ii}(i=1,2,\cdots,n)$称为 $\boldsymbol{A}$ 的主对角元素.

一阶矩阵(a)就表示一个数 a，以后记$(a)=a$.

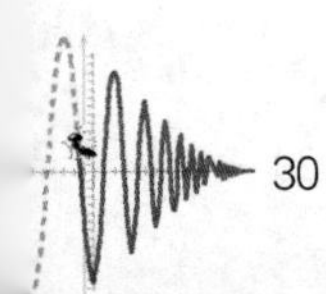

值得注意的是，矩阵与行列式在形式上有些类似，但在意义上完全不同，一个数字行列式是一个数，而数字矩阵是一张 m 行 n 列的表格.

例 2.1.1 的矩形表格可用以下 4×3 矩阵表示：

$$\begin{pmatrix} 72 & 90 & 92 \\ 80 & 88 & 95 \\ 84 & 91 & 70 \\ 61 & 74 & 78 \end{pmatrix}.$$

例 2.1.2 的矩形表格可用以下 2×3 矩阵表示：

$$\begin{pmatrix} a_{11} & a_{12} & a_{13} \\ a_{21} & a_{22} & a_{23} \end{pmatrix}.$$

以下特殊矩阵是今后常用的矩阵.

零矩阵　元素全为零的矩阵称为零矩阵，一个 $m\times n$ 的零矩阵记为 $\boldsymbol{O}_{m\times n}$，或简记为大写英文字母 $\boldsymbol{O}$.

单位矩阵　主对角线上元素全为 1，其余元素全为零的 n 阶方阵，记为 $\boldsymbol{E}_n$，即

$$\boldsymbol{E}_n = \begin{pmatrix} 1 & & & \\ & 1 & & \\ & & \ddots & \\ & & & 1 \end{pmatrix}(\text{空白处元素全为零}).$$

当单位矩阵无须考虑它的阶数时，简记为 $\boldsymbol{E}$.

对角矩阵　除了主对角线上的元素外其余全为零的 n 阶方阵. 如

$$\begin{pmatrix} d_1 & & & \\ & d_2 & & \\ & & \ddots & \\ & & & d_n \end{pmatrix}(\text{空白处元素全为零})$$

就是 n 阶对角矩阵的一般形式.

特别地，主对角线上元素全相同的 n 阶对角矩阵，称为 n 阶数量矩阵.

以下两类矩阵在矩阵的变换中往往作为目标矩阵，非常有用.

阶梯形矩阵　矩阵的零行(即元素全为零的行)(若有的话)出现在矩阵的最后几行，矩阵的非零行中第一个非零数前面的 0 的个数自上而下逐行增加

的矩阵.

简化阶梯形矩阵　矩阵的非零行中第一个非零数全为 1,且非零行中第一个 1 所在的列的其余元素全为 0 的阶梯形矩阵.

例如,

$$\begin{pmatrix}2&3&1\\0&1&2\\0&0&3\\0&0&0\end{pmatrix},\begin{pmatrix}0&1&2&-1\\0&0&3&2\\0&0&0&0\end{pmatrix},\begin{pmatrix}1&-1&5\\0&0&2\end{pmatrix}$$

都是阶梯形矩阵;

$$\begin{pmatrix}1&0&2&1\\0&1&3&-1\\0&0&0&0\\0&0&0&0\end{pmatrix},\begin{pmatrix}0&1&0&-3&0\\0&0&1&1&0\\0&0&0&0&1\\0&0&0&0&0\end{pmatrix}$$

都是简化阶梯形矩阵.

定义 2.1.2　设 $\boldsymbol{A}=(a_{ij})_{m\times n}$, $\boldsymbol{B}=(b_{ij})_{l\times k}$,若 $m=l, n=k$,则 $\boldsymbol{A}$ 与 $\boldsymbol{B}$ 称为同型矩阵;进一步,若 $a_{ij}=b_{ij}$ $(1\leqslant i\leqslant m, 1\leqslant j\leqslant n)$,则称 $\boldsymbol{A}$ 与 $\boldsymbol{B}$ 相等,记作 $\boldsymbol{A}=\boldsymbol{B}$.

两个矩阵相等的定义是自然的,因为矩阵是一张表格,两张表格相同,当然要求这两张表格的结构和内容完全一样了.

§2.2　矩阵的运算

矩阵之所以有用,不仅仅在于能把一组特殊的数组排成矩形表格本身,更主要在于我们可以对矩阵施行一些有实际意义的运算,从而使矩阵这个工具发挥更大的作用.这正像在初等代数里那样,数字不仅可以表示东西的多少,而且数字间还可以进行运算,有了数的运算,数的作用就大为加强了.

在这一节里,我们将介绍矩阵的加、减、数乘、乘法、转置和方阵的行列式等概念.这些运算有些与数字的运算相似,但有些则有很大的差别,读者要学会区别.

一、矩阵的加法

在引入矩阵加法的定义之前,我们先看一个实例.

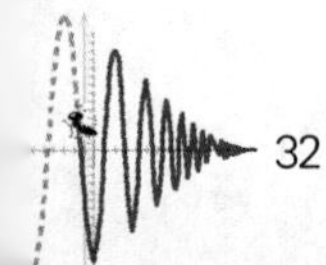

例 2.2.1　某石油公司所属的三个炼油厂 A_1, A_2, A_3 在 1994 年和 1995 年生产的四种油品 B_1, B_2, B_3, B_4 的产量(单位:万吨)分别用产量矩阵 $\boldsymbol{A}, \boldsymbol{B}$ 表示:

$$\boldsymbol{A}=\begin{pmatrix}60 & 28 & 15 & 7\\75 & 32 & 20 & 8\\65 & 26 & 14 & 5\end{pmatrix}, \boldsymbol{B}=\begin{pmatrix}60 & 30 & 13 & 6\\80 & 34 & 23 & 6\\75 & 30 & 16 & 3\end{pmatrix},$$

则各炼油厂的各种油品的两年产量之和可用矩阵

$$\boldsymbol{C}=\begin{pmatrix}60+60 & 28+30 & 15+13 & 7+6\\75+80 & 32+34 & 20+23 & 8+6\\65+75 & 26+30 & 14+16 & 5+3\end{pmatrix}=\begin{pmatrix}120 & 58 & 28 & 13\\155 & 66 & 43 & 14\\140 & 56 & 30 & 8\end{pmatrix}$$

表示,例如:炼油厂 A_1 在两年共生产油品 B_1 为 120(万吨).

矩阵 $\boldsymbol{C}$ 称为 $\boldsymbol{A}$ 与 $\boldsymbol{B}$ 的和,记作

$$\boldsymbol{C}=\boldsymbol{A}+\boldsymbol{B}.$$

一般地,我们有:

定义 2.2.1　设 $\boldsymbol{A}=(a_{ij})_{m\times n}, \boldsymbol{B}=(b_{ij})_{m\times n}$ 是同型矩阵,将它们的对应位置的元素相加所得到的 m 行 n 列矩阵 $\boldsymbol{C}=(c_{ij})_{m\times n}$,其中

$$c_{ij}=a_{ij}+b_{ij}.$$

称矩阵 $\boldsymbol{C}$ 为 $\boldsymbol{A}$ 与 $\boldsymbol{B}$ 的和,记作

$$\boldsymbol{C}=\boldsymbol{A}+\boldsymbol{B}.$$

即

$$(a_{ij})_{m\times n}+(b_{ij})_{m\times n}=(a_{ij}+b_{ij})_{m\times n}.$$

例如 $\boldsymbol{A}=\begin{pmatrix}2 & -5 & 1\\3 & 5 & 7\end{pmatrix}, \boldsymbol{B}=\begin{pmatrix}1 & 4 & 7\\3 & 5 & -2\end{pmatrix}$,则

$$\boldsymbol{A}+\boldsymbol{B}=\begin{pmatrix}2 & -5 & 1\\3 & 5 & 7\end{pmatrix}+\begin{pmatrix}1 & 4 & 7\\3 & 5 & -2\end{pmatrix}$$

$$=\begin{pmatrix}2+1 & -5+4 & 1+7\\ 3+3 & 5+5 & 7-2\end{pmatrix}=\begin{pmatrix}3 & -1 & 8\\ 6 & 10 & 5\end{pmatrix}.$$

必须提醒的是，在进行矩阵加法运算时，不是任意两个矩阵都可以作加法的，要使两个矩阵相加有意义，它们必须是同型矩阵.

由于矩阵的加法归结为它们对应元素的加法，即数的加法，而数的加法满足交换律与结合律，因此有：

(1)（**交换律**）$\boldsymbol{A}+\boldsymbol{B}=\boldsymbol{B}+\boldsymbol{A}$；

(2)（**结合律**）$(\boldsymbol{A}+\boldsymbol{B})+\boldsymbol{C}=\boldsymbol{A}+(\boldsymbol{B}+\boldsymbol{C})$.

矩阵加法满足结合律表明，s 个同型矩阵 $\boldsymbol{A}_1,\boldsymbol{A}_2,\cdots,\boldsymbol{A}_s$ 相加 $\boldsymbol{A}_1+\boldsymbol{A}_2+\cdots+\boldsymbol{A}_s$ 是有意义的.

零矩阵 $\boldsymbol{O}$ 在作矩阵的加法运算时和数 0 在作数的加法运算的性质类似，即

(3) $\boldsymbol{A}+\boldsymbol{O}=\boldsymbol{O}+\boldsymbol{A}=\boldsymbol{A}$.

一个数有负数，矩阵也一样，我们可以定义一个矩阵的负矩阵.

设矩阵 $\boldsymbol{A}=(a_{ij})_{m\times n}$，把 $\boldsymbol{A}$ 中各元素都变号后得到的矩阵称为 $\boldsymbol{A}$ 的负矩阵，记作 $-\boldsymbol{A}$，即 $-\boldsymbol{A}=(-a_{ij})_{m\times n}$.

显然，

(4) $\boldsymbol{A}+(-\boldsymbol{A})=(-\boldsymbol{A})+\boldsymbol{A}=\boldsymbol{O}$.

利用负矩阵可以定义矩阵的减法，即

$$\boldsymbol{A}-\boldsymbol{B}=\boldsymbol{A}+(-\boldsymbol{B}).$$

简单地说，

$$(a_{ij})_{m\times n}-(b_{ij})_{m\times n}=(a_{ij}-b_{ij})_{m\times n}.$$

可见，矩阵的减法不是一个独立运算，它类似于在初等数学中所讲的减去一个数等于加上这个数的相反数.

利用矩阵的减法，我们可得到两条熟悉的运算性质：

(5) $\boldsymbol{A}+\boldsymbol{B}=\boldsymbol{C}$ 当且仅当 $\boldsymbol{A}=\boldsymbol{C}-\boldsymbol{B}$.

(6) $\boldsymbol{A}+\boldsymbol{B}=\boldsymbol{A}+\boldsymbol{C}$ 当且仅当 $\boldsymbol{B}=\boldsymbol{C}$.

二、矩阵的数乘

在例 2.2.1 中，求得各炼油厂的各种油品的两年产量之和矩阵为

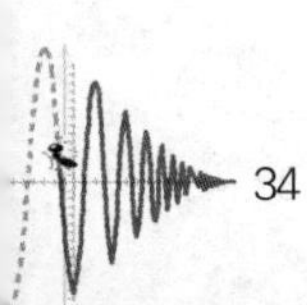

$$C=\begin{pmatrix}120 & 58 & 28 & 13\\155 & 66 & 43 & 14\\140 & 56 & 30 & 8\end{pmatrix},$$

则各炼油厂各种油品两年的年平均产量矩阵为

$$D=\begin{pmatrix}\frac{1}{2}\times 120 & \frac{1}{2}\times 58 & \frac{1}{2}\times 28 & \frac{1}{2}\times 13\\\frac{1}{2}\times 155 & \frac{1}{2}\times 66 & \frac{1}{2}\times 43 & \frac{1}{2}\times 14\\\frac{1}{2}\times 140 & \frac{1}{2}\times 56 & \frac{1}{2}\times 30 & \frac{1}{2}\times 8\end{pmatrix}$$

$$=\begin{pmatrix}60 & 29 & 14 & 6.5\\77.5 & 33 & 21.5 & 7\\70 & 28 & 15 & 4\end{pmatrix},$$

例如，炼油厂 A_2 在 1994 年和 1995 年平均生产油品 B_4 是 7 万吨.

称矩阵 $\boldsymbol{D}$ 为数 $\frac{1}{2}$ 与矩阵 $\boldsymbol{C}$ 的乘积，简称数乘，记作

$$\frac{1}{2}\boldsymbol{C}.$$

一般地，我们可以这样定义一个数与一个矩阵的数乘运算：

定义 2.2.2　设 $\boldsymbol{A}=(a_{ij})_{m\times n}$，$\lambda$ 是一个数，将 λ 乘遍矩阵 $\boldsymbol{A}$ 的每一个元素所得的矩阵，称为 λ 与 $\boldsymbol{A}$ 的数量乘积（简称数乘），记作 $\lambda\boldsymbol{A}$，即

$$\lambda(a_{ij})_{m\times n}=(\lambda a_{ij})_{m\times n}.$$

例如，$\boldsymbol{A}=\begin{pmatrix}4 & -1 & 2\\6 & 7 & 0\end{pmatrix}$，则

$$3\boldsymbol{A}=\begin{pmatrix}3\times 4 & 3\times(-1) & 3\times 2\\3\times 6 & 3\times 7 & 3\times 0\end{pmatrix}=\begin{pmatrix}12 & -3 & 6\\18 & 21 & 0\end{pmatrix}.$$

由于数乘矩阵归结为数的乘法，利用数的加法、乘法适合的运算律，易知数乘矩阵满足以下运算律：

(1) $(\lambda\mu)\boldsymbol{A}=\lambda(\mu\boldsymbol{A})=\mu(\lambda\boldsymbol{A})$.

(2) $\lambda(\boldsymbol{A}+\boldsymbol{B})=\lambda\boldsymbol{A}+\lambda\boldsymbol{B}$.

(3) $(\lambda+\mu)\boldsymbol{A}=\lambda\boldsymbol{A}+\mu\boldsymbol{A}$.

例 2.2.2 某中学高一(1)班前四号学生的期中考试与期末考试三门课程的考试成绩,可分别表示为如下成绩矩阵:

$$A=\begin{pmatrix}72&92&92\\80&87&95\\85&90&70\\86&71&77\end{pmatrix},\ B=\begin{pmatrix}82&82&72\\85&82&90\\90&80&75\\75&66&82\end{pmatrix},$$

若期中和期末考试成绩分别占总评成绩的 40%和 60%,则总评成绩矩阵为 $0.4\boldsymbol{A}+0.6\boldsymbol{B}$. 显然

$$0.4\boldsymbol{A}+0.6\boldsymbol{B}=\begin{pmatrix}78&86&80\\83&84&92\\88&84&73\\79.4&68&80\end{pmatrix}.$$

从上述矩阵可看出,二号学生第一门课程的总评成绩是 83 分,三号学生第三门课程的总评成绩是 73 分.

三、矩阵的乘法

矩阵的加法和数乘运算都较简单,下面引入一种较复杂但很重要的矩阵的乘法运算. 我们先看一个实例.

例 2.2.3 某石油公司所属的三个炼油厂 A_1,A_2,A_3 以原油作为主要原料,利用一吨原油生产三种油品 B_1,B_2,B_3 用一个 3×3 矩阵 $\boldsymbol{A}$ 表示:

$$\boldsymbol{A}=(a_{ij})_3=\begin{pmatrix}0.762&0.476&0.286\\0.190&0.476&0.381\\0.286&0.381&0.571\end{pmatrix},$$

其中 a_{ij} 表示由炼油厂 A_i 利用一吨原油生产油品 B_j 的数量(单位:吨).

若分别向三个炼油厂 A_1,A_2,A_3 提供 2000 吨、1500 吨和 3000 吨原料作为炼油的主要原料,用一个 3×1 矩阵 $\boldsymbol{B}$ 表示,即

$$\boldsymbol{B}=(b_{ij})_{3\times1}=\begin{pmatrix}2000\\1500\\3000\end{pmatrix},$$

则三个炼油厂生产的三种油品总量可用一个 3×1 矩阵 $\boldsymbol{C}$ 表示:

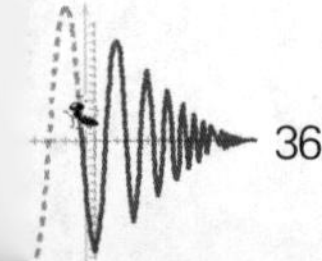

$$C=\begin{pmatrix}a_{11}b_{11}+a_{12}b_{21}+a_{13}b_{31}\\a_{21}b_{11}+a_{22}b_{21}+a_{23}b_{31}\\a_{31}b_{11}+a_{32}b_{21}+a_{33}b_{31}\end{pmatrix}$$
$$=\begin{pmatrix}0.762\times2000+0.476\times1500+0.286\times3000\\0.190\times2000+0.476\times1500+0.381\times3000\\0.286\times2000+0.381\times1500+0.571\times3000\end{pmatrix}$$
$$=\begin{pmatrix}3096\\2237\\2856.5\end{pmatrix}.$$

从矩阵 $\boldsymbol{C}$ 中可看出，三个炼油厂 A_1,A_2,A_3 共生产油品 B_1,B_2,B_3 分别为 3096 吨、2237 吨和 2856.5 吨.

这样的矩阵 $\boldsymbol{C}$ 以后我们称为 $\boldsymbol{A}$ 与 $\boldsymbol{B}$ 的乘积，记作

$$\boldsymbol{C}=\boldsymbol{AB}.$$

一般地，我们有以下矩阵乘法的定义：

定义 2.2.3　设 $\boldsymbol{A}=(a_{ij})_{m\times k}$ 为 $m\times k$ 矩阵，$\boldsymbol{B}=(b_{ij})_{k\times n}$ 为 $k\times n$ 矩阵，定义 $\boldsymbol{A}$ 和 $\boldsymbol{B}$ 的乘积 $\boldsymbol{C}=(c_{ij})_{m\times n}$ 是一个 $m\times n$ 矩阵，其中

$$c_{ij}=a_{i1}b_{1j}+a_{i2}b_{2j}+\cdots+a_{ik}b_{kj},(i=1,2,\cdots,m;j=1,2,\cdots,n).$$

称矩阵 $\boldsymbol{C}$ 为 $\boldsymbol{A}$ 与 $\boldsymbol{B}$ 的乘积，记作

$$\boldsymbol{C}=\boldsymbol{AB}.$$

例如，设 $\boldsymbol{A}=\begin{pmatrix}2&3&1\\1&5&7\end{pmatrix}$，$\boldsymbol{B}=\begin{pmatrix}2&0\\3&1\\1&0\end{pmatrix}$，则

$$\boldsymbol{AB}=\begin{pmatrix}2\times2+3\times3+1\times1&2\times0+3\times1+1\times0\\1\times2+5\times3+7\times1&1\times0+5\times1+7\times0\end{pmatrix}=\begin{pmatrix}14&3\\24&5\end{pmatrix}.$$

要掌握矩阵的乘法运算，读者必须牢记以下几点：

(1) 只有当左边矩阵 $\boldsymbol{A}$ 的列数与右边矩阵 $\boldsymbol{B}$ 的行数相同时，乘积 $\boldsymbol{AB}$ 才有意义；

(2) 乘积 $\boldsymbol{AB}$ 的行数与 $\boldsymbol{A}$ 的行数相同，$\boldsymbol{AB}$ 的列数与 $\boldsymbol{B}$ 的列数相同；

(3) 乘积 $\boldsymbol{AB}$ 的第 i 行与第 j 列交叉处元素 c_{ij} 就是 $\boldsymbol{A}$ 的第 i 行与 $\boldsymbol{B}$ 的第 j 列的对应元素的乘积之和.

例 2.2.4 设$A=\begin{pmatrix}1 & -1 & 2\\ 1 & 0 & 1\end{pmatrix}$,$B=\begin{pmatrix}2 & 2\\ -3 & 1\\ 4 & 0\end{pmatrix}$,求 AB 和 BA.

解:

$$AB=\begin{pmatrix}1 & -1 & 2\\ 1 & 0 & 1\end{pmatrix}\begin{pmatrix}2 & 2\\ -3 & 1\\ 4 & 0\end{pmatrix}=\begin{pmatrix}13 & 1\\ 6 & 2\end{pmatrix},$$

$$BA=\begin{pmatrix}2 & 2\\ -3 & 1\\ 4 & 0\end{pmatrix}\begin{pmatrix}1 & -1 & 2\\ 1 & 0 & 1\end{pmatrix}=\begin{pmatrix}4 & -2 & 6\\ -2 & 3 & -5\\ 4 & -4 & 8\end{pmatrix}.$$

例 2.2.5 设具有 m 个方程,n 个未知量 $x_1,x_2,\cdots,x_n$ 的线性方程组是

$$\begin{cases}a_{11}x_1+a_{12}x_2+\cdots+a_{1n}x_n=b_1\\ a_{21}x_1+a_{22}x_2+\cdots+a_{2n}x_n=b_2\\ \qquad\qquad\vdots\\ a_{m1}x_1+a_{m2}x_2+\cdots+a_{mn}x_n=b_m\end{cases},$$

令

$$A=\begin{pmatrix}a_{11} & a_{12} & \cdots & a_{1n}\\ a_{21} & a_{22} & \cdots & a_{2n}\\ \vdots & \vdots & & \vdots\\ a_{m1} & a_{m2} & \cdots & a_{mn}\end{pmatrix},X=\begin{pmatrix}x_1\\ x_2\\ \vdots\\ x_n\end{pmatrix},\beta=\begin{pmatrix}b_1\\ b_2\\ \vdots\\ b_m\end{pmatrix},$$

则上述线性方程组可以表示为形如

$$AX=\beta$$

的矩阵方程.

这种表示方法形式简单,更为重要的是可以用矩阵的方法来处理线性方程组,这一点我们将在后面的章节中看到.

矩阵的乘法与数的乘法也有相同或类似的运算性质:

(1) (**结合律**)$(AB)C=A(BC)$;

(2) (**分配律**)$A(B+C)=AB+AC$,$(A+B)C=AC+BC$;

(3) $(\lambda A)B=A(\lambda B)=\lambda(AB)$;

(4) 设 A 是 $m\times n$ 矩阵,则

$$O_{s\times m}A = O_{s\times n}, AO_{n\times t} = O_{m\times t};$$

$$E_mA = AE_n = A.$$

即零矩阵和单位矩阵相当于数的乘法中的数0和1.

思考题:矩阵乘法满足结合律有何意义?

但是,数的乘法性质不能完全照搬到矩阵中来,例如:

例 2.2.6　设 $A=\begin{pmatrix}1 & 1\\ -1 & -1\end{pmatrix}$, $B=\begin{pmatrix}1 & -1\\ -1 & 1\end{pmatrix}$, $C=\begin{pmatrix}2 & 0\\ 0 & -2\end{pmatrix}$,求 AB, BA, AC.

解:$AB=\begin{pmatrix}1 & 1\\ -1 & -1\end{pmatrix}\begin{pmatrix}1 & -1\\ -1 & 1\end{pmatrix}=\begin{pmatrix}0 & 0\\ 0 & 0\end{pmatrix}$;

$BA=\begin{pmatrix}1 & -1\\ -1 & 1\end{pmatrix}\begin{pmatrix}1 & 1\\ -1 & -1\end{pmatrix}=\begin{pmatrix}2 & 2\\ -2 & -2\end{pmatrix}$;

$BC=\begin{pmatrix}1 & -1\\ -1 & 1\end{pmatrix}\begin{pmatrix}2 & 0\\ 0 & -2\end{pmatrix}=\begin{pmatrix}2 & 2\\ -2 & -2\end{pmatrix}$.

由上例可以分析出以下结论:

(1) 矩阵乘法不满足交换律,即一般情况下,

$$AB\neq BA.$$

例如,在例2.2.4和例2.2.6中,就有 $AB\neq BA$.

于是矩阵作乘法时必须注意顺序,称 AB 为用 A 左乘 B, BA 为用 A 右乘 B.

(2) 两个非零矩阵的乘积有可能是零矩阵,即

$$A\neq O, B\neq O, \text{有可能 } AB=O.$$

又例如 $A=\begin{pmatrix}1 & 0\\ 0 & 0\end{pmatrix}\neq O$, $B=\begin{pmatrix}0 & 0\\ 0 & 1\end{pmatrix}\neq O$,但 $AB=\begin{pmatrix}0 & 0\\ 0 & 0\end{pmatrix}=O$.

(3) 矩阵乘法不满足消去律,即

$$\text{若 } AB = AC, A \neq O, \text{则一般 } B \neq C.$$

又例如 $A=\begin{pmatrix}1 & 0\\ 0 & 0\end{pmatrix}\neq O$, $B=\begin{pmatrix}0 & 0\\ 0 & 1\end{pmatrix}$, $C=\begin{pmatrix}0 & 0\\ 1 & 0\end{pmatrix}$,则 $AB=\begin{pmatrix}0 & 0\\ 0 & 0\end{pmatrix}=AC$,但 $B\neq C$.

也许读者会问:对于两个矩阵 $A=(a_{ij})_{m\times n}$, $B=(b_{ij})_{m\times n}$,为何不直接定义

$\boldsymbol{A}$ 和 $\boldsymbol{B}$ 的乘积为矩阵$(a_{ij}b_{ij})_{m\times n}$，这样定义不是更自然吗？

在历史上曾经有过这样的乘法定义，但它与我们现在定义的乘法用处要小得多.矩阵的乘法虽然复杂，但只要多练习，是不难掌握的.

例 2.2.7 对于矩阵 $\boldsymbol{A}$ 与 $\boldsymbol{B}$，若 $\boldsymbol{AB}=\boldsymbol{BA}$，则称 $\boldsymbol{A}$ 与 $\boldsymbol{B}$ 是可交换的.已知 $\boldsymbol{A}=\begin{pmatrix}1 & 0\\ 1 & 1\end{pmatrix}$，试求出所有与 $\boldsymbol{A}$ 可交换的矩阵.

解：显然与 $\boldsymbol{A}$ 可交换的矩阵必须是 2 阶方阵，设 $\boldsymbol{X}=\begin{bmatrix}x_{11} & x_{12}\\ x_{21} & x_{22}\end{bmatrix}$，则

$$\boldsymbol{AX}=\begin{pmatrix}1 & 0\\ 1 & 1\end{pmatrix}\begin{bmatrix}x_{11} & x_{12}\\ x_{21} & x_{22}\end{bmatrix}=\begin{bmatrix}x_{11} & x_{12}\\ x_{11}+x_{21} & x_{12}+x_{22}\end{bmatrix},$$

$$\boldsymbol{XA}=\begin{bmatrix}x_{11} & x_{12}\\ x_{21} & x_{22}\end{bmatrix}\begin{pmatrix}1 & 0\\ 1 & 1\end{pmatrix}=\begin{bmatrix}x_{11}+x_{12} & x_{12}\\ x_{21}+x_{22} & x_{22}\end{bmatrix}.$$

令 $\boldsymbol{AX}=\boldsymbol{XA}$，于是

$$\begin{bmatrix}x_{11} & x_{12}\\ x_{11}+x_{21} & x_{12}+x_{22}\end{bmatrix}=\begin{bmatrix}x_{11}+x_{12} & x_{12}\\ x_{21}+x_{22} & x_{22}\end{bmatrix},$$

比较等式两边矩阵对应元素，我们就得到下列线性方程组：

$$\begin{cases}x_{11}=x_{11}+x_{12}\\ x_{12}=x_{12}\\ x_{11}+x_{21}=x_{21}+x_{22}\\ x_{12}+x_{22}=x_{22}\end{cases},$$

解得：$x_{11}=x_{22}=a$，$x_{12}=0$，$x_{21}=b$，其中 a，b 为任意数，故所有与 $\boldsymbol{A}$ 可交换的矩阵为

$$\boldsymbol{X}=\begin{pmatrix}a & 0\\ b & a\end{pmatrix}.$$

四、矩阵的方幂与矩阵多项式

我们可以类似于定义数的方幂那样来定义方阵的方幂.

定义 2.2.4 设 $\boldsymbol{A}$ 是 n 阶方阵，$\boldsymbol{E}_n$ 是 n 阶单位矩阵，k 是正整数，规定：

$$\boldsymbol{A}^0=\boldsymbol{E}_n,\boldsymbol{A}^1=\boldsymbol{A},\boldsymbol{A}^k=\boldsymbol{AA}\cdots\boldsymbol{A}(\text{即 } k \text{ 个 } \boldsymbol{A} \text{ 连乘}).$$

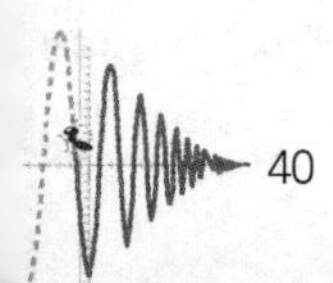

思考题：为何在矩阵的方幂中，要求该矩阵是方阵？换句话说，对于一般的矩阵 $\boldsymbol{A}$，$\boldsymbol{A}^k$ 不一定有意义？

矩阵的方幂满足以下运算律：

(1) $\boldsymbol{A}^k\boldsymbol{A}^l=\boldsymbol{A}^{k+l}$；

(2) $(\boldsymbol{A}^k)^l=\boldsymbol{A}^{kl}$.

以上 $\boldsymbol{A}$ 为方阵，k，l 都是非负整数.

要提醒的是，由于矩阵的乘法不满足交换律，因此，下列在中学代数中所熟悉的等式：

$$(\boldsymbol{AB})^k=\boldsymbol{A}^k\boldsymbol{B}^k;$$

$$\boldsymbol{A}^2-\boldsymbol{B}^2=(\boldsymbol{A}+\boldsymbol{B})(\boldsymbol{A}-\boldsymbol{B});$$

$$(\boldsymbol{A}\pm\boldsymbol{B})^2=\boldsymbol{A}^2\pm 2\boldsymbol{AB}+\boldsymbol{B}^2;$$

$$\cdots$$

对一般矩阵 $\boldsymbol{A}$，$\boldsymbol{B}$ 而言是不成立的.

思考题：矩阵 $\boldsymbol{A}$，$\boldsymbol{B}$ 满足什么条件时，上述等式成立？

定义 2.2.5　设 $\boldsymbol{A}$ 为 n 阶方阵，$\boldsymbol{E}_n$ 为 n 阶单位矩阵，$f(x)=a_0x^m+a_1x^{m-1}+\cdots+a_m$ 为一元多项式，则称矩阵 $a_0\boldsymbol{A}^m+a_1\boldsymbol{A}^{m-1}+\cdots+a_m\boldsymbol{E}_n$ 为矩阵 $\boldsymbol{A}$ 的多项式，记作 $f(\boldsymbol{A})$.

例 2.2.8　设 $\boldsymbol{A}=\begin{pmatrix}2&1&1\\3&1&2\\1&-1&0\end{pmatrix}$，$f(x)=x^2-x-1$，求 $f(\boldsymbol{A})$.

解：

$$\begin{aligned}f(\boldsymbol{A})&=\boldsymbol{A}^2-\boldsymbol{A}-\boldsymbol{E}_3\\&=\begin{pmatrix}2&1&1\\3&1&2\\1&-1&0\end{pmatrix}^2-\begin{pmatrix}2&1&1\\3&1&2\\1&-1&0\end{pmatrix}-\begin{pmatrix}1&0&0\\0&1&0\\0&0&1\end{pmatrix}\\&=\begin{pmatrix}5&1&3\\8&0&3\\-2&1&-2\end{pmatrix}.\end{aligned}$$

易验证，对于方阵 $\boldsymbol{A}$ 和两个一元多项式 $f(x)$，$g(x)$，有

(1) 设 $\varphi(x)=f(x)+g(x)$，$\psi(x)=f(x)g(x)$，则

$$\varphi(\boldsymbol{A})=f(\boldsymbol{A})+g(\boldsymbol{A}),\psi(\boldsymbol{A})=f(\boldsymbol{A})g(\boldsymbol{A});$$

(2) $f(\boldsymbol{A})g(\boldsymbol{A})=g(\boldsymbol{A})f(\boldsymbol{A})$.

上述(1) 的意义是:若要对方阵 $\boldsymbol{A}$ 的多项式 $\psi(\boldsymbol{A})$ 进行因式分解,你只要去找多项式 $\psi(x)$ 的因式分解就是了,若 $\psi(x)=f(x)g(x)$,则 $\psi(\boldsymbol{A})=f(\boldsymbol{A})g(\boldsymbol{A})$. 例如,因为 $x^2+x-2=(x-1)(x+2)$,所以

$$\boldsymbol{A}^2+\boldsymbol{A}-2\boldsymbol{E}=(\boldsymbol{A}-\boldsymbol{E})(\boldsymbol{A}+2\boldsymbol{E}).$$

上述(2)的意义是,虽然两个矩阵相乘时一般不可交换,但同一方阵的任意两个方阵多项式永远是可交换的.

五、矩阵的转置

矩阵转置的定义与行列式的转置是类似的.

定义 2.2.6 将矩阵 $\boldsymbol{A}$ 的行与列互换后所得的矩阵,称为 $\boldsymbol{A}$ 的转置矩阵,记作 $\boldsymbol{A}^{\mathrm{T}}$(或 $\boldsymbol{A}'$),即:

$$若\ \boldsymbol{A}=\begin{pmatrix} a_{11} & a_{12} & \cdots & a_{1n} \\ a_{21} & a_{22} & \cdots & a_{2n} \\ \vdots & \vdots & & \vdots \\ a_{m1} & a_{m2} & \cdots & a_{mn} \end{pmatrix},则\ \boldsymbol{A}^{\mathrm{T}}=\begin{pmatrix} a_{11} & a_{21} & \cdots & a_{m1} \\ a_{12} & a_{22} & \cdots & a_{m2} \\ \vdots & \vdots & & \vdots \\ a_{1n} & a_{2n} & \cdots & a_{mn} \end{pmatrix}.$$

$$例如,若\ \boldsymbol{A}=\begin{pmatrix} 1 & 2 & 1 \\ 0 & -1 & 2 \end{pmatrix},则\ \boldsymbol{A}^{\mathrm{T}}=\begin{pmatrix} 1 & 0 \\ 2 & -1 \\ 1 & 2 \end{pmatrix}.$$

可以验证矩阵的转置运算满足:

(1) $(\boldsymbol{A}^{\mathrm{T}})^{\mathrm{T}}=\boldsymbol{A}$;

(2) $(\boldsymbol{A}+\boldsymbol{B})^{\mathrm{T}}=\boldsymbol{A}^{\mathrm{T}}+\boldsymbol{B}^{\mathrm{T}}$;

(3) $(\lambda\boldsymbol{A})^{\mathrm{T}}=\lambda\boldsymbol{A}^{\mathrm{T}}$,其中 λ 是数;

(4) $(\boldsymbol{AB})^{\mathrm{T}}=\boldsymbol{B}^{\mathrm{T}}\boldsymbol{A}^{\mathrm{T}}$.

只证性质(4) :设 $\boldsymbol{A}=(a_{ij})_{m\times k}$,$\boldsymbol{B}=(b_{ij})_{k\times n}$,显然 $(\boldsymbol{AB})^{\mathrm{T}}$ 与 $\boldsymbol{B}^{\mathrm{T}}\boldsymbol{A}^{\mathrm{T}}$ 均为 $n\times m$ 矩阵.

因为

$(\boldsymbol{AB})^{\mathrm{T}}$ 中第 i 行与第 j 列的交叉处元素

$=\boldsymbol{AB}$ 中第 j 行与第 i 列元素的交叉处元素

$=\boldsymbol{A}$ 的第 j 行元素与 $\boldsymbol{B}$ 的第 i 列元素对应乘积之和

$=\boldsymbol{B}$ 的第 i 列元素与 $\boldsymbol{A}$ 的第 j 行元素对应乘积之和

$=\boldsymbol{B}^{\mathrm{T}}$ 的第 i 行元素与 $\boldsymbol{A}^{\mathrm{T}}$ 的第 j 列元素对应乘积之和

$=\boldsymbol{B}^{\mathrm{T}}\boldsymbol{A}^{\mathrm{T}}$ 中第 i 行与第 j 列元素的交叉处元素，

所以

$$(\boldsymbol{AB})^{\mathrm{T}} = \boldsymbol{B}^{\mathrm{T}}\boldsymbol{A}^{\mathrm{T}}.$$

一个矩阵经转置后得到的矩阵一般来说与原矩阵不同，但有两类与转置有关的矩阵是很重要的.

定义 2.2.7　若一个方阵 $\boldsymbol{A}$ 转置后仍与原矩阵相同，即 $\boldsymbol{A}^{\mathrm{T}}=\boldsymbol{A}$，则称该方阵 $\boldsymbol{A}$ 为对称矩阵. 若一个方阵 $\boldsymbol{A}$ 转置后等于原矩阵的负矩阵，即 $\boldsymbol{A}^{\mathrm{T}}=-\boldsymbol{A}$，则称该方阵 $\boldsymbol{A}$ 为反对称矩阵.

例如，矩阵 $\begin{pmatrix} 1 & 2 & -1 \\ 2 & 2 & 3 \\ -1 & 3 & 0 \end{pmatrix}$ 是对称矩阵，矩阵 $\begin{pmatrix} 0 & -2 & 1 \\ 2 & 0 & 3 \\ -1 & -3 & 0 \end{pmatrix}$ 是反对称矩阵.

易看出，设 $\boldsymbol{A}=(a_{ij})_n$，则

(1) $\boldsymbol{A}$ 为对称矩阵的充要条件是 $a_{ij}=a_{ji}(i,j=1,2,\cdots,n)$；

(2) $\boldsymbol{A}$ 为反对称矩阵的充要条件是 $a_{ij}=-a_{ji}(i,j=1,2,\cdots,n)$.

例 2.2.9　设 $\boldsymbol{A}=\begin{pmatrix} 1 & 0 \\ 2 & 3 \\ 4 & 5 \end{pmatrix}$，$\boldsymbol{B}=\begin{pmatrix} 2 & 1 \\ 4 & 3 \end{pmatrix}$，分别求 $\boldsymbol{AB}$，$(\boldsymbol{AB})^{\mathrm{T}}$ 和 $\boldsymbol{B}^{\mathrm{T}}\boldsymbol{A}^{\mathrm{T}}$.

解：

$$\boldsymbol{AB} = \begin{pmatrix} 1 & 0 \\ 2 & 3 \\ 4 & 5 \end{pmatrix}\begin{pmatrix} 2 & 1 \\ 4 & 3 \end{pmatrix} = \begin{pmatrix} 2 & 1 \\ 16 & 11 \\ 28 & 19 \end{pmatrix},$$

$$(\boldsymbol{AB})^{\mathrm{T}} = \begin{pmatrix} 2 & 16 & 28 \\ 1 & 11 & 19 \end{pmatrix},$$

$$\boldsymbol{B}^{\mathrm{T}}\boldsymbol{A}^{\mathrm{T}} = (\boldsymbol{AB})^{\mathrm{T}} = \begin{pmatrix} 2 & 16 & 28 \\ 1 & 11 & 19 \end{pmatrix}.$$

例 2.2.10　设 $\boldsymbol{\alpha}=(a_1,a_2,\cdots,a_n)$，$\boldsymbol{\beta}=(b_1,b_2,\cdots,b_n)$，求 $(\boldsymbol{\alpha}^{\mathrm{T}}\boldsymbol{\beta})^n$，其中 $n\geqslant 2$.

解：

$$\begin{aligned}(\boldsymbol{\alpha}^{\mathrm{T}}\boldsymbol{\beta})^n &= (\boldsymbol{\alpha}^{\mathrm{T}}\boldsymbol{\beta})(\boldsymbol{\alpha}^{\mathrm{T}}\boldsymbol{\beta})\cdots(\boldsymbol{\alpha}^{\mathrm{T}}\boldsymbol{\beta}) \\ &= \boldsymbol{\alpha}^{\mathrm{T}}(\boldsymbol{\beta}\boldsymbol{\alpha}^{\mathrm{T}})(\boldsymbol{\beta}\boldsymbol{\alpha}^{\mathrm{T}})\cdots(\boldsymbol{\beta}\boldsymbol{\alpha}^{\mathrm{T}})\boldsymbol{\beta} \\ &= \boldsymbol{\alpha}^{\mathrm{T}}(\boldsymbol{\beta}\boldsymbol{\alpha}^{\mathrm{T}})^{n-1}\boldsymbol{\beta},\end{aligned}$$

注意到，

$$\boldsymbol{\beta}\boldsymbol{\alpha}^{\mathrm{T}}=(b_1,b_2,\cdots,b_n)\begin{pmatrix}a_1\\a_2\\\vdots\\a_n\end{pmatrix}=a_1b_1+a_2b_2+\cdots+a_nb_n,$$

故

$$\begin{aligned}(\boldsymbol{\alpha}^{\mathrm{T}}\boldsymbol{\beta})^n&=\boldsymbol{\alpha}^{\mathrm{T}}(\boldsymbol{\beta}\boldsymbol{\alpha}^{\mathrm{T}})^{n-1}\boldsymbol{\beta}\\&=(a_1b_1+a_2b_2+\cdots+a_nb_n)^{n-1}\begin{pmatrix}a_1\\a_2\\\vdots\\a_n\end{pmatrix}(b_1,b_2,\cdots,b_n)\\&=(a_1b_1+a_2b_2+\cdots+a_nb_n)^{n-1}\begin{pmatrix}a_1b_1&a_1b_2&\cdots&a_1b_n\\a_2b_1&a_2b_2&\cdots&a_2b_n\\\vdots&\vdots&&\vdots\\a_nb_1&a_nb_2&\cdots&a_nb_n\end{pmatrix}.\end{aligned}$$

六、矩阵的行列式

定义 2.2.8 设$\boldsymbol{A}=(a_{ij})_n$为$n$阶方阵，则称$n$阶行列式$|a_{ij}|_n$为$\boldsymbol{A}$的行列式，记作$|\boldsymbol{A}|$.

可以证明以下矩阵行列式的性质是成立的：

(1) $|\boldsymbol{A}^{\mathrm{T}}|=|\boldsymbol{A}|$；

(2) $|\lambda\boldsymbol{A}|=\lambda^n|\boldsymbol{A}|$，这里$n$是矩阵$\boldsymbol{A}$的阶数；

(3) $|\boldsymbol{A}\boldsymbol{B}|=|\boldsymbol{A}||\boldsymbol{B}|$，这里$\boldsymbol{A},\boldsymbol{B}$是同阶方阵.

思考题：为何对于一般的矩阵$\boldsymbol{A}$，符号$|\boldsymbol{A}|$可能没有意义？

§2.3 矩阵的逆

在§2.2中，我们已引入了矩阵的加法、减法和乘法运算，作为数字运算，除了大家所熟知的数的加法、减法、乘法外，还有除法运算，那么矩阵是否也有所谓的“除法”运算呢？

我们先回忆一下数的除法运算，实际上数的除法不是一个独立运算，它是

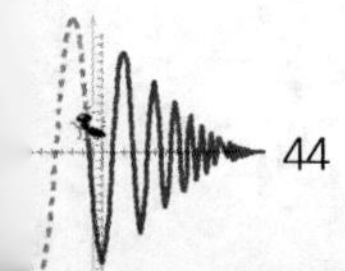

通过引入非零数的逆元(即倒数)后用乘法来实现的,即

$$a \div b = a \times b^{-1}.$$

一个数 b 称为数 a 的逆元,如果满足

$$ab = ba = 1.$$

类似地我们来引入矩阵的"逆元",即所谓的可逆矩阵和逆矩阵的概念.

定义 2.3.1 设 $\boldsymbol{A}$ 为 n 阶矩阵,$\boldsymbol{E}_n$ 为 n 阶单位矩阵,若存在 n 阶矩阵 $\boldsymbol{B}$,使得

$$\boldsymbol{AB} = \boldsymbol{BA} = \boldsymbol{E}_n,$$

则称 $\boldsymbol{A}$ 为可逆矩阵,$\boldsymbol{B}$ 为 $\boldsymbol{A}$ 的逆矩阵.

显然,若 $\boldsymbol{B}$ 为 $\boldsymbol{A}$ 的逆矩阵,则 $\boldsymbol{A}$ 也为 $\boldsymbol{B}$ 的逆矩阵.

例如,$\boldsymbol{A}=\begin{pmatrix} 1 & -1 \\ 1 & 1 \end{pmatrix}$,$\boldsymbol{B}=\begin{pmatrix} \frac{1}{2} & \frac{1}{2} \\ -\frac{1}{2} & \frac{1}{2} \end{pmatrix}$,因为

$$\boldsymbol{AB}=\boldsymbol{BA}=\boldsymbol{E}_2,$$

所以 $\boldsymbol{A}$,$\boldsymbol{B}$ 均为可逆矩阵,并且 $\boldsymbol{B}$ 为 $\boldsymbol{A}$ 的逆矩阵,$\boldsymbol{A}$ 也为 $\boldsymbol{B}$ 的逆矩阵.

思考题:可逆矩阵为何必须是方阵?

细看定义 2.3.1,我们发现有一个疑点:定义中只要求 $\boldsymbol{B}$ 存在,没有要求 $\boldsymbol{B}$ 是唯一的. 假如存在两个或更多个满足条件的 $\boldsymbol{B}$,哪一个 $\boldsymbol{B}$ 是 $\boldsymbol{A}$ 的逆矩阵呢?

我们先来排除这一个疑点.

命题 2.3.1 若 $\boldsymbol{A}$ 为可逆矩阵,则 $\boldsymbol{A}$ 的逆矩阵是唯一的.

证明:设 $\boldsymbol{B}_1$,$\boldsymbol{B}_2$ 都是 $\boldsymbol{A}$ 的逆矩阵,则 $\boldsymbol{AB}_i=\boldsymbol{B}_i\boldsymbol{A}=\boldsymbol{E}(i=1,2)$,于是

$$\boldsymbol{B}_1 = \boldsymbol{B}_1\boldsymbol{E} = \boldsymbol{B}_1(\boldsymbol{AB}_2) = (\boldsymbol{B}_1\boldsymbol{A})\boldsymbol{B}_2 = \boldsymbol{EB}_2 = \boldsymbol{B}_2,$$

故 $\boldsymbol{A}$ 的逆矩阵是唯一的.

既然我们知道了 n 阶可逆矩阵 $\boldsymbol{A}$ 的逆矩阵是唯一的,我们就可以记它的逆为 $\boldsymbol{A}^{-1}$,于是有

$$\boldsymbol{AA}^{-1} = \boldsymbol{A}^{-1}\boldsymbol{A} = \boldsymbol{E}_n.$$

接下来我们讨论和矩阵运算相关的可逆矩阵的基本性质.

命题 2.3.2 设 $\boldsymbol{A}$ 为可逆矩阵,则

(1) $\boldsymbol{A}^{-1}$ 也为可逆矩阵,并且

$$(\boldsymbol{A}^{-1})^{-1}=\boldsymbol{A};$$

(2) $\boldsymbol{A}^{\mathrm{T}}$ 也为可逆矩阵,并且

$$(\boldsymbol{A}^{\mathrm{T}})^{-1}=(\boldsymbol{A}^{-1})^{\mathrm{T}};$$

(3) 若 λ 是非零数,则 $\lambda\boldsymbol{A}$ 也为可逆矩阵,并且

$$(\lambda\boldsymbol{A})^{-1}=\lambda^{-1}\boldsymbol{A}^{-1};$$

(4) 若 $\boldsymbol{B}$ 为与 $\boldsymbol{A}$ 同阶的可逆矩阵,则 $\boldsymbol{AB}$ 也为可逆矩阵,并且

$$(\boldsymbol{AB})^{-1}=\boldsymbol{B}^{-1}\boldsymbol{A}^{-1};$$

(5) 设 $\boldsymbol{A}_1,\boldsymbol{A}_2,\cdots,\boldsymbol{A}_s$ 为 s 个 n 阶可逆矩阵,则 $\boldsymbol{A}_1\boldsymbol{A}_2\cdots\boldsymbol{A}_s$ 也为可逆矩阵,并且

$$(\boldsymbol{A}_1\boldsymbol{A}_2\cdots\boldsymbol{A}_s)^{-1}=\boldsymbol{A}_s^{-1}\boldsymbol{A}_{s-1}^{-1}\cdots\boldsymbol{A}_1^{-1}.$$

证明:我们只证(4),其余的由读者自行完成证明.

设 $\boldsymbol{A},\boldsymbol{B}$ 均为 n 阶可逆矩阵,即

$$\boldsymbol{AA}^{-1}=\boldsymbol{A}^{-1}\boldsymbol{A}=\boldsymbol{E}_n,\boldsymbol{BB}^{-1}=\boldsymbol{B}^{-1}\boldsymbol{B}=\boldsymbol{E}_n.$$

因为

$$(\boldsymbol{B}^{-1}\boldsymbol{A}^{-1})(\boldsymbol{AB})=\boldsymbol{B}^{-1}(\boldsymbol{A}^{-1}\boldsymbol{A})\boldsymbol{B}=\boldsymbol{B}^{-1}\boldsymbol{E}_n\boldsymbol{B}=\boldsymbol{B}^{-1}\boldsymbol{B}=\boldsymbol{E}_n,$$

同理

$$(\boldsymbol{AB})(\boldsymbol{B}^{-1}\boldsymbol{A}^{-1})=\boldsymbol{E}_n,$$

所以 $\boldsymbol{AB}$ 为可逆矩阵,并且

$$(\boldsymbol{AB})^{-1}=\boldsymbol{B}^{-1}\boldsymbol{A}^{-1}.$$

思考题:为何$(\boldsymbol{AB})^{-1}$不等于 $\boldsymbol{A}^{-1}\boldsymbol{B}^{-1}$?

在生活中我们也有这样的例子,例如,用 $\boldsymbol{A}$ 表示穿袜子,$\boldsymbol{B}$ 表示穿鞋子,则 $\boldsymbol{A}^{-1}$表示脱袜子,$\boldsymbol{B}^{-1}$表示脱鞋子. 在穿的时候是先穿袜后穿鞋,顺序是 $\boldsymbol{AB}$,但脱的时候顺序要倒过来,先脱鞋后脱袜,即 $\boldsymbol{B}^{-1}\boldsymbol{A}^{-1}$,于是

$$(\boldsymbol{AB})^{-1}=\boldsymbol{B}^{-1}\boldsymbol{A}^{-1}.$$

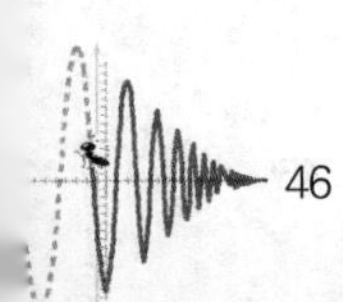

因此,为了便于记忆,称同阶的可逆矩阵乘法的逆运算符合穿脱原理.

类似地,在前一节中讨论矩阵的转置运算时,有公式 $(\boldsymbol{AB})^{\mathrm{T}}=\boldsymbol{B}^{\mathrm{T}}\boldsymbol{A}^{\mathrm{T}}$,因此,我们也称矩阵乘法的转置运算也符合穿脱原理.

当 $\boldsymbol{A}$ 为可逆矩阵时,我们可以定义 $\boldsymbol{A}$ 的负整数次幂:

$$\boldsymbol{A}^{-n}=(\boldsymbol{A}^{-1})^{n},$$

这里 n 为正整数.

显然,当 $\boldsymbol{A}$ 为可逆矩阵时,对于任意整数 k,l,有

(1) $\boldsymbol{A}^{k}\boldsymbol{A}^{l}=\boldsymbol{A}^{k+l}$;

(2) $(\boldsymbol{A}^{k})^{l}=\boldsymbol{A}^{kl}$.

思考题:为何一般方阵不能定义它的负整数次幂?

在做矩阵运算时,以下几点值得读者注意:

(1) 若 $\boldsymbol{A},\boldsymbol{B}$ 均为可逆矩阵,则 $\boldsymbol{A}+\boldsymbol{B}$ 未必是可逆矩阵.

例如,$\boldsymbol{A}=\begin{pmatrix}1&0\\0&1\end{pmatrix}$,$\boldsymbol{B}=\begin{pmatrix}-1&0\\0&-1\end{pmatrix}$,显然 $\boldsymbol{A},\boldsymbol{B}$ 都是可逆矩阵,但 $\boldsymbol{A}+\boldsymbol{B}=\begin{pmatrix}0&0\\0&0\end{pmatrix}$不是可逆矩阵.

(2) 若 $\boldsymbol{AB}$ 为可逆矩阵,则 $\boldsymbol{A},\boldsymbol{B}$ 未必均为可逆矩阵.

例如,$\boldsymbol{A}=\begin{pmatrix}1&0&1\\0&1&1\end{pmatrix}$,$\boldsymbol{B}=\begin{pmatrix}1&0\\0&1\\1&0\end{pmatrix}$都不是可逆矩阵,但 $\boldsymbol{AB}=\begin{pmatrix}2&0\\1&1\end{pmatrix}$是可逆矩阵,

$$(\boldsymbol{AB})^{-1}=\begin{pmatrix}2&0\\1&1\end{pmatrix}^{-1}=\begin{pmatrix}\frac{1}{2}&0\\-\frac{1}{2}&1\end{pmatrix}.$$

(3) 若 $\boldsymbol{A}$ 为可逆矩阵,对于矩阵 $\boldsymbol{B}$,即使 $\boldsymbol{A}^{-1}\boldsymbol{B}$ 和 $\boldsymbol{BA}^{-1}$ 均有意义,一般 $\boldsymbol{A}^{-1}\boldsymbol{B}\neq\boldsymbol{BA}^{-1}$.

因此,在矩阵运算中不能定义通常的除法运算,但有时候为了方便,称 $\boldsymbol{A}^{-1}\boldsymbol{B}$ 为 $\boldsymbol{A}$ 左除 $\boldsymbol{B}$,$\boldsymbol{BA}^{-1}$ 为 $\boldsymbol{A}$ 右除 $\boldsymbol{B}$.

从可逆矩阵的定义中知道,一个方阵未必是可逆矩阵. 给定一个方阵,怎样判断它是否为可逆矩阵? 或许我们想到的最自然的办法就是用待定系数法(其实就是解线性方程组).

例 2.3.1 设$\boldsymbol{A}=\begin{pmatrix}2 & 1\\1 & 1\end{pmatrix}$,用待定系数法,判断$\boldsymbol{A}$是否可逆?若可逆,则求$\boldsymbol{A}^{-1}$.

解:令矩阵$\boldsymbol{B}=\begin{pmatrix}x_1 & x_2\\x_3 & x_4\end{pmatrix}$,满足

$$\boldsymbol{AB}=\boldsymbol{BA}=\boldsymbol{E}_2,$$

因为

$$\boldsymbol{AB}=\begin{pmatrix}2x_1+x_3 & 2x_2+x_4\\x_1+x_3 & x_2+x_4\end{pmatrix}=\begin{pmatrix}1 & 0\\0 & 1\end{pmatrix},$$

所以得到线性方程组:

$$\begin{cases}2x_1+x_3=1\\2x_2+x_4=0\\x_1+x_3=0\\x_2+x_4=1\end{cases},$$

解得$x_1=1,x_2=-1,x_3=-1,x_4=2$,即

$$\boldsymbol{B}=\begin{pmatrix}1 & -1\\-1 & 2\end{pmatrix}.$$

经验证$\boldsymbol{AB}=\boldsymbol{BA}=\boldsymbol{E}_2$,故$\boldsymbol{A}$为可逆矩阵,并且

$$\boldsymbol{A}^{-1}=\boldsymbol{B}=\begin{pmatrix}1 & -1\\-1 & 2\end{pmatrix}.$$

但是用待定系数法来判断一个阶数稍高一点的矩阵是否为可逆矩阵,那就显得非常麻烦.因为一个n阶矩阵若用上述待定系数法来判断它是否可逆,我们就需要去解一个含有n^2个未知量的线性方程组.例如,讨论一个10阶矩阵的可逆性,我们就要去解一个含有100个未知量的线性方程组,这样的线性方程组,单凭它的"模样",也让人生畏.

因此,要判断一个方阵是否可逆,当它可逆时,要求它的逆矩阵,这样的方法我们需要另辟蹊径.

下面我们用求矩阵的行列式方法来判断它是否可逆,并通过求所谓的伴随矩阵来寻求可逆矩阵的逆矩阵的一个公式.

定义 2.3.2　设 $\boldsymbol{A}=(a_{ij})_n$ 为 n 阶矩阵，A_{ij} 为 n 阶行列式 $|\boldsymbol{A}|$ 中元素 a_{ij} 的代数余子式，则称 n 阶矩阵

$$(A_{ji})_n = \begin{pmatrix} A_{11} & A_{21} & \cdots & A_{n1} \\ A_{12} & A_{22} & \cdots & A_{n2} \\ \vdots & \vdots & & \vdots \\ A_{1n} & A_{2n} & \cdots & A_{nn} \end{pmatrix}$$

为 $\boldsymbol{A}$ 的伴随矩阵，记作 $\boldsymbol{A}^*$.

例 2.3.2　求下列矩阵的伴随矩阵：

(1) $\boldsymbol{A}=\begin{pmatrix} a & b \\ c & d \end{pmatrix}$；

(2) $\boldsymbol{A}=\begin{pmatrix} 1 & -1 & 1 \\ 2 & 1 & 0 \\ 1 & 2 & 3 \end{pmatrix}$.

解：(1) 显然 $A_{11}=d, A_{12}=-c, A_{21}=-b, A_{22}=a$，于是

$$\boldsymbol{A}^* = \begin{pmatrix} d & -b \\ -c & a \end{pmatrix}.$$

(2) 经计算：

$$A_{11}=3, A_{12}=-6, A_{13}=3, A_{21}=5, A_{22}=2,$$
$$A_{23}=-3, A_{31}=-1, A_{32}=2, A_{33}=3,$$

于是

$$\boldsymbol{A}^* = \begin{pmatrix} 3 & 5 & -1 \\ -6 & 2 & 2 \\ 3 & -3 & 3 \end{pmatrix}.$$

定理 2.3.1　设 $\boldsymbol{A}$ 为 n 阶方阵，$\boldsymbol{E}_n$ 是 n 阶单位矩阵，则

$$\boldsymbol{A}\boldsymbol{A}^* = \boldsymbol{A}^*\boldsymbol{A} = |\boldsymbol{A}|\boldsymbol{E}_n. \tag{2.3.1}$$

证明：由行列式按行(列)展开定理和它的推论即得.

推论 2.3.1　n 阶矩阵 $\boldsymbol{A}$ 是可逆矩阵的充要条件是 $|\boldsymbol{A}|\neq 0$.

特别地，当 $\boldsymbol{A}$ 可逆时，

$$A^{-1}=\frac{1}{|A|}A^{*}. \tag{2.3.2}$$

例 2.3.3 讨论例 2.3.2 中的矩阵是否可逆，若可逆，则求其逆矩阵.

解：(1) $|A|=\begin{vmatrix} a & b \\ c & d \end{vmatrix}=ad-bc$，于是当 $ad-bc\neq 0$ 时，A 为可逆矩阵，并且

$$A^{-1}=\frac{1}{|A|}A^{*}=\frac{1}{ad-bc}\begin{pmatrix} d & -b \\ -c & a \end{pmatrix}.$$

(2) 因为 $|A|=\begin{vmatrix} 1 & -1 & 1 \\ 2 & 1 & 0 \\ 1 & 2 & 3 \end{vmatrix}=12\neq 0$，所以 A 为可逆矩阵，并且

$$A^{-1}=\frac{1}{|A|}A^{*}=\frac{1}{12}\begin{pmatrix} 3 & 5 & -1 \\ -6 & 2 & 2 \\ 3 & -3 & 3 \end{pmatrix}=\begin{pmatrix} \frac{1}{4} & \frac{5}{12} & -\frac{1}{12} \\ -\frac{1}{2} & \frac{1}{6} & \frac{1}{6} \\ \frac{1}{4} & -\frac{1}{4} & \frac{1}{4} \end{pmatrix}.$$

公式(2.3.2)是矩阵求逆的一个重要公式，它用行列式和伴随矩阵来表示可逆矩阵的逆矩阵. 但是要计算 n 阶矩阵的伴随矩阵就需要计算 n^2 个 $n-1$ 阶行列式，当 n 较大时，计算量实在是太大了. 实际情况是，一般对于求 2 阶或 3 阶矩阵的逆矩阵，我们才用公式(2.3.2)来计算，而对于阶数超过 3 的逆矩阵计算方法，我们一般用矩阵的初等行变换求逆法，这一方法将在§2.5 中介绍.

下面两个例子是求逆矩阵的两种基本题型.

例 2.3.4 已知矩阵方程

$$\begin{pmatrix} 1 & 3 \\ 1 & 4 \end{pmatrix}X=\begin{pmatrix} 1 & 2 & -1 \\ 0 & 1 & 1 \end{pmatrix},$$

求 X.

解：因为 $\begin{vmatrix} 1 & 3 \\ 1 & 4 \end{vmatrix}=1$，所以 $\begin{pmatrix} 1 & 3 \\ 1 & 4 \end{pmatrix}$ 为可逆矩阵，于是

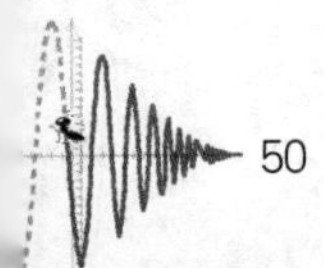

$$\boldsymbol{X}=\begin{pmatrix}1&3\\1&4\end{pmatrix}^{-1}\begin{pmatrix}1&2&-1\\0&1&1\end{pmatrix}$$
$$=\begin{pmatrix}4&-3\\-1&1\end{pmatrix}\begin{pmatrix}1&2&-1\\0&1&1\end{pmatrix}$$
$$=\begin{pmatrix}4&5&-7\\-1&-1&2\end{pmatrix}.$$

例 2.3.5 设 n 阶方阵 $\boldsymbol{A}$ 满足 $5\boldsymbol{A}^2+\boldsymbol{A}-3\boldsymbol{E}_n=\boldsymbol{O}$,证明 $\boldsymbol{A}$ 与 $2\boldsymbol{A}-\boldsymbol{E}_n$ 均为可逆矩阵,并分别求出它们的逆矩阵.

证明:由 $5\boldsymbol{A}^2+\boldsymbol{A}-3\boldsymbol{E}_n=\boldsymbol{O}$ 知,

$$\boldsymbol{A}\left(\frac{5}{3}\boldsymbol{A}+\frac{1}{3}\boldsymbol{E}_n\right)=\left(\frac{5}{3}\boldsymbol{A}+\frac{1}{3}\boldsymbol{E}_n\right)\boldsymbol{A}=\boldsymbol{E}_n,$$

因此,$\boldsymbol{A}$ 为可逆矩阵,并且

$$\boldsymbol{A}^{-1}=\frac{5}{3}\boldsymbol{A}+\frac{1}{3}\boldsymbol{E}_n.$$

再由 $5\boldsymbol{A}^2+\boldsymbol{A}-3\boldsymbol{E}_n=\boldsymbol{O}$ 知,

$$(2\boldsymbol{A}+\frac{7}{5}\boldsymbol{E}_n)(2\boldsymbol{A}-\boldsymbol{E}_n)=(2\boldsymbol{A}-\boldsymbol{E}_n)\left(2\boldsymbol{A}+\frac{7}{5}\boldsymbol{E}_n\right)=\boldsymbol{E}_n,$$

因此,$2\boldsymbol{A}-\boldsymbol{E}_n$ 为可逆矩阵,并且

$$(2\boldsymbol{A}-\boldsymbol{E}_n)^{-1}=2\boldsymbol{A}+\frac{7}{5}\boldsymbol{E}_n.$$

§2.4 分块矩阵

数学运算总是力求将复杂的转化为简单的,我们在处理阶数较高的大矩阵时,有时候要将大矩阵看成由一些小矩阵组成,使原矩阵结构显得简单而清晰. 分块矩阵实际上就是将矩阵用若干条纵线和横线分成许多个小矩阵形式,将每个小矩阵视为“元素”的一种形式矩阵.

例如,

$$A=\left(\begin{array}{ccc:cc}1&0&0&0&2\\0&1&0&1&-3\\0&0&1&-1&0\\ \hdashline 0&0&0&4&1\\0&0&0&1&4\end{array}\right)=\begin{pmatrix}\boldsymbol{E}_3&\boldsymbol{A}_1\\\boldsymbol{O}&\boldsymbol{A}_2\end{pmatrix},$$

其中 $\boldsymbol{A}_1=\begin{pmatrix}0&2\\1&-3\\-1&0\end{pmatrix}$，$\boldsymbol{A}_2=\begin{pmatrix}4&1\\1&4\end{pmatrix}$，称 $\boldsymbol{A}=\begin{pmatrix}\boldsymbol{E}_3&\boldsymbol{A}_1\\\boldsymbol{O}&\boldsymbol{A}_2\end{pmatrix}$ 为 2×2 分块矩阵.

给定一个矩阵，可以根据需要把它写成不同的分块矩阵. 如上例中的 $\boldsymbol{A}$，也可以这样进行分块：

$$A=\left(\begin{array}{cc:c:cc}1&0&0&0&2\\0&1&0&1&-3\\ \hdashline 0&0&1&-1&0\\ \hdashline 0&0&0&4&1\\0&0&0&1&4\end{array}\right)=\begin{pmatrix}\boldsymbol{E}_2&\boldsymbol{O}&\boldsymbol{A}_1\\\boldsymbol{O}&\boldsymbol{E}_1&\boldsymbol{A}_2\\\boldsymbol{O}&\boldsymbol{O}&\boldsymbol{A}_3\end{pmatrix},$$

其中 $\boldsymbol{A}_1=\begin{pmatrix}0&2\\1&-3\end{pmatrix}$，$\boldsymbol{A}_2(-1\quad 0)$，$\boldsymbol{A}_3=\begin{pmatrix}4&1\\1&4\end{pmatrix}$，则 $\boldsymbol{A}=\begin{pmatrix}\boldsymbol{E}_2&\boldsymbol{O}&\boldsymbol{A}_1\\\boldsymbol{O}&\boldsymbol{E}_1&\boldsymbol{A}_2\\\boldsymbol{O}&\boldsymbol{O}&\boldsymbol{A}_3\end{pmatrix}$ 为 3×3 分块矩阵.

以下将一个矩阵按行(列)分块是最常用的：

(1) $m\times n$ 矩阵 $\boldsymbol{A}$ 按行分块，即 $\boldsymbol{A}=\begin{pmatrix}\boldsymbol{\alpha}_1\\\boldsymbol{\alpha}_2\\\vdots\\\boldsymbol{\alpha}_m\end{pmatrix}$ 为 $m\times1$ 分块矩阵，其中称 $\boldsymbol{\alpha}_i$ 为矩阵 $\boldsymbol{A}$ 的第 i 个 n 维行向量，$i=1,2,\cdots,m$.

(2) $m\times n$ 矩阵 $\boldsymbol{A}$ 按列分块，即 $\boldsymbol{A}=(\boldsymbol{\beta}_1,\boldsymbol{\beta}_2,\cdots,\boldsymbol{\beta}_n)$ 为 $1\times n$ 分块矩阵，其中称 $\boldsymbol{\beta}_j$ 为矩阵 $\boldsymbol{A}$ 的第 j 个 m 维列向量，$j=1,2,\cdots,n$.

值得注意的是，一个 $m\times n$ 矩阵既可视为一个 1×1 分块矩阵，也可视为一个 $m\times n$ 分块矩阵.

定义 2.4.1 两个分块矩阵 $\boldsymbol{B}=(\boldsymbol{B}_{ij})_{r\times s}$，$\boldsymbol{C}=(\boldsymbol{C}_{ij})_{l\times k}$ 要称为相等，需满足

(1) $r=l,s=k$，

(2) 对任意的 i,j 有 $\boldsymbol{B}_{ij}=\boldsymbol{C}_{ij}$.

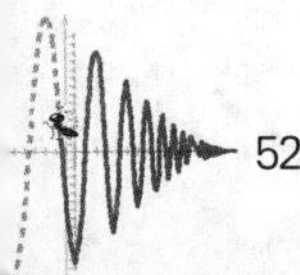

因此,两个分块矩阵相等,不仅它们的分块方式相同,而且对应的每一块也要相等.当然,这两个分块矩阵作为普通矩阵也是相等的.

只要将分块矩阵的每一个子块(即小矩阵)视为其一个“元素”,那么分块矩阵的加法、数乘、乘法和转置运算定义与普通矩阵的相应运算定义完全类同,但在作分块矩阵运算时请务必记住以下三点:

(1) 在作分块矩阵的加法时,两个矩阵的分块方法要一致;

(2) 在作分块矩阵的乘法时,左边矩阵的列的分法要与右边矩阵的行的分法一致.

(3) 在作分块矩阵的转置时,除了行列互换外,还必须对每一个元素作转置,即

$$若\ \boldsymbol{A}=\begin{pmatrix}\boldsymbol{A}_{11} & \boldsymbol{A}_{12} & \cdots & \boldsymbol{A}_{1t}\\ \boldsymbol{A}_{21} & \boldsymbol{A}_{22} & \cdots & \boldsymbol{A}_{2t}\\ \vdots & \vdots & & \vdots\\ \boldsymbol{A}_{s1} & \boldsymbol{A}_{s2} & \cdots & \boldsymbol{A}_{st}\end{pmatrix},则\ \boldsymbol{A}^{\mathrm{T}}=\begin{pmatrix}\boldsymbol{A}_{11}^{\mathrm{T}} & \boldsymbol{A}_{21}^{\mathrm{T}} & \cdots & \boldsymbol{A}_{s1}^{\mathrm{T}}\\ \boldsymbol{A}_{12}^{\mathrm{T}} & \boldsymbol{A}_{22}^{\mathrm{T}} & \cdots & \boldsymbol{A}_{s2}^{\mathrm{T}}\\ \vdots & \vdots & & \vdots\\ \boldsymbol{A}_{1t}^{\mathrm{T}} & \boldsymbol{A}_{2t}^{\mathrm{T}} & \cdots & \boldsymbol{A}_{st}^{\mathrm{T}}\end{pmatrix}.$$

例 2.4.1　利用分块矩阵,求 $\boldsymbol{A}+\boldsymbol{B}$,$k\boldsymbol{A}$,$\boldsymbol{AB}$,$\boldsymbol{A}^{\mathrm{T}}$,其中

$$\boldsymbol{A}=\begin{pmatrix}1 & 0 & 0 & 0\\ 0 & 1 & 0 & 0\\ -1 & 1 & -1 & 0\\ 1 & -1 & 0 & -1\end{pmatrix},\boldsymbol{B}=\begin{pmatrix}-1 & 1 & 1 & 0\\ 0 & 2 & 0 & 1\\ 0 & 0 & 2 & 1\\ 0 & 0 & 1 & 1\end{pmatrix}.$$

解:将 $\boldsymbol{A}$,$\boldsymbol{B}$ 分块如下:

$$\boldsymbol{A}=\left(\begin{array}{cc:cc}1 & 0 & 0 & 0\\ 0 & 1 & 0 & 0\\ \hdashline -1 & 1 & -1 & 0\\ 1 & -1 & 0 & -1\end{array}\right)=\begin{pmatrix}\boldsymbol{E}_2 & \boldsymbol{O}\\ \boldsymbol{A}_1 & -\boldsymbol{E}_2\end{pmatrix},$$

$$\boldsymbol{B}=\left(\begin{array}{cc:cc}-1 & 1 & 1 & 0\\ 0 & 2 & 0 & 1\\ \hdashline 0 & 0 & 2 & 1\\ 0 & 0 & 1 & 1\end{array}\right)=\begin{pmatrix}\boldsymbol{B}_1 & \boldsymbol{E}_2\\ \boldsymbol{O} & \boldsymbol{B}_2\end{pmatrix},$$

易得

$$\boldsymbol{A}+\boldsymbol{B}=\begin{pmatrix}\boldsymbol{E}_2 & \boldsymbol{O}\\ \boldsymbol{A}_1 & -\boldsymbol{E}_2\end{pmatrix}+\begin{pmatrix}\boldsymbol{B}_1 & \boldsymbol{E}_2\\ \boldsymbol{O} & \boldsymbol{B}_2\end{pmatrix}=\begin{pmatrix}\boldsymbol{E}_2+\boldsymbol{B}_1 & \boldsymbol{E}_2\\ \boldsymbol{A}_1 & -\boldsymbol{E}_2+\boldsymbol{B}_2\end{pmatrix},$$

$$kA = k\begin{pmatrix} E_2 & O \\ A_1 & -E_2 \end{pmatrix} = \begin{pmatrix} kE_2 & O \\ kA_1 & -kE_2 \end{pmatrix},$$

$$AB = \begin{pmatrix} E_2 & O \\ A_1 & -E_2 \end{pmatrix}\begin{pmatrix} B_1 & E_2 \\ O & B_2 \end{pmatrix} = \begin{pmatrix} B_1 & E_2 \\ A_1B_1 & A_1 - B_2 \end{pmatrix},$$

$$A^{\mathrm{T}} = \begin{pmatrix} E_2 & O \\ A_1 & -E_2 \end{pmatrix}^{\mathrm{T}} = \begin{pmatrix} E_2 & A_1^{\mathrm{T}} \\ O & -E_2 \end{pmatrix}.$$

分别计算 E_2+B_1，$-E_2+B_2$，kE_2，kA_1，A_1B_1，A_1-B_2，A_1^{T}，代入上面四式，即得

$$A+B = \begin{pmatrix} 0 & 1 & 1 & 0 \\ 0 & 3 & 0 & 1 \\ -1 & 1 & 1 & 1 \\ 1 & -1 & 1 & 0 \end{pmatrix},$$

$$kA = \begin{pmatrix} k & 0 & 0 & 0 \\ 0 & k & 0 & 0 \\ -k & k & -k & 0 \\ k & -k & 0 & -k \end{pmatrix}$$

$$AB = \begin{pmatrix} -1 & 1 & 1 & 0 \\ 0 & 2 & 0 & 1 \\ 1 & 1 & -3 & 0 \\ -1 & -1 & 0 & -2 \end{pmatrix}$$

$$A^{\mathrm{T}} = \begin{pmatrix} 1 & 0 & -1 & 1 \\ 0 & 1 & 1 & -1 \\ 0 & 0 & -1 & 0 \\ 0 & 0 & 0 & -1 \end{pmatrix}.$$

容易验证这个结果与直接不用分块矩阵运算得到的结果是相同的.

对角线元素全为方阵，其余元素全为零矩阵的分块矩阵，称为对角分块矩阵.

对于对角分块矩阵，有以下重要结论：

设 A，B 为两个有相同分块的对角分块矩阵：

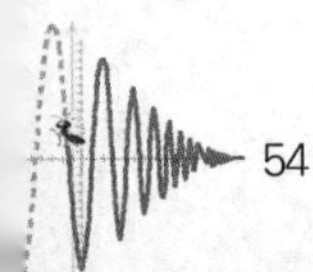

$$\boldsymbol{A}=\begin{pmatrix}\boldsymbol{A}_1 & & & \\ & \boldsymbol{A}_2 & & \\ & & \ddots & \\ & & & \boldsymbol{A}_s\end{pmatrix},\boldsymbol{B}=\begin{pmatrix}\boldsymbol{B}_1 & & & \\ & \boldsymbol{B}_2 & & \\ & & \ddots & \\ & & & \boldsymbol{B}_s\end{pmatrix},$$

这里 $\boldsymbol{A}_i,\boldsymbol{B}_i(i=1,2,\cdots,s)$为同阶方阵,则

(1) $\boldsymbol{A}+\boldsymbol{B}=\begin{pmatrix}\boldsymbol{A}_1+\boldsymbol{B}_1 & & & \\ & \boldsymbol{A}_2+\boldsymbol{B}_2 & & \\ & & \ddots & \\ & & & \boldsymbol{A}_s+\boldsymbol{B}_s\end{pmatrix}$;

(2) $k\boldsymbol{A}=\begin{pmatrix}k\boldsymbol{A}_1 & & & \\ & k\boldsymbol{A}_2 & & \\ & & \ddots & \\ & & & k\boldsymbol{A}_s\end{pmatrix}$;

(3) $\boldsymbol{A}\boldsymbol{B}=\begin{pmatrix}\boldsymbol{A}_1\boldsymbol{B}_1 & & & \\ & \boldsymbol{A}_2\boldsymbol{B}_2 & & \\ & & \ddots & \\ & & & \boldsymbol{A}_s\boldsymbol{B}_s\end{pmatrix}$;

(4) $\boldsymbol{A}^{\mathrm{T}}=\begin{pmatrix}\boldsymbol{A}_1^{\mathrm{T}} & & & \\ & \boldsymbol{A}_2^{\mathrm{T}} & & \\ & & \ddots & \\ & & & \boldsymbol{A}_s^{\mathrm{T}}\end{pmatrix}$;

(5) $|\boldsymbol{A}|=|\boldsymbol{A}_1||\boldsymbol{A}_2|\cdots|\boldsymbol{A}_s|$;

(6) 当 $\boldsymbol{A}_i$ 均为可逆矩阵$(i=1,2,\cdots,s)$时,则 $\boldsymbol{A}$ 为可逆矩阵,并且

$$\boldsymbol{A}^{-1}=\begin{pmatrix}\boldsymbol{A}_1^{-1} & & & \\ & \boldsymbol{A}_2^{-1} & & \\ & & \ddots & \\ & & & \boldsymbol{A}_s^{-1}\end{pmatrix}.$$

例 2.4.2　设分块矩阵 $\boldsymbol{A}=\begin{pmatrix}\boldsymbol{B} & \boldsymbol{O}\\ \boldsymbol{C} & \boldsymbol{D}\end{pmatrix}$,其中 $\boldsymbol{B},\boldsymbol{D}$ 分别为 r 阶和 s 阶可逆矩阵,证明 $\boldsymbol{A}$ 为可逆矩阵,并求 $\boldsymbol{A}^{-1}$.

证明:用待定法,设 $\boldsymbol{H}=\begin{pmatrix}\boldsymbol{X} & \boldsymbol{Y}\\ \boldsymbol{Z} & \boldsymbol{T}\end{pmatrix}$,其中 $\boldsymbol{X},\boldsymbol{T}$ 分别为 r 阶和 s 阶矩阵,满足:

$$AH = HA = E_{r+s},$$

于是

$$AH = \begin{pmatrix} B & O \\ C & D \end{pmatrix}\begin{pmatrix} X & Y \\ Z & T \end{pmatrix} = \begin{pmatrix} BX & BY \\ CX + DZ & CY + DT \end{pmatrix} = \begin{bmatrix} E_r & O \\ O & E_s \end{bmatrix},$$

因此，

$$\begin{cases} BX = E_r \\ BY = O \\ CX + DZ = O \\ CY + DT = E_s \end{cases},$$

解得：$X=B^{-1}$，$Y=O$，$Z=-D^{-1}CB^{-1}$，$T=D^{-1}$，于是

$$H = \begin{bmatrix} B^{-1} & O \\ -D^{-1}CB^{-1} & D^{-1} \end{bmatrix}.$$

易证 $AH=HA=E_{r+s}$，故 A 是可逆矩阵，并且

$$A^{-1} = H = \begin{bmatrix} B^{-1} & O \\ -D^{-1}CB^{-1} & D^{-1} \end{bmatrix}.$$

§2.5 初等变换和初等矩阵

矩阵的初等变换是处理矩阵问题的一种基本而又十分重要的方法，它在化简矩阵、求矩阵的逆、求矩阵的秩和解线性方程组等方面起着非常重要的作用.

定义 2.5.1 下列三类矩阵变换均称为矩阵的初等变换.

(1) **换法变换**：交换矩阵中的第 i 行(列)与第 j 行(列)的位置，记为 $r_i \leftrightarrow r_j(c_i \leftrightarrow c_j)$；

(2) **倍法变换**：用一非零数 k 乘以矩阵的第 i 行(列)的每一个元素，记为 $kr_i(kc_i)$；

(3) **倍加变换**：矩阵的第 j 行(列)的每一个元素乘以数 k 以后加到第 i 行(列)中去，记为 $r_i+kr_j(c_i+kc_j)$.

若所作的初等变换是行(列)变换，我们称该变换为初等行(列)变换.

若矩阵 A 经过初等变换变为 B，则记为

$$A \to B.$$

例如，

$$\begin{pmatrix}1&2&0&1\\0&-1&2&1\\1&2&-2&1\\0&-1&2&1\end{pmatrix}\xrightarrow{r_1\leftrightarrow r_3}\begin{pmatrix}1&2&-2&1\\0&-1&2&1\\1&2&0&1\\0&-1&2&1\end{pmatrix}$$

$$\xrightarrow{2c_3}\begin{pmatrix}1&2&-4&1\\0&-1&4&1\\1&2&0&1\\0&-1&4&1\end{pmatrix}\xrightarrow{r_2-2r_4}\begin{pmatrix}1&2&-4&1\\0&1&-4&-1\\1&2&0&1\\0&-1&4&1\end{pmatrix}.$$

思考题:(1) 若矩阵 $\boldsymbol{A}$ 经过初等变换变为 $\boldsymbol{B}$,为何不能写为 $\boldsymbol{A}=\boldsymbol{B}$? (2) 若矩阵 $\boldsymbol{A}$ 经过一次初等变换变为 $\boldsymbol{B}$,$\boldsymbol{B}$ 能否用相同类型的初等变换变为 $\boldsymbol{A}$ 呢? 怎么变?

经过初等变换后的前后两个矩阵若要用等式来表示,则需要用所谓的初等矩阵来建立.

定义 2.5.2 由 n 阶单位矩阵 E_n 经过一次初等行变换得到的矩阵称为 n 阶初等矩阵.

因为矩阵的初等变换有三种类型,所以初等矩阵也有三种类型.下面我们对单位矩阵 $\boldsymbol{E}_n$ 施行初等行变换来得到这三类矩阵.

(1) (**换法阵 $\boldsymbol{P}(i,j)$**)

$$\boldsymbol{E}_n\xrightarrow{r_i\leftrightarrow r_j}\boldsymbol{P}(i,j)=\begin{pmatrix}1&&&&&&\\&\ddots&&&&&\\&&0&\cdots&1&&\\&&\vdots&\ddots&\vdots&&\\&&1&\cdots&0&&\\&&&&&\ddots&\\&&&&&&1\end{pmatrix};$$

(2) (**倍法阵 $\boldsymbol{P}(i(k))$**)

$$\boldsymbol{E}_n\xrightarrow{k\times r_i}\boldsymbol{P}(i(k))=\begin{pmatrix}1&&&&&&\\&\ddots&&&&&\\&&1&&&&\\&&&k&&&\\&&&&1&&\\&&&&&\ddots&\\&&&&&&1\end{pmatrix};$$

(3) (**倍加阵 $\boldsymbol{P}(\boldsymbol{i},\boldsymbol{j}(\boldsymbol{k}))$**)

$$\boldsymbol{E}_n \xrightarrow{r_i+k\times r_j} \boldsymbol{P}(i,j(k))=\begin{pmatrix}1 & & & & & & \\ & \ddots & & & & & \\ & & 1 & \cdots & k & & \\ & & & \ddots & & & \\ & & & & 1 & & \\ & & & & & \ddots & \\ & & & & & & 1\end{pmatrix}.$$

上述三类初等矩阵也可以对单位矩阵 $\boldsymbol{E}_n$ 通过相应的初等列变换得到,请读者自行完成.

显然,初等矩阵有如下性质:

(1) $(\boldsymbol{P}(i,j))^{\mathrm{T}}=\boldsymbol{P}(i,j)$,$(\boldsymbol{P}(i(k)))^{\mathrm{T}}=\boldsymbol{P}(i(k))$,$(\boldsymbol{P}(i,j(k)))^{\mathrm{T}}=\boldsymbol{P}(j,i(k))$;

(2) $|\boldsymbol{P}(i,j)|=-1$,$|\boldsymbol{P}(i(k))|=k$,$|\boldsymbol{P}(i,j(k))|=1$;

(3) $(\boldsymbol{P}(i,j))^{-1}=\boldsymbol{P}(i,j)$,$(\boldsymbol{P}(i(k)))^{-1}=\boldsymbol{P}\left(i\left(\frac{1}{k}\right)\right)$,$(\boldsymbol{P}(i,j(k)))^{-1}=\boldsymbol{P}(i,j(-k))$.

思考题:请写出初等矩阵的转置形式.

初等变换与初等矩阵间的关系,可用下列命题来表达.

命题 2.5.1 对矩阵 $\boldsymbol{A}$ 施行某一初等行(列)变换,相当于对 $\boldsymbol{A}$ 左(右)乘一个同类型的初等矩阵.具体地说:

(1) $\boldsymbol{P}(i,j)\boldsymbol{A}$ 相当于交换 $\boldsymbol{A}$ 的第 i 行与第 j 行;

(1′) $\boldsymbol{AP}(i,j)$ 相当于交换 $\boldsymbol{A}$ 的第 i 列与第 j 列;

(2) $\boldsymbol{P}(i(k))\boldsymbol{A}$ 相当于 k 乘 $\boldsymbol{A}$ 的第 i 行;

(2′) $\boldsymbol{AP}(i(k))$ 相当于 k 乘 $\boldsymbol{A}$ 的第 i 列;

(3) $\boldsymbol{P}(i,j(k))\boldsymbol{A}$ 相当于 k 乘 $\boldsymbol{A}$ 的第 j 行后加到第 i 行;

(3′) $\boldsymbol{AP}(i,j(k))$ 相当于 k 乘 $\boldsymbol{A}$ 的第 j 列后加到第 i 列.

口诀: 左乘行变换,右乘列变换.

例 2.5.1 设 $\boldsymbol{A}=\begin{pmatrix}a_{11} & a_{12} & a_{13} & a_{14}\\ a_{21} & a_{22} & a_{23} & a_{24}\\ a_{31} & a_{32} & a_{33} & a_{34}\end{pmatrix}$,求 $\boldsymbol{AP}(1,4)$,$\boldsymbol{P}(2,3(-2))\boldsymbol{A}$.

解:根据命题 2.5.1,$\boldsymbol{AP}(1,4)$ 就是矩阵 $\boldsymbol{A}$ 的第 1 列和第 4 列所得的矩阵,

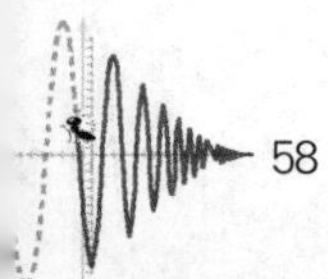

即

$$AP(1,4)=\begin{pmatrix} a_{14} & a_{12} & a_{13} & a_{11} \\ a_{24} & a_{22} & a_{23} & a_{21} \\ a_{34} & a_{32} & a_{33} & a_{31} \end{pmatrix}.$$

$P(2,3(-2))A$ 就是矩阵 A 的第 3 行乘以(−2)后加到第 2 行所得的矩阵,即

$$P(2,3(-2))A=\begin{pmatrix} a_{11} & a_{12} & a_{13} & a_{14} \\ a_{21}-2a_{31} & a_{22}-2a_{32} & a_{23}-2a_{33} & a_{24}-2a_{34} \\ a_{31} & a_{32} & a_{33} & a_{34} \end{pmatrix}.$$

利用矩阵的初等变换来求逆矩阵、求矩阵的秩和解线性方程组等,往往先要将矩阵化为阶梯形矩阵,这一目标是可以实现的.

命题 2.5.2 任意一个非零矩阵 $A=(a_{ij})_{m\times n}$ 都可以经过若干次初等行变换化为阶梯形矩阵,进一步也可化为简化的阶梯形矩阵.

例 2.5.2 设 $A=\begin{pmatrix} 0 & 2 & 0 & 2 & -1 \\ 1 & 1 & 1 & -3 & 2 \\ 1 & 3 & 1 & -1 & 1 \\ 3 & 5 & 3 & -7 & 5 \end{pmatrix}$,用初等行变换将 A 化为阶梯形矩阵,并进一步化为简化的阶梯形矩阵.

解:

$$A=\begin{pmatrix} 0 & 2 & 0 & 2 & -1 \\ 1 & 1 & 1 & -3 & 2 \\ 1 & 3 & 1 & -1 & 1 \\ 3 & 5 & 3 & -7 & 5 \end{pmatrix}\xrightarrow{r_1\leftrightarrow r_2}\begin{pmatrix} 1 & 1 & 1 & -3 & 2 \\ 0 & 2 & 0 & 2 & -1 \\ 1 & 3 & 1 & -1 & 1 \\ 3 & 5 & 3 & -7 & 5 \end{pmatrix}$$

$$\xrightarrow{r_3-r_1,r_4-3r_1}\begin{pmatrix} 1 & 1 & 1 & -3 & 2 \\ 0 & 2 & 0 & 2 & -1 \\ 0 & 2 & 0 & 2 & -1 \\ 0 & 2 & 0 & 2 & -1 \end{pmatrix}$$

$$\xrightarrow{r_3-r_2,r_4-r_2}\begin{pmatrix} 1 & 1 & 1 & -3 & 2 \\ 0 & 2 & 0 & 2 & -1 \\ 0 & 0 & 0 & 0 & 0 \\ 0 & 0 & 0 & 0 & 0 \end{pmatrix}\text{(阶梯形矩阵)}.$$

进一步，

$$\begin{pmatrix}1&1&1&-3&2\\0&2&0&2&-1\\0&0&0&0&0\\0&0&0&0&0\end{pmatrix}\xrightarrow{\frac{1}{2}\times r_2}\begin{pmatrix}1&1&1&-3&2\\0&1&0&1&-\frac{1}{2}\\0&0&0&0&0\\0&0&0&0&0\end{pmatrix}$$

$$\xrightarrow{r_1-r_2}\begin{pmatrix}1&0&1&-4&\frac{5}{2}\\0&1&0&1&-\frac{1}{2}\\0&0&0&0&0\\0&0&0&0&0\end{pmatrix}\text{(简化的阶梯形矩阵)}.$$

下面介绍的定理和推论,在矩阵理论中是相当有用的.

定理 2.5.1 设 $\boldsymbol{A}$ 为 $m\times n$ 矩阵,则一定可以经过若干次初等变换将 $\boldsymbol{A}$ 化为如下形式的矩阵 $\boldsymbol{D}$：

$$\boldsymbol{D}=\begin{pmatrix}\boldsymbol{E}_r&\boldsymbol{O}\\\boldsymbol{O}&\boldsymbol{O}\end{pmatrix},\text{其中 }0\leqslant r\leqslant\min(m,n),$$

其中 $\min(m,n)$表示取 m 和 n 两数中的最小者.

有时候称上述 $\boldsymbol{D}$ 为 $\boldsymbol{A}$ 的等价标准形.

定理 2.5.1 的证明思路是:先用初等行变换将 $\boldsymbol{A}$ 化为简化的阶梯形矩阵,然后再用适当的初等列变换,就可以化为形式 $\boldsymbol{D}$ 的矩阵.

利用定理 2.5.1 和命题 2.5.1,我们立得以下两个推论是正确的.

推论 2.5.1 设 $\boldsymbol{A}$ 为 $m\times n$ 矩阵,则存在若干个初等矩阵 $\boldsymbol{P}_1,\boldsymbol{P}_2,\cdots,\boldsymbol{P}_s$ 和 $\boldsymbol{Q}_1,\boldsymbol{Q}_2,\cdots,\boldsymbol{Q}_t$,使得

$$\boldsymbol{P}_s\cdots\boldsymbol{P}_2\boldsymbol{P}_1\boldsymbol{A}\boldsymbol{Q}_1\boldsymbol{Q}_2\cdots\boldsymbol{Q}_t=\begin{pmatrix}\boldsymbol{E}_r&\boldsymbol{O}\\\boldsymbol{O}&\boldsymbol{O}\end{pmatrix},\text{其中 }0\leqslant r\leqslant\min(m,n).$$

推论 2.5.2 设 $\boldsymbol{A}$ 为 $m\times n$ 矩阵,则存在 m 阶可逆矩阵 $\boldsymbol{P}$ 和 n 阶可逆矩阵 $\boldsymbol{Q}$,使得

$$\boldsymbol{PAQ}=\begin{pmatrix}\boldsymbol{E}_r&\boldsymbol{O}\\\boldsymbol{O}&\boldsymbol{O}\end{pmatrix},\text{其中 }0\leqslant r\leqslant\min(m,n).$$

定理 2.5.2 设 $\boldsymbol{A}$ 为 n 阶方阵,则 $\boldsymbol{A}$ 为可逆矩阵的充要条件是 $\boldsymbol{A}$ 可以表

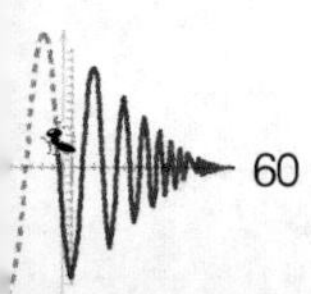

示成若干个初等矩阵的乘积.

证明:充分性证明是显然的.

必要性:若 $\boldsymbol{A}$ 为可逆矩阵,由推论 2.5.1 知,存在若干个初等矩阵 $\boldsymbol{P}_1$, $\boldsymbol{P}_2,\cdots,\boldsymbol{P}_s$ 和 $\boldsymbol{Q}_1,\boldsymbol{Q}_2,\cdots,\boldsymbol{Q}_t$,使得

$$\boldsymbol{P}_s\cdots\boldsymbol{P}_2\boldsymbol{P}_1\boldsymbol{A}\boldsymbol{Q}_1\boldsymbol{Q}_2\cdots\boldsymbol{Q}_t=\begin{pmatrix}\boldsymbol{E}_r & \boldsymbol{O}\\ \boldsymbol{O} & \boldsymbol{O}\end{pmatrix},\text{其中 } 0\leqslant r\leqslant n.$$

因为 $\boldsymbol{A}$ 和初等矩阵均为可逆矩阵,所以 $\boldsymbol{P}_s\cdots\boldsymbol{P}_2\boldsymbol{P}_1\boldsymbol{A}\boldsymbol{Q}_1\boldsymbol{Q}_2\cdots\boldsymbol{Q}_t$ 为可逆矩阵,因此 $\begin{pmatrix}\boldsymbol{E}_r & \boldsymbol{O}\\ \boldsymbol{O} & \boldsymbol{O}\end{pmatrix}$ 也是可逆矩阵,从而 $r=n$,即

$$\boldsymbol{P}_s\cdots\boldsymbol{P}_2\boldsymbol{P}_1\boldsymbol{A}\boldsymbol{Q}_1\boldsymbol{Q}_2\cdots\boldsymbol{Q}_t=\boldsymbol{E}_n,$$

也就是说

$$\boldsymbol{A}=\boldsymbol{P}_1^{-1}\boldsymbol{P}_2^{-1}\cdots\boldsymbol{P}_s^{-1}\boldsymbol{Q}_t^{-1}\cdots\boldsymbol{Q}_2^{-1}\boldsymbol{Q}_1^{-1}.$$

因为初等矩阵的逆矩阵也是初等矩阵,所以 $\boldsymbol{A}$ 可以表示成若干个初等矩阵的乘积.

例 2.5.3　将矩阵 $\boldsymbol{A}=\begin{pmatrix}1 & 1 & 0\\ 2 & 1 & -1\\ 1 & 0 & 0\end{pmatrix}$ 表示成初等矩阵的乘积.

解:将 $\boldsymbol{A}$ 用下列初等变换化为单位矩阵:

$$\boldsymbol{A}=\begin{pmatrix}1 & 1 & 0\\ 2 & 1 & -1\\ 1 & 0 & 0\end{pmatrix}\xrightarrow{r_1\leftrightarrow r_3}\begin{pmatrix}1 & 0 & 0\\ 2 & 1 & -1\\ 1 & 1 & 0\end{pmatrix}\xrightarrow{r_2-2r_1}\begin{pmatrix}1 & 0 & 0\\ 0 & 1 & -1\\ 1 & 1 & 0\end{pmatrix}$$

$$\xrightarrow{r_3-r_1}\begin{pmatrix}1 & 0 & 0\\ 0 & 1 & -1\\ 0 & 1 & 0\end{pmatrix}\xrightarrow{r_3-r_2}\begin{pmatrix}1 & 0 & 0\\ 0 & 1 & -1\\ 0 & 0 & 1\end{pmatrix}$$

$$\xrightarrow{r_2+r_3}\begin{pmatrix}1 & 0 & 0\\ 0 & 1 & 0\\ 0 & 0 & 1\end{pmatrix}=\boldsymbol{E}_3,$$

于是

$$\boldsymbol{E}_3=\boldsymbol{P}(2,3(1))\boldsymbol{P}(3,2(-1))\boldsymbol{P}(3,1(-1))\boldsymbol{P}(2,1(-2))\boldsymbol{P}(1,3)\boldsymbol{A},$$

故

$$\begin{aligned}\boldsymbol{A} &= [\boldsymbol{P}(2,3(1))\boldsymbol{P}(3,2(-1))\boldsymbol{P}(3,1(-1))\boldsymbol{P}(2,1(-2))\boldsymbol{P}(1,3)]^{-1}\\ &= (\boldsymbol{P}(1,3))^{-1}(\boldsymbol{P}(2,1(-2)))^{-1}(\boldsymbol{P}(3,1(-1)))^{-1}(\boldsymbol{P}(3,2(-1)))^{-1}\\ &\quad (\boldsymbol{P}(2,3(1)))^{-1}\\ &= \boldsymbol{P}(1,3)\boldsymbol{P}(2,1(2))\boldsymbol{P}(3,1(1))\boldsymbol{P}(3,2(1))\boldsymbol{P}(2,3(-1)).\end{aligned}$$

根据定理 2.5.2,我们可以得到求可逆矩阵的逆矩阵的一个简便方法.

若 $\boldsymbol{A}$ 是 n 阶可逆矩阵,则存在若干个初等矩阵 $\boldsymbol{P}_1,\boldsymbol{P}_2,\cdots,\boldsymbol{P}_s$,使得 $\boldsymbol{A}=\boldsymbol{P}_1\boldsymbol{P}_2\cdots\boldsymbol{P}_s$,因此

$$\begin{cases}\boldsymbol{P}_s^{-1}\cdots\boldsymbol{P}_2^{-1}\boldsymbol{P}_1^{-1}\boldsymbol{A}=\boldsymbol{E}_n & (1)\\ \boldsymbol{P}_s^{-1}\cdots\boldsymbol{P}_2^{-1}\boldsymbol{P}_1^{-1}\boldsymbol{E}_n=\boldsymbol{A}^{-1} & (2)\end{cases}$$

由(1),(2) 得

$$\boldsymbol{P}_s^{-1}\cdots\boldsymbol{P}_2^{-1}\boldsymbol{P}_1^{-1}(\boldsymbol{A},\boldsymbol{E}_n)=(\boldsymbol{E}_n,\boldsymbol{A}^{-1}). \tag{3}$$

因为初等矩阵的逆矩阵仍为初等矩阵,左乘一个初等矩阵相当于作初等行变换,所以由(3)式我们得到了求可逆矩阵的逆矩阵的一种新方法——初等行变换求逆法,即

$$(A \vdots E_n)\xrightarrow{\text{初等行变换}}(E_n \vdots A^{-1}).$$

它表示当可逆矩阵 $\boldsymbol{A}$ 经过初等行变换化为单位矩阵 $\boldsymbol{E}_n$ 时,右边的单位矩阵 $\boldsymbol{E}_n$ 用同样的初等行变换便化为 $\boldsymbol{A}$ 的逆矩阵 $\boldsymbol{A}^{-1}$.

例 2.5.4 设 $\boldsymbol{A}=\begin{pmatrix}1&0&-2\\-1&-1&2\\0&2&1\end{pmatrix}$,用初等变换求 $\boldsymbol{A}^{-1}$.

解:因为

$$\begin{aligned}(\boldsymbol{A}\vdots\boldsymbol{E}_3)&=\begin{pmatrix}1&0&-2&1&0&0\\-1&-1&2&0&1&0\\0&2&1&0&0&1\end{pmatrix}\\ &\xrightarrow{r_2+r_1}\begin{pmatrix}1&0&-2&1&0&0\\0&-1&0&1&1&0\\0&2&1&0&0&1\end{pmatrix}\\ &\xrightarrow{r_3+2r_2}\begin{pmatrix}1&0&-2&1&0&0\\0&-1&0&1&1&0\\0&0&1&2&2&1\end{pmatrix}\end{aligned}$$

$$\xrightarrow{r_1+2r_3}\begin{pmatrix}1&0&0&5&4&2\\0&-1&0&1&1&0\\0&0&1&2&2&1\end{pmatrix}$$

$$\xrightarrow{-r_2}\begin{pmatrix}1&0&0&5&4&2\\0&1&0&-1&-1&0\\0&0&1&2&2&1\end{pmatrix},$$

所以

$$\boldsymbol{A}^{-1}=\begin{pmatrix}5&4&2\\-1&-1&0\\2&2&1\end{pmatrix}.$$

例 2.5.5　设 $\boldsymbol{B}=\begin{pmatrix}1&-1&0&0\\0&1&-1&0\\0&0&1&-1\\0&0&0&1\end{pmatrix}$，$\boldsymbol{C}=\begin{pmatrix}2&1&3&4\\0&2&1&3\\0&0&2&1\\0&0&0&2\end{pmatrix}$，矩阵 $\boldsymbol{A}$ 满足关系式：

$$\boldsymbol{A}(\boldsymbol{E}_4-\boldsymbol{C}^{-1}\boldsymbol{B})^{\mathrm{T}}\boldsymbol{C}^{\mathrm{T}}=\boldsymbol{E}_4,$$

其中 $\boldsymbol{E}_4$ 为 4 阶单位矩阵，将上述关系式化简并求矩阵 $\boldsymbol{A}$.

解：因为

$$\boldsymbol{A}(\boldsymbol{E}_4-\boldsymbol{C}^{-1}\boldsymbol{B})^{\mathrm{T}}\boldsymbol{C}^{\mathrm{T}}=\boldsymbol{A}[\boldsymbol{C}(\boldsymbol{E}-\boldsymbol{C}^{-1}\boldsymbol{B})]^{\mathrm{T}}=\boldsymbol{A}(\boldsymbol{C}-\boldsymbol{B})^{\mathrm{T}}=\boldsymbol{A}(\boldsymbol{C}^{\mathrm{T}}-\boldsymbol{B}^{\mathrm{T}}),$$

已知 $\boldsymbol{A}(\boldsymbol{E}-\boldsymbol{C}^{-1}\boldsymbol{B})^{\mathrm{T}}\boldsymbol{C}^{\mathrm{T}}=\boldsymbol{E}_4$，所以 $\boldsymbol{A}(\boldsymbol{C}^{\mathrm{T}}-\boldsymbol{B}^{\mathrm{T}})=\boldsymbol{E}$，故 $\boldsymbol{A}=(\boldsymbol{C}^{\mathrm{T}}-\boldsymbol{B}^{\mathrm{T}})^{-1}$.

因为 $\boldsymbol{B}=\begin{pmatrix}1&-1&0&0\\0&1&-1&0\\0&0&1&-1\\0&0&0&1\end{pmatrix}$，$\boldsymbol{C}=\begin{pmatrix}2&1&3&4\\0&2&1&3\\0&0&2&1\\0&0&0&2\end{pmatrix}$，所以

$$\boldsymbol{A}=(\boldsymbol{C}^{\mathrm{T}}-\boldsymbol{B}^{\mathrm{T}})^{-1}=\begin{pmatrix}1&0&0&0\\2&1&0&0\\3&2&1&0\\4&3&2&1\end{pmatrix}^{-1}=\begin{pmatrix}1&0&0&0\\-2&1&0&0\\1&-2&1&0\\0&1&-2&1\end{pmatrix}.$$

例 2.5.6　设矩阵 $\boldsymbol{A}$ 的伴随矩阵 $\boldsymbol{A}^*=\begin{pmatrix}1&0&0&0\\0&1&0&0\\1&0&1&0\\0&-3&0&8\end{pmatrix}$，且 $\boldsymbol{ABA}^{-1}=$

$BA^{-1}+3E_4$，其中 E_4 为 4 阶单位矩阵，求矩阵 B.

解：易计算 $|A^*|=8$，而 $|A^*|=|A|^3$（见习题 A17(1)），于是 $|A|=2$.

因为 $A^*A=|A|E_4=2E_4$，所以在等式

$$ABA^{-1}=BA^{-1}+3E_4$$

两边分别左乘 A^* 和右乘 A，得

$$A^*ABA^{-1}A=A^*BA^{-1}A+3A^*A,$$

即

$$2B=A^*B+6E_4,$$

从而

$$B=6\,(2E_4-A^*)^{-1}=6\begin{pmatrix}1&0&0&0\\0&1&0&0\\-1&0&1&0\\0&3&0&-6\end{pmatrix}^{-1}$$

$$=6\begin{pmatrix}1&0&0&0\\0&1&0&0\\1&0&1&0\\0&\frac{1}{2}&0&-\frac{1}{6}\end{pmatrix}=\begin{pmatrix}6&0&0&0\\0&6&0&0\\6&0&6&0\\0&3&0&-1\end{pmatrix}.$$

§2.6 矩阵的秩

在矩阵理论中，矩阵的秩是一个十分重要的概念，它反映了矩阵固有的特性，是矩阵的一个重要的定性指标，在线性代数理论中起重要的作用. 下面我们用行列式方法来给出矩阵秩的定义.

定义 2.6.1 设 A 为 $m\times n$ 矩阵，$k\leqslant\min(m,n)$，它是正整数，在 A 中任意选定 k 行和 k 列，位于这些行和列的交叉处上的 k^2 个元素按原来的次序所组成的 k 阶行列式，称为 A 的一个 k 阶子式.

例如，$A=\begin{pmatrix}2&3&0&2\\-1&1&1&1\\0&1&2&0\end{pmatrix}$，矩阵 A 的第 1,3 两行，第 1,2 两列相交处的

元素所构成的2阶子式为$\begin{vmatrix} 2 & 3 \\ 0 & 1 \end{vmatrix}$.

显然,一个$m\times n$矩阵$\boldsymbol{A}$有$C_m^k C_n^k$个k阶子式.特别地,$\boldsymbol{A}$的每一个元素都可视为$\boldsymbol{A}$的一个1阶子式,当$\boldsymbol{A}$是n阶方阵时,$\boldsymbol{A}$的n阶子式只有一个,即$|\boldsymbol{A}|$.

定义2.6.2　设$\boldsymbol{A}$为$m\times n$矩阵,若$\boldsymbol{A}$中有一个不等于0的r阶子式,且$\boldsymbol{A}$中所有$r+1$阶子式(如果存在的话)全为0,则称r为矩阵$\boldsymbol{A}$的秩,记作秩$(\boldsymbol{A})=r$或$r(\boldsymbol{A})=r$.

特别地,规定零矩阵的秩为0.

从矩阵秩的定义中,易见:

(1) 矩阵的秩不超过它的行数,也不超过它的列数.

(2) 若$\boldsymbol{A}$中所有$r+1$阶子式全为0,则它的所有高于$r+1$阶的子式(如果存在的话)也全为0,因此$\boldsymbol{A}$的秩就是$\boldsymbol{A}$中非零子式的最高阶数;

(3) $\boldsymbol{A}$与它的转置矩阵$\boldsymbol{A}^{\mathrm{T}}$的秩相同.

根据矩阵秩的定义,立得下面定理成立:

定理2.6.1　设$\boldsymbol{A}$为n阶方阵,则下列条件等价:

(1) 秩$(\boldsymbol{A})=n$;

(2) $|\boldsymbol{A}|\neq 0$;

(3) $\boldsymbol{A}$为可逆矩阵.

例2.6.1　求下列矩阵的秩:

$$\begin{pmatrix} 2 & 9 & 1 \\ 3 & 11 & 4 \end{pmatrix},\begin{pmatrix} 1 & 4 & 2 \\ 2 & -3 & 0 \\ 3 & 1 & 2 \end{pmatrix}.$$

解:矩阵$\begin{pmatrix} 2 & 9 & 1 \\ 3 & 11 & 4 \end{pmatrix}$的一个最高阶(2阶)非零子式是$\begin{vmatrix} 2 & 1 \\ 3 & 4 \end{vmatrix}$,因此它的秩为2.

矩阵$\begin{pmatrix} 1 & 4 & 2 \\ 2 & -3 & 0 \\ 3 & 1 & 2 \end{pmatrix}$的最高阶(3阶)子式$\begin{vmatrix} 1 & 4 & 2 \\ 2 & -3 & 0 \\ 3 & 1 & 2 \end{vmatrix}=0$,但它的一个2阶子式$\begin{vmatrix} 1 & 4 \\ 2 & -3 \end{vmatrix}=-11\neq 0$,于是它的秩为2.

当矩阵的行数和列数比较多的时候,计算矩阵的秩就比较麻烦了,而阶梯形矩阵的秩则十分容易计算.

例如,阶梯形矩阵 $\boldsymbol{A}=\begin{pmatrix}0&1&2&-3&0\\0&0&4&1&3\\0&0&0&0&1\\0&0&0&0&0\end{pmatrix}$ 的非零行行数有 3 行,它的秩显然也是 3.

因为取 $\boldsymbol{A}$ 的每一非零行中第一个非零数所在的行和列,这些行与列交叉处的元素所构成的 3 阶子式 $\begin{vmatrix}1&2&0\\0&4&3\\0&0&1\end{vmatrix}$ 就是 $\boldsymbol{A}$ 的最高阶非零子式,故 $\boldsymbol{A}$ 的秩为 3.

对于求一般阶梯形矩阵的秩,我们也可以用同样的方法获得.

定理 2.6.2 阶梯形矩阵的秩就是它的非零行行数.

由命题 2.5.2 知,任一个矩阵都可以经过初等变换化为阶梯形矩阵,那么矩阵作初等变换后,它的秩会变吗? 其实,这一担心是多余的.

定理 2.6.3 初等变换不改变矩阵的秩.

例 2.6.2 求矩阵 $\boldsymbol{A}=\begin{pmatrix}0&2&0&2&-1\\1&1&1&-3&2\\1&3&1&-1&1\\3&5&3&-7&5\end{pmatrix}$ 的秩.

解:先将矩阵 $\boldsymbol{A}$ 用初等变换化为阶梯形矩阵:

$$\begin{pmatrix}1&1&1&-3&2\\0&2&0&2&-1\\0&0&0&0&0\\0&0&0&0&0\end{pmatrix}.$$

因为阶梯形矩阵的非零行有 2 行,所以 $\boldsymbol{A}$ 的秩是 2.

由定理 2.6.3、命题 2.5.1 和定理 2.5.2,我们立得下面推论成立.

推论 2.6.1 设 $\boldsymbol{A}$ 为 $m\times n$ 矩阵,$\boldsymbol{P},\boldsymbol{Q}$ 分别是 m 阶可逆矩阵和 n 阶可逆矩阵,则

$$\text{秩}(\boldsymbol{PA})=\text{秩}(\boldsymbol{AQ})=\text{秩}(\boldsymbol{PAQ})=\text{秩}(\boldsymbol{A}).$$

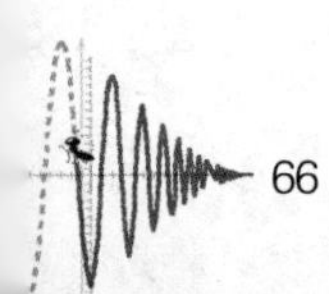

§2.7 应用实例——密码问题

在密码学中,称原来的消息为明文,经过伪装了的明文则为密文,由明文变密文的过程称为加密,由密文变明文的过程称为解密,明文和密文之间的转换是通过密钥来实现的.

在英文中,有一种对明文进行加密的措施,就是将英文 26 个字母按顺序分别一一对应 1 到 26 个整数,将明文用一串整数来表示,变为密文后传送这串整数.例如明文为"SEND MONEY",密文就是[19,5,14,4,13,15,14,5,25],显然 19 代表 S,5 代表 E……这种方法很容易被破译.因为在一个很长的消息中,根据数字出现的频率,往往可以大体估计出它所代表的字母,出现频率特别高的数字很可能对应出现频率特别高的字母.

我们可以用矩阵乘法对这个明文"SEND MONEY"进一步加密,其步骤如下:

第一步:取一个其行列式为±1 的 3 阶整数矩阵 $\boldsymbol{A}$,这个矩阵 $\boldsymbol{A}$ 也可称为一个密钥矩阵,它是消息发送者和接收者事先约定的一个密码.比如设

$$\boldsymbol{A}=\begin{pmatrix}1&0&0\\3&1&5\\-2&0&1\end{pmatrix},$$

则

$$\boldsymbol{A}^{-1}=\begin{pmatrix}1&0&0\\-13&1&-5\\2&0&1\end{pmatrix}$$

也为整数矩阵.

第二步:将密文[19,5,14,4,13,15,14,5,25]中的 9 个数,按 3 个数为一组排序,分成三组,每一组数作为矩阵的列元素,构造矩阵 $\boldsymbol{B}$,即

$$\boldsymbol{B}=\begin{pmatrix}19&4&14\\5&13&5\\14&15&25\end{pmatrix}.$$

第三步:计算 $\boldsymbol{AB}$:

$$AB=\begin{pmatrix}1&0&0\\3&1&5\\-2&0&1\end{pmatrix}\begin{pmatrix}19&4&14\\5&13&5\\14&15&20\end{pmatrix}=\begin{pmatrix}19&4&14\\132&100&172\\-24&7&-3\end{pmatrix},$$

第四步:发送密文[19,132,−24,4,100,7,14,172,−3].

因为再次加密了的新密文的数字与原来旧密文的数字不大相同,例如原来两个相同的数字5和14在变换后成为不同的数字,所以就难于按照其出现的频率来破译了.

第五步:解密.接收方只要将这个密文所组成的矩阵乘以A^{-1},即

$$A^{-1}(AB)=\begin{pmatrix}1&0&0\\-13&1&-5\\2&0&1\end{pmatrix}\begin{pmatrix}19&4&14\\132&100&172\\-24&7&-3\end{pmatrix}=\begin{pmatrix}19&4&14\\5&13&5\\14&15&25\end{pmatrix},$$

就可以恢复原来的密文[19,5,14,4,13,15,14,5,25],再按照双方约定的数字和字母的对应关系,就可以得到明文"SEND MONEY"了.

对于一般明文的加密,我们先取一个其行列式为±1的2阶或3阶整数矩阵作为密钥矩阵.若取2阶密钥矩阵,则将明文按照两个字母一组排序;若取3阶密钥矩阵,则将明文按照三个字母一组排序.在字母分组的过程中,若最后一组字母缺码,则要用Z或YZ顶位.

习题 2

(A)

1. 计算:

(1) $\begin{pmatrix}1&-1&0\\2&-3&2\end{pmatrix}+\begin{pmatrix}5&2&-7\\3&1&-2\end{pmatrix}$;

(2) $2\begin{pmatrix}1&1&0\\0&3&5\end{pmatrix}-3\begin{pmatrix}0&1&10\\1&1&-21\end{pmatrix}$.

2. 已知$A=\begin{pmatrix}3&0&-3&0\\0&0&6&-6\\9&3&3&9\end{pmatrix}$,$B=\begin{pmatrix}0&9&-9&0\\0&3&0&0\\21&6&3&0\end{pmatrix}$,

求矩阵X,使得$2A-3X=4B$.

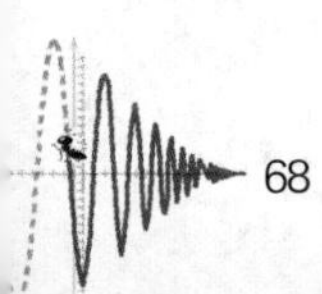

3. 设$\boldsymbol{A}=\begin{pmatrix}x & 0\\ 7 & y\end{pmatrix}$,$\boldsymbol{B}=\begin{pmatrix}u & v\\ y & 2\end{pmatrix}$,$\boldsymbol{C}=\begin{pmatrix}3 & -4\\ x & v\end{pmatrix}$满足$\boldsymbol{A}+2\boldsymbol{B}-\boldsymbol{C}=\boldsymbol{O}$,求 x,y,u,v 的值.

4. 计算:

(1) $\begin{pmatrix}1 & 1 & 1\\ 2 & -1 & 11\end{pmatrix}\begin{pmatrix}2 & 3 & 5\\ 1 & 1 & -3\\ -2 & 0 & 0\end{pmatrix}$;　(2) $\begin{pmatrix}1 & 2 & 1 & 0\\ -2 & 3 & 1 & -2\end{pmatrix}\begin{pmatrix}4 & 1\\ 1 & 2\\ 2 & 0\\ 6 & -1\end{pmatrix}$;

(3) $\begin{pmatrix}1\\ 2\\ 3\\ 4\end{pmatrix}(1,2,3,4)$;　(4) $(1,2,3,4)\begin{pmatrix}1\\ 2\\ 3\\ 4\end{pmatrix}$;

(5) $\begin{pmatrix}3 & 2 & 1\\ 0 & -1 & 2\end{pmatrix}\begin{pmatrix}2 & -1\\ 0 & 2\\ 1 & 3\end{pmatrix}\begin{pmatrix}1 & 2 & 3 & 1\\ 2 & -4 & 0 & 0\end{pmatrix}$.

5. 求与 $\boldsymbol{A}$ 相乘可交换的所有矩阵:

(1) $\boldsymbol{A}=\begin{pmatrix}1 & 1\\ 0 & 1\end{pmatrix}$;　(2) $\boldsymbol{A}=\begin{pmatrix}1 & 1 & 0\\ 0 & 1 & 0\\ 0 & 0 & 1\end{pmatrix}$.

6. 计算:

(1) $\begin{pmatrix}a & 0 & 0\\ 0 & b & 0\\ 0 & 0 & c\end{pmatrix}^4$;　(2) $\begin{pmatrix}0 & 1 & 0\\ 0 & 0 & 1\\ 0 & 0 & 0\end{pmatrix}^3$.

7. 已知矩阵 $\boldsymbol{A}=\boldsymbol{PQ}$,其中 $\boldsymbol{P}=(1,2,1)^{\mathrm{T}}$,$\boldsymbol{Q}=(2,-1,2)$,分别求 $\boldsymbol{A}$,$\boldsymbol{A}^2$,$\boldsymbol{A}^{100}$.

8. 举例说明:$(\boldsymbol{AB})^2\neq\boldsymbol{A}^2\boldsymbol{B}^2$.

9. 举例说明:$(\boldsymbol{A}+\boldsymbol{B})^2\neq\boldsymbol{A}^2+2\boldsymbol{AB}+\boldsymbol{B}^2$.

10. 已知 $\boldsymbol{A}=\begin{pmatrix}3 & 1 & 1\\ 3 & 1 & 2\\ 1 & -1 & 0\end{pmatrix}$,$f(x)=x^2-x-1$,求 $f(\boldsymbol{A})$.

11. 设 $\boldsymbol{A}$ 为 $m\times n$ 矩阵,求证:$\boldsymbol{AA}^{\mathrm{T}}$ 和 $\boldsymbol{A}^{\mathrm{T}}\boldsymbol{A}$ 均为对称矩阵.

12. 设 $\boldsymbol{A}$ 为 n 阶方阵,求证:

(1) $\boldsymbol{A}+\boldsymbol{A}^{\mathrm{T}}$ 为对称矩阵;

(2) $\boldsymbol{A}-\boldsymbol{A}^{\mathrm{T}}$ 为反对称矩阵；

(2) $\boldsymbol{A}$ 可以表示为一个对称矩阵与一个反对称矩阵之和.

13. 求下列可逆矩阵 $\boldsymbol{A}$ 的逆矩阵：

(1) $\boldsymbol{A}=\begin{pmatrix}2 & -2\\ 1 & 3\end{pmatrix}$；　　(2) $\boldsymbol{A}=\begin{pmatrix}1 & 0 & 0\\ 1 & 2 & 0\\ 1 & 2 & 3\end{pmatrix}$；

(3) $\boldsymbol{A}=\begin{pmatrix}1 & 2 & 2\\ 2 & 1 & -2\\ 2 & -2 & 1\end{pmatrix}$；　　(4) $\boldsymbol{A}=\begin{pmatrix}1 & 0 & 0 & 0\\ 1 & 1 & 0 & 0\\ 1 & 1 & 1 & 0\\ 1 & 1 & 1 & 1\end{pmatrix}$；

(5) $\boldsymbol{A}=\begin{pmatrix}1 & 2 & 3 & 4\\ 2 & 3 & 1 & 2\\ 1 & 1 & 1 & -1\\ 1 & 0 & -2 & -6\end{pmatrix}$；　　(6) $\boldsymbol{A}=\begin{pmatrix}1 & a & a^2 & a^3\\ 0 & 1 & a & a^2\\ 0 & 0 & 1 & a\\ 0 & 0 & 0 & 1\end{pmatrix}$；

(7) $\boldsymbol{A}=\begin{pmatrix}1 & -1 & 0 & 0 & 0\\ -1 & 2 & 0 & 0 & 0\\ 0 & 0 & 5 & 0 & 0\\ 0 & 0 & 0 & 6 & 6\\ 0 & 0 & 0 & 7 & 8\end{pmatrix}$.

14. 求下列矩阵方程中的 $\boldsymbol{X}$：

(1) $\begin{pmatrix}1 & 3\\ 2 & 5\end{pmatrix}\boldsymbol{X}=\begin{pmatrix}1 & 2 & 3\\ -1 & 1 & 0\end{pmatrix}$；

(2) $\begin{pmatrix}1 & 1 & -1\\ 0 & 2 & 2\\ 1 & -1 & 0\end{pmatrix}\boldsymbol{X}=\begin{pmatrix}1 & -1 & 1\\ 1 & 1 & 0\\ 2 & 1 & 1\end{pmatrix}$；

(3) $\boldsymbol{X}\begin{pmatrix}2 & 2 & 3\\ 1 & -1 & 0\\ -1 & 2 & 1\end{pmatrix}=\begin{pmatrix}1 & 1 & 2\\ 0 & -1 & 3\end{pmatrix}$；

(4) $\begin{pmatrix}1 & 0 & 1\\ 1 & 1 & 0\\ 0 & 1 & 1\end{pmatrix}\boldsymbol{X}\begin{pmatrix}1 & 1 & 3\\ 4 & 3 & 2\\ 1 & 2 & 5\end{pmatrix}=\begin{pmatrix}1 & 0 & 0\\ 0 & 0 & 0\\ 1 & 1 & 1\end{pmatrix}$.

15. 设 $\boldsymbol{B},\boldsymbol{C}$ 分别为 s 阶和 r 阶可逆矩阵，证明分块矩阵 $\boldsymbol{A}=\begin{pmatrix}\boldsymbol{O} & \boldsymbol{B}\\ \boldsymbol{C} & \boldsymbol{O}\end{pmatrix}$ 为可

逆矩阵，并求 $\boldsymbol{A}^{-1}$.

16. 利用15题，求 n 阶可逆矩阵 $\boldsymbol{A}$ 的逆矩阵：

$$\boldsymbol{A}=\begin{pmatrix} 0 & a_1 & & & 0 \\ & & a_2 & & \\ & & & \ddots & \\ & & & & a_{n-1} \\ a_n & & & & 0 \end{pmatrix} (a_i \neq 0, i=1,2,\cdots,n).$$

17. 设 n 阶方阵 $\boldsymbol{A}$ 为可逆矩阵，$\boldsymbol{A}^*$ 为其伴随矩阵，证明：

(1) $|\boldsymbol{A}^*|=|\boldsymbol{A}|^{n-1}$；

(2) $\boldsymbol{A}^*$ 也为可逆方阵，并且 $(\boldsymbol{A}^*)^{-1}=\frac{1}{|\boldsymbol{A}|}\boldsymbol{A}$.

18. 已知 n 阶方阵 $\boldsymbol{A}$ 满足 $\boldsymbol{A}^2+2\boldsymbol{A}-3\boldsymbol{E}_n=0$，$\boldsymbol{E}_n$ 为 n 阶单位矩阵，证明：$\boldsymbol{A}+4\boldsymbol{E}_n$ 为可逆矩阵，并求它的逆矩阵 $(\boldsymbol{A}+4\boldsymbol{E}_n)^{-1}$.

19. 设 $\boldsymbol{A}$，$\boldsymbol{B}$，$\boldsymbol{C}$ 均为 n 阶方阵，其中 $\boldsymbol{C}$ 为可逆矩阵，满足 $\boldsymbol{C}^{-1}\boldsymbol{A}\boldsymbol{C}=\boldsymbol{B}$，求证：对于任意正整数 m，有 $\boldsymbol{C}^{-1}\boldsymbol{A}^m\boldsymbol{C}=\boldsymbol{B}^m$.

20. 设 $\boldsymbol{A}$ 为 n 阶可逆方阵，将 $\boldsymbol{A}$ 的第 i 行和第 j 行对换后得到的矩阵记为 $\boldsymbol{B}$，证明 $\boldsymbol{B}$ 可逆并求 $\boldsymbol{A}\boldsymbol{B}^{-1}$.

21. 用初等行变换化下列矩阵为阶梯形矩阵，并求矩阵的秩：

(1) $\begin{pmatrix} 1 & 2 & 3 & 4 \\ 1 & -2 & 4 & 5 \\ 1 & 10 & 1 & 2 \end{pmatrix}$；　(2) $\begin{pmatrix} 0 & 1 & 1 & -1 & 2 \\ 0 & 2 & 2 & 2 & 0 \\ 0 & -1 & -1 & 1 & 1 \\ 1 & 1 & 0 & 0 & -1 \end{pmatrix}$；

(3) $\begin{pmatrix} 1 & 1 & 1 & 1 & 1 \\ 3 & 2 & 1 & 1 & -3 \\ 0 & 1 & 3 & 2 & 5 \\ 5 & 4 & 3 & 3 & -1 \end{pmatrix}$；　(4) $\begin{pmatrix} 1 & 5 & 6 & -4 & -10 \\ 2 & 3 & 5 & -1 & -6 \\ 6 & -1 & 5 & 7 & 2 \\ 2 & 3 & -1 & 5 & 6 \end{pmatrix}$.

(B)

1. 填空题

(1) 已知 $\boldsymbol{\alpha}=(1,2,3)$，$\boldsymbol{\beta}=\left(1,\frac{1}{2},\frac{1}{3}\right)$，设 $\boldsymbol{A}=\boldsymbol{\alpha}^{\mathrm{T}}\boldsymbol{\beta}$，则 $\boldsymbol{A}^n=$________.

(2) 设$\boldsymbol{A}=\begin{pmatrix}0&1&0&0\\1&0&0&0\\0&0&1&1\\0&0&1&2\end{pmatrix}$,则$\boldsymbol{A}^{-1}=$________.

(3) 设$\boldsymbol{A}=\begin{pmatrix}1&0&1\\0&2&0\\0&0&1\end{pmatrix}$,$\boldsymbol{E}_3$ 为 3 阶单位矩阵,则$(\boldsymbol{A}+3\boldsymbol{E}_3)^{-1}(\boldsymbol{A}^2-9\boldsymbol{E}_3)=$________.

(4) 设矩阵 $\boldsymbol{A}$ 满足$\boldsymbol{A}^2+\boldsymbol{A}-4\boldsymbol{E}=\boldsymbol{O}$,其中 $\boldsymbol{E}$ 为与 $\boldsymbol{A}$ 同阶的单位矩阵,则$(\boldsymbol{A}-\boldsymbol{E})^{-1}=$________.

(5) 设$\boldsymbol{A}=\begin{pmatrix}1&0&0\\2&2&0\\3&4&5\end{pmatrix}$,$\boldsymbol{A}^*$ 为 $\boldsymbol{A}$ 的伴随矩阵,则$(\boldsymbol{A}^*)^{-1}=$________.

(6) 设 $\boldsymbol{A}$ 为 3 阶矩阵,且$|\boldsymbol{A}|=3$,则$\left|\left(\frac{1}{2}\boldsymbol{A}\right)^2\right|=$________.

(7) 设 $\boldsymbol{A}$ 为 3 阶矩阵,且$|\boldsymbol{A}|=2$,则$|3\boldsymbol{A}^{-1}-2\boldsymbol{A}^*|=$________.

(8) 设 $\boldsymbol{\alpha}_1,\boldsymbol{\alpha}_2,\boldsymbol{\alpha}_3$ 均为 3 维列向量,记矩阵

$$\boldsymbol{A}=(\boldsymbol{\alpha}_1,\boldsymbol{\alpha}_2,\boldsymbol{\alpha}_3),$$

$$\boldsymbol{B}=(\boldsymbol{\alpha}_1+\boldsymbol{\alpha}_2+\boldsymbol{\alpha}_3,\boldsymbol{\alpha}_1+2\boldsymbol{\alpha}_2+4\boldsymbol{\alpha}_3,\boldsymbol{\alpha}_1+3\boldsymbol{\alpha}_2+9\boldsymbol{\alpha}_3),$$

如果$|\boldsymbol{A}|=1$,那么$|\boldsymbol{B}|=$________.

(9) 设矩阵$\boldsymbol{A}=\begin{pmatrix}2&1\\-1&2\end{pmatrix}$,$\boldsymbol{E}_2$ 为 2 阶单位矩阵,矩阵 $\boldsymbol{B}$ 满足$\boldsymbol{BA}=\boldsymbol{B}+2\boldsymbol{E}_2$,则$|\boldsymbol{B}|=$________.

(10) 设 $\boldsymbol{A}$ 为 3 阶矩阵,$|\boldsymbol{A}|=3$,$\boldsymbol{A}^*$ 为 $\boldsymbol{A}$ 的伴随矩阵,若交换 $\boldsymbol{A}$ 的第一行与第二行得到矩阵 $\boldsymbol{B}$,则$|\boldsymbol{BA}^*|=$________.

(11) 设 $\boldsymbol{A}$ 为 4×3 矩阵,且秩$(\boldsymbol{A})=2$,而$\boldsymbol{B}=\begin{pmatrix}1&0&2\\0&2&0\\1&0&3\end{pmatrix}$,则秩$(\boldsymbol{AB})=$________.

(12) 设$\boldsymbol{A}=\begin{pmatrix}a_1b_1&a_1b_2&\cdots&a_1b_n\\a_2b_1&a_2b_2&\cdots&a_2b_n\\\vdots&\vdots&&\vdots\\a_nb_1&a_nb_2&\cdots&a_nb_n\end{pmatrix}$,$a_i\neq0,b_i\neq0(i=1,2,\cdots,n)$,则

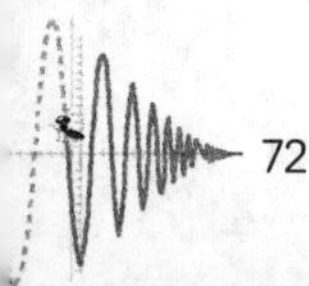

秩$(\boldsymbol{A})=$________.

2. 单项选择题

(1) 设$\boldsymbol{A},\boldsymbol{B}$均为$n$阶方阵,运算________正确.

A. $(\boldsymbol{AB})^k=\boldsymbol{A}^k\boldsymbol{B}^k$

B. $|-\boldsymbol{A}|=-|\boldsymbol{A}|$

C. $\boldsymbol{B}^2-\boldsymbol{A}^2=(\boldsymbol{B}-\boldsymbol{A})(\boldsymbol{B}+\boldsymbol{A})$

D. 若$\boldsymbol{A}$可逆,$k\neq 0$,则$(k\boldsymbol{A})^{-1}=k^{-1}\boldsymbol{A}^{-1}$

(2) 设$\boldsymbol{A},\boldsymbol{B}$均为$n$阶方阵,满足等式$\boldsymbol{AB}=\boldsymbol{O}$, 则必有________.

A. $\boldsymbol{A}=\boldsymbol{O}$或$\boldsymbol{B}=\boldsymbol{O}$　　B. $\boldsymbol{A}+\boldsymbol{B}=\boldsymbol{O}$

C. $|\boldsymbol{A}|=0$或$|\boldsymbol{B}|=0$　　D. $|\boldsymbol{A}|+|\boldsymbol{B}|=0$

(3) 设$\boldsymbol{A}$为n阶方阵,则方阵________为对称矩阵.

A. $\boldsymbol{A}-\boldsymbol{A}^{\mathrm{T}}$　　B. $\boldsymbol{CAC}^{\mathrm{T}}$,$\boldsymbol{C}$为任意$n$阶矩阵

C. $\boldsymbol{AA}^{\mathrm{T}}$　　D. $(\boldsymbol{AA}^{\mathrm{T}})\boldsymbol{B}$,$\boldsymbol{B}$为$n$阶对称矩阵

(4) 设$\boldsymbol{A}$为n阶可逆的反对称矩阵,$\boldsymbol{E}_n$为n阶单位矩阵,则有________.

A. $\boldsymbol{A}^{\mathrm{T}}\boldsymbol{A}^{-1}=-\boldsymbol{E}_n$　　B. $\boldsymbol{AA}^{\mathrm{T}}=-\boldsymbol{E}_n$

C. $\boldsymbol{A}^{-1}=-\boldsymbol{A}^{\mathrm{T}}$　　D. $|\boldsymbol{A}^{\mathrm{T}}|=-|\boldsymbol{A}|$

(5) 若由$\boldsymbol{AB}=\boldsymbol{AC}$必能推出$\boldsymbol{B}=\boldsymbol{C}$,其中$\boldsymbol{A},\boldsymbol{B},\boldsymbol{C}$均为同阶方阵,则$\boldsymbol{A}$应满足条件________.

A. $\boldsymbol{A}\neq\boldsymbol{O}$　　B. $\boldsymbol{A}=\boldsymbol{O}$　　C. $|\boldsymbol{A}|=0$　　D. $|\boldsymbol{A}|\neq 0$

(6) 设n阶方阵$\boldsymbol{A},\boldsymbol{B},\boldsymbol{C}$满足关系式$\boldsymbol{ABC}=\boldsymbol{E}_n$,$\boldsymbol{E}_n$为$n$阶单位矩阵,则必有________.

A. $\boldsymbol{ACB}=\boldsymbol{E}_n$　　B. $\boldsymbol{CBA}=\boldsymbol{E}_n$　　C. $\boldsymbol{BAC}=\boldsymbol{E}_n$　　D. $\boldsymbol{BCA}=\boldsymbol{E}_n$

(7) 设$\boldsymbol{A},\boldsymbol{B}$均为$n$阶矩阵,下列结论正确的是________.

A. 若$\boldsymbol{A},\boldsymbol{B}$均可逆,则$\boldsymbol{A}+\boldsymbol{B}$可逆

B. 若$\boldsymbol{A},\boldsymbol{B}$均可逆,则$\boldsymbol{AB}$可逆

C. 若$\boldsymbol{A}+\boldsymbol{B}$可逆,则$\boldsymbol{A}-\boldsymbol{B}$可逆

D. 若$\boldsymbol{A}+\boldsymbol{B}$可逆,则$\boldsymbol{A},\boldsymbol{B}$均可逆

(8) 设$\boldsymbol{A}$为n阶非零矩阵,$\boldsymbol{E}_n$为n阶单位矩阵,若$\boldsymbol{A}^3=\boldsymbol{O}$,则________.

A. $\boldsymbol{E}_n-\boldsymbol{A}$不可逆,$\boldsymbol{E}_n+\boldsymbol{A}$不可逆

B. $\boldsymbol{E}_n-\boldsymbol{A}$不可逆,$\boldsymbol{E}_n+\boldsymbol{A}$可逆

C. $\boldsymbol{E}_n-\boldsymbol{A}$可逆,$\boldsymbol{E}_n+\boldsymbol{A}$可逆

D. $\boldsymbol{E}_n-\boldsymbol{A}$可逆,$\boldsymbol{E}_n+\boldsymbol{A}$不可逆

(9) 设$\boldsymbol{B},\boldsymbol{P}$均为$n$阶矩阵,且$\boldsymbol{P}$可逆,则下列运算________不正确.

A. $\boldsymbol{B}=\boldsymbol{P}^{-1}\boldsymbol{B}\boldsymbol{P}$　　B. $|\boldsymbol{B}|=|\boldsymbol{P}^{-1}\boldsymbol{B}\boldsymbol{P}|$

C. $|\lambda\boldsymbol{E}-\boldsymbol{B}|=|\lambda\boldsymbol{E}-\boldsymbol{P}^{-1}\boldsymbol{B}\boldsymbol{P}|$　　D. $|\lambda\boldsymbol{E}-\boldsymbol{B}|=|\lambda\boldsymbol{E}-(\boldsymbol{P}^{-1}\boldsymbol{B}\boldsymbol{P})^{\mathrm{T}}|$

(10) 设$\boldsymbol{A},\boldsymbol{B}$均为2阶矩阵,$\boldsymbol{A}^*,\boldsymbol{B}^*$分别为$\boldsymbol{A},\boldsymbol{B}$的伴随矩阵,若$|\boldsymbol{A}|=2$,$|\boldsymbol{B}|=3$,则分块矩阵$\begin{pmatrix}\boldsymbol{O} & \boldsymbol{A}\\ \boldsymbol{B} & \boldsymbol{O}\end{pmatrix}$的伴随矩阵为________.

A. $\begin{pmatrix}\boldsymbol{O} & 3\boldsymbol{B}^*\\ 2\boldsymbol{A}^* & \boldsymbol{O}\end{pmatrix}$　　B. $\begin{pmatrix}\boldsymbol{O} & 2\boldsymbol{B}^*\\ 3\boldsymbol{A}^* & \boldsymbol{O}\end{pmatrix}$

C. $\begin{pmatrix}\boldsymbol{O} & 3\boldsymbol{A}^*\\ 2\boldsymbol{B}^* & \boldsymbol{O}\end{pmatrix}$　　D. $\begin{pmatrix}\boldsymbol{O} & 2\boldsymbol{A}^*\\ 3\boldsymbol{B}^* & \boldsymbol{O}\end{pmatrix}$

(11) 设$\boldsymbol{A}=\begin{pmatrix}a_{11} & a_{12} & a_{13}\\ a_{21} & a_{22} & a_{23}\\ a_{31} & a_{32} & a_{33}\end{pmatrix}$,$\boldsymbol{B}=\begin{pmatrix}a_{21} & a_{22} & a_{23}\\ a_{11} & a_{12} & a_{13}\\ a_{31}+a_{11} & a_{32}+a_{12} & a_{33}+a_{13}\end{pmatrix}$,$\boldsymbol{P}_1=\begin{pmatrix}0 & 1 & 0\\ 1 & 0 & 0\\ 0 & 0 & 1\end{pmatrix}$,$\boldsymbol{P}_2=\begin{pmatrix}1 & 0 & 0\\ 0 & 1 & 0\\ 0 & 1 & 1\end{pmatrix}$,则________.

A. $\boldsymbol{A}\boldsymbol{P}_1\boldsymbol{P}_2=\boldsymbol{B}$　　B. $\boldsymbol{A}\boldsymbol{P}_2\boldsymbol{P}_1=\boldsymbol{B}$

C. $\boldsymbol{P}_1\boldsymbol{P}_2\boldsymbol{A}=\boldsymbol{B}$　　D. $\boldsymbol{P}_2\boldsymbol{P}_1\boldsymbol{A}=\boldsymbol{B}$

(12) 设$\boldsymbol{A}$为3阶矩阵,将$\boldsymbol{A}$的第2行加到第1行得$\boldsymbol{B}$,再将$\boldsymbol{B}$的第1列的-1倍加到第2列得$\boldsymbol{C}$,记$\boldsymbol{P}=\begin{pmatrix}1 & 1 & 0\\ 0 & 1 & 0\\ 0 & 0 & 1\end{pmatrix}$,则________.

A. $\boldsymbol{C}=\boldsymbol{P}^{-1}\boldsymbol{A}\boldsymbol{P}$　　B. $\boldsymbol{C}=\boldsymbol{P}\boldsymbol{A}\boldsymbol{P}^{-1}$

C. $\boldsymbol{C}=\boldsymbol{P}^{\mathrm{T}}\boldsymbol{A}\boldsymbol{P}$　　D. $\boldsymbol{C}=\boldsymbol{P}\boldsymbol{A}\boldsymbol{P}^{\mathrm{T}}$

(13) 设$\boldsymbol{A}$为3阶方阵,将$\boldsymbol{A}$的第1列与第2列交换得$\boldsymbol{B}$,再把$\boldsymbol{B}$的第2列加到第3列得$\boldsymbol{C}$,则满足$\boldsymbol{A}\boldsymbol{Q}=\boldsymbol{C}$的可逆矩阵$\boldsymbol{Q}$为________.

A. $\begin{pmatrix}0 & 1 & 0\\ 1 & 0 & 0\\ 1 & 0 & 1\end{pmatrix}$　　B. $\begin{pmatrix}0 & 1 & 0\\ 1 & 0 & 1\\ 0 & 0 & 1\end{pmatrix}$

C. $\begin{pmatrix}0 & 1 & 0\\ 1 & 0 & 0\\ 0 & 1 & 1\end{pmatrix}$　　D. $\begin{pmatrix}0 & 1 & 1\\ 1 & 0 & 0\\ 0 & 0 & 1\end{pmatrix}$

(14) 设$\boldsymbol{A}$为$n(\geqslant 2)$阶可逆矩阵,交换$\boldsymbol{A}$的第1行与第2行得矩阵$\boldsymbol{B}$,$\boldsymbol{A}^*,\boldsymbol{B}^*$分别为$\boldsymbol{A},\boldsymbol{B}$的伴随矩阵,则________.

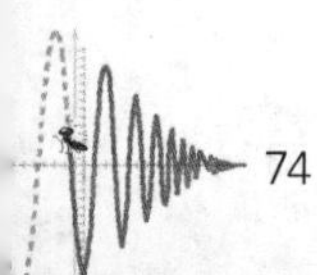

A. 交换 A^* 的第1列与第2列得 B^*

B. 交换 A^* 的第1行与第2行得 B^*

C. 交换 A^* 的第1列与第2列得 $-B^*$

D. 交换 A^* 的第1行与第2行得 $-B^*$

(15) 设 n 阶方阵 A 为可逆矩阵($n\geqslant 2$)，A^* 为 A 的伴随矩阵，则________.

A. $(A^*)^*=|A|^{n-1}A$　　B. $(A^*)^*=|A|^{n+1}A$

C. $(A^*)^*=|A|^{n-2}A$　　D. $(A^*)^*=|A|^{n+2}A$

(16) 设 A,B 均为 n 阶可逆方阵，则 $\left|-2\begin{pmatrix} A & O \\ O & B^{-1} \end{pmatrix}\right|=$________.

A. $(-2)^n|A||B^{-1}|$　　B. $-2|A^T||B|$

C. $-2|A||B^{-1}|$　　D. $(-2)^{2n}|A||B|^{-1}$

(17) 设 A,B 均为 n 阶非零方阵，且 $AB=O$，则 A 和 B 的秩是________.

A. 必有一个等于零　　B. 都小于 n

C. 一个小于 n，一个等于 n　　D. 都等于 n

(18) 设 A 为 $m\times n$ 矩阵，C 为 n 阶可逆方阵，矩阵 A 的秩为 r，矩阵 $B=AC$ 的秩为 r_1，则________.

A. $r>r_1$　　B. $r<r_1$

C. $r=r_1$　　D. r 与 r_1 的关系依 C 而定

(19) 设 $n(n\geqslant 3)$ 阶矩阵

$$A=\begin{pmatrix} 1 & a & a & \cdots & a \\ a & 1 & a & \cdots & a \\ a & a & 1 & \cdots & a \\ \vdots & \vdots & \vdots & & \vdots \\ a & a & a & \cdots & 1 \end{pmatrix},$$

若矩阵 A 的秩为 $n-1$，则 a 必为________.

A. 1　　B. $\dfrac{1}{1-n}$　　C. -1　　D. $\dfrac{1}{n-1}$

(20) 已知 $Q=\begin{pmatrix} 1 & 2 & 3 \\ 2 & 4 & t \\ 3 & 6 & 9 \end{pmatrix}$，$P$ 为3阶非零矩阵，且满足 $PQ=O$，则________.

A. $t=6$ 时，P 的秩必为1　　B. $t=6$ 时，P 的秩必为2

C. $t\neq 6$ 时，$\boldsymbol{P}$ 的秩必为 1　　D. $t\neq 6$ 时，$\boldsymbol{P}$ 的秩必为 2

(21) 设 $\boldsymbol{A}$ 为 $m\times n$ 矩阵，$\boldsymbol{B}$ 为 $n\times m$ 矩阵，$\boldsymbol{E}_m$ 为 m 阶单位矩阵，若 $\boldsymbol{AB}=\boldsymbol{E}_m$，则________.

A. 秩$(\boldsymbol{A})=m$，秩$(\boldsymbol{B})=m$　　B. 秩$(\boldsymbol{A})=m$，秩$(\boldsymbol{B})=n$

C. 秩$(\boldsymbol{A})=n$，秩$(\boldsymbol{B})=m$　　D. 秩$(\boldsymbol{A})=n$，秩$(\boldsymbol{B})=n$

3. 已知 $\boldsymbol{A}=\begin{pmatrix} a_1b_1 & a_1b_2 & a_1b_3 \\ a_2b_1 & a_2b_2 & a_2b_3 \\ a_3b_1 & a_3b_2 & a_3b_3 \end{pmatrix}$，证明：$\boldsymbol{A}^2=k\boldsymbol{A}$，并求常数 k.

4. 已知 $\boldsymbol{A}=(a_{ij})_n$ 为 n 阶方阵，写出：

(1) $\boldsymbol{A}^2$ 的第 k 行与第 l 列交叉处元素；

(2) $\boldsymbol{AA}^{\mathrm{T}}$ 的第 k 行与第 l 列交叉处元素；

(3) $\boldsymbol{A}^{\mathrm{T}}\boldsymbol{A}$ 的第 k 行与第 l 列交叉处元素.

5. 设 $\boldsymbol{A},\boldsymbol{B}$ 均为 n 阶方阵，$\boldsymbol{E}_n$ 为 n 阶单位矩阵且 $\boldsymbol{A}=\dfrac{1}{2}(\boldsymbol{B}+\boldsymbol{E}_n)$，证明：$\boldsymbol{A}^2=\boldsymbol{A}$ 的充要条件是 $\boldsymbol{B}^2=\boldsymbol{E}_n$.

6. 设 $\boldsymbol{A},\boldsymbol{B}$ 均为同阶方阵，证明：$(\boldsymbol{A}-\boldsymbol{B})(\boldsymbol{A}+\boldsymbol{B})=\boldsymbol{A}^2-\boldsymbol{B}^2$ 的充要条件是 $\boldsymbol{AB}=\boldsymbol{BA}$.

7. 分别对 4 阶方阵 $\boldsymbol{A},\boldsymbol{B}$ 按列分块：$\boldsymbol{A}=(\boldsymbol{\alpha},\boldsymbol{\gamma}_2,\boldsymbol{\gamma}_3,\boldsymbol{\gamma}_4)$，$\boldsymbol{B}=(\boldsymbol{\beta},\boldsymbol{\gamma}_2,\boldsymbol{\gamma}_3,\boldsymbol{\gamma}_4)$，已知 $|\boldsymbol{A}|=4$，$|\boldsymbol{B}|=1$，求行列式 $|\boldsymbol{A}+\boldsymbol{B}|$ 的值.

8. 若 $\boldsymbol{\alpha}_1,\boldsymbol{\alpha}_2,\boldsymbol{\alpha}_3,\boldsymbol{\beta}_1,\boldsymbol{\beta}_2$ 都是 4 维列向量，已知 $|\boldsymbol{\alpha}_1,\boldsymbol{\alpha}_2,\boldsymbol{\alpha}_3,\boldsymbol{\beta}_1|=m$，$|\boldsymbol{\alpha}_1,\boldsymbol{\alpha}_2,\boldsymbol{\beta}_2,\boldsymbol{\alpha}_3|=n$，求行列式 $|\boldsymbol{\alpha}_3,\boldsymbol{\alpha}_2,\boldsymbol{\alpha}_1,(\boldsymbol{\beta}_1+\boldsymbol{\beta}_2)|$ 的值.

9. 设 $\boldsymbol{A}=\begin{pmatrix} 1 & 0 & 1 \\ 0 & 2 & 0 \\ 1 & 0 & 1 \end{pmatrix}$，已知矩阵 $\boldsymbol{X}$ 满足 $\boldsymbol{AX}+\boldsymbol{E}_3=\boldsymbol{A}^2+\boldsymbol{X}$，$\boldsymbol{E}_3$ 为 3 阶单位矩阵，求 $\boldsymbol{X}$.

10. 设 $\boldsymbol{A}=\begin{pmatrix} 1 & 1 & -1 \\ 0 & 1 & 1 \\ 0 & 0 & -1 \end{pmatrix}$，$\boldsymbol{A}^2-\boldsymbol{AB}=\boldsymbol{E}_3$，$\boldsymbol{E}_3$ 为 3 阶单位矩阵，求矩阵 $\boldsymbol{B}$.

11. 设 $\boldsymbol{A}=\begin{pmatrix} 1 & 1 & -1 \\ -1 & 1 & 1 \\ 1 & -1 & 1 \end{pmatrix}$，$\boldsymbol{A}^*\boldsymbol{X}=\boldsymbol{A}^{-1}+2\boldsymbol{X}$，其中 $\boldsymbol{A}^*$ 为 $\boldsymbol{A}$ 的伴随矩阵，求矩阵 $\boldsymbol{X}$.

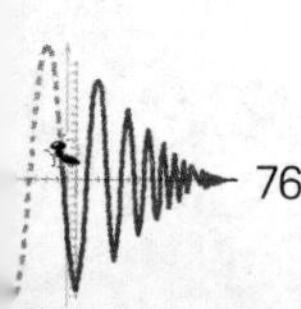

第 3 章　向量和线性方程组

在工程技术和经济管理中的许多问题，往往可以归结为求解一个线性方程组. 本章的中心问题是讨论线性方程组解的基本理论，我们不仅要介绍用消元法求线性方程组的解的方法，更重要的是，当线性方程组有无穷多解时，要研究它的解的结构. 为此需要引入 n 维向量的概念和向量的线性运算，讨论向量间的线性关系，并利用向量来刻画线性方程组解的结构.

对线性方程组的研究，中国比欧洲至少早 1500 年，记载在公元初《九章算术》的"方程章"中.

§3.1　消元法

在中学代数中，已介绍过用消元法解线性方程组. 我们先看一个例子：

例 3.1.1　解线性方程组

$$\begin{cases} 5x_1+3x_2-8x_3=-1 \\ x_1-2x_2+x_3=5 \\ 2x_1+x_2+4x_3=7 \end{cases}. \tag{3.1.1}$$

解：首先，交换第 1 个方程和第 2 个方程的位置：

$$\begin{cases} x_1-2x_2+x_3=5 \\ 5x_1+3x_2-8x_3=-1. \\ 2x_1+x_2+4x_3=7 \end{cases}$$

第 1 个方程的两边同乘以(−5)后加到第 2 个方程中去，第 1 个方程的两边同乘以(−2)后加到第 3 个方程中去：

$$\begin{cases} x_1-2x_2+x_3=5 \\ 13x_2-13x_3=-26. \\ 5x_2+2x_3=-3 \end{cases}$$

第 2 个方程的两边同乘以$\frac{1}{13}$：

$$\begin{cases}x_1-2x_2+x_3=5\\x_2-x_3=-2\\5x_2+2x_3=-3\end{cases}.$$

第 2 个方程的两边同乘以(−5)后加到第 3 个方程中去：

$$\begin{cases}x_1-2x_2+x_3=5\\x_2-x_3=-2\\7x_3=7\end{cases}.$$

这样的线性方程组，自上而下，方程的未知量个数逐渐减少，我们称之为阶梯形方程组. 阶梯形方程组的求解就容易多了，只要用代入法，自下而上，易得原方程组的解为

$$\begin{cases}x_1=2\\x_2=-1.\\x_3=1\end{cases}$$

从上述求解过程可看出，用消元法解方程组实际上就是对方程组反复作变换，直至将原方程组化为易求解的阶梯形方程组为止，而所作的变换其实就是如下三类基本变换：

(1) (**换法变换**)交换两个方程的位置；

(2) (**倍法变换**)用一个非零的数同乘以某一个方程的两边；

(3) (**倍加变换**)用一个数乘以某一个方程的两边后加到另一个方程中去.

我们称上述三类变换为线性方程组的初等变换.

以下命题告诉我们：线性方程组经初等变换后，虽其形式发生了变化，但它们的解却不变(即同解).

命题 3.1.1　经初等变换后所得的线性方程组与原方程组是同解的.

线性方程组和矩阵之间有重要的一一对应关系.

我们注意到决定线性方程组的是未知量的系数和常数项，而不是表示它们的符号. 因此，线性方程组(3.1.1)可以用矩阵

$$\boldsymbol{B}=\begin{pmatrix}5 & 3 & -8 & -1\\ 1 & -2 & 1 & 5\\ 2 & 1 & 4 & 7\end{pmatrix}$$

来唯一表示，我们称 $\boldsymbol{B}$ 为线性方程组(3.1.1)的增广矩阵.

而未知量系数所构成的矩阵

$$\boldsymbol{A}=\begin{pmatrix}5 & 3 & -8\\ 1 & -2 & 1\\ 2 & 1 & 4\end{pmatrix}$$

称为线性方程组(3.1.1)的系数矩阵.

思考题：在用消元法解例 3.1.1 的过程中，对方程组作一次初等变换，相应的增广矩阵 $\boldsymbol{B}$ 会发生怎样的变化?

不难发现：对方程组作一次初等变换相当于对它的增广矩阵作相应的初等行变换；将方程组用初等变换化为同解的阶梯形方程组，其实就是对它的增广矩阵用初等行变换化为阶梯形矩阵.

用矩阵的方法来求解线性方程组实在是既简洁又迅捷，真是矩阵的一大妙用.

下面给出有关线性方程组的一些概念.

定义 3.1.1　具有 m 个方程，n 个未知量 $x_1, x_2, \cdots, x_n$ 的线性方程组的一般形式为

$$\begin{cases}a_{11}x_1+a_{12}x_2+\cdots+a_{1n}x_n=b_1\\ a_{21}x_1+a_{22}x_2+\cdots+a_{2n}x_n=b_2\\ \qquad\vdots\\ a_{m1}x_1+a_{m2}x_2+\cdots+a_{mn}x_n=b_m\end{cases}, \tag{3.1.2}$$

其中 $a_{ij}(i=1,2,\cdots,m;j=1,2,\cdots,n)$ 称为方程组(3.1.2)的系数，$b_i(i=1,2,\cdots,m)$ 称为常数项.

常数项全为零的方程组称为齐次线性方程组，否则称为非齐次线性方程组.

若有一组数 $k_i(i=1,2,\cdots,n)$，当取 $x_i=k_i(i=1,2,\cdots,n)$ 代入方程组(3.1.2)时，使之成为恒等式，则称 $x_i=k_i(i=1,2,\cdots,n)$ 为方程组(3.1.2)的一个解.

方程组的解的全体称为方程组的解集合；解集合相同的两个方程组称为

同解方程组.

矩阵

$$
\boldsymbol{B}=\begin{pmatrix} a_{11} & a_{12} & \cdots & a_{1n} & b_1 \\ a_{21} & a_{22} & \cdots & a_{2n} & b_2 \\ \vdots & \vdots & & \vdots & \vdots \\ a_{m1} & a_{m2} & \cdots & a_{mn} & b_m \end{pmatrix} \tag{3.1.3}
$$

称为方程组(3.1.2)的增广矩阵;

矩阵

$$
\boldsymbol{A}=\begin{pmatrix} a_{11} & a_{12} & \cdots & a_{1n} \\ a_{21} & a_{22} & \cdots & a_{2n} \\ \vdots & \vdots & & \vdots \\ a_{m1} & a_{m2} & \cdots & a_{mn} \end{pmatrix}
$$

称为方程组(3.1.2)的系数矩阵.

由此可见,方程组的增广矩阵实际上就是在系数矩阵的基础上再增加常数列所得的矩阵.显然,线性方程组(3.1.2)和它的增广矩阵(3.1.3)是一一对应的.

令 $\boldsymbol{X}=(x_1,x_2,\cdots,x_n)^{\mathrm{T}}$,$\boldsymbol{\beta}=(b_1,b_2,\cdots,b_m)^{\mathrm{T}}$,利用矩阵的乘法,则线性方程组(3.1.2)也可用下列矩阵方程形式表示:

$$
\boldsymbol{AX}=\boldsymbol{\beta}. \tag{3.1.4}
$$

因此,它的增广矩阵 $\boldsymbol{B}$ 可用分块矩阵来表示,即:$\boldsymbol{B}=(\boldsymbol{A},\boldsymbol{\beta})$.

下面我们给出用消元法解线性方程组(3.1.2)的一般步骤:

第一步 写出线性方程组(3.1.2)的增广矩阵 $\boldsymbol{B}$.

第二步 对矩阵 $\boldsymbol{B}$ 作初等行变换化为如下形式的阶梯形矩阵 $\boldsymbol{U}$,不妨设

$$
\boldsymbol{U}=\begin{pmatrix} 1 & 0 & \cdots & 0 & c_{1r+1} & \cdots & c_{1n} & d_1 \\ 0 & 1 & \cdots & 0 & c_{2r+1} & \cdots & c_{2n} & d_2 \\ \vdots & \vdots & & \vdots & \vdots & & \vdots & \vdots \\ 0 & 0 & \cdots & 1 & c_{rr+1} & \cdots & c_{rn} & d_r \\ 0 & 0 & \cdots & 0 & 0 & \cdots & 0 & d_{r+1} \\ 0 & 0 & \cdots & 0 & 0 & \cdots & 0 & 0 \\ \vdots & \vdots & & \vdots & \vdots & & \vdots & \vdots \\ 0 & 0 & \cdots & 0 & 0 & \cdots & 0 & 0 \end{pmatrix},
$$

其中 $r=$秩$(\boldsymbol{A})$.

于是方程组(3.1.2)与以 $\boldsymbol{U}$ 为增广矩阵的线性方程组

$$\begin{cases} x_1 + c_{1r+1}x_{r+1} + \cdots + c_{1n}x_n = d_1 \\ x_2 + c_{2r+1}x_{r+1} + \cdots + c_{2n}x_n = d_2 \\ \qquad\qquad \vdots \\ x_r + c_{rr+1}x_{r+1} + \cdots + c_{rn}x_n = d_r \\ \qquad\qquad 0 = d_{r+1} \end{cases}$$ 是同解的.

第三步　讨论:

(1) 线性方程组(3.1.2)有解的充要条件是 $d_{r+1}=0$,即秩$(\boldsymbol{A})=$秩$(\boldsymbol{B})$.

(2) 若 $d_{r+1}=0$,又 $r=n$,则方程组(3.1.2)有唯一解:

$$x_1 = d_1, x_2 = d_2, \cdots, x_n = d_n.$$

(3) 若 $d_{r+1}=0$,又 $r<n$,则方程组(3.1.2)有无穷多解,其一般解为:

$$\begin{cases} x_1 = d_1 - c_{1r+1}x_{r+1} - \cdots - c_{1n}x_n \\ x_2 = d_2 - c_{2r+1}x_{r+1} - \cdots - c_{2n}x_n \\ \qquad\qquad \vdots \\ x_r = d_r - c_{rr+1}x_{r+1} - \cdots - c_{rn}x_n \end{cases},$$

其中 $x_{r+1},\cdots,x_n$ 称为一组自由未知量.

根据上述线性方程组的求解步骤,我们易得下列定理和推论.

定理 3.1.1(线性方程组有解判别定理)　线性方程组 $\boldsymbol{AX}=\boldsymbol{\beta}$ 有解的充要条件是其系数矩阵和增广矩阵的秩相同,即秩$(\boldsymbol{A})=$秩$(\boldsymbol{A},\boldsymbol{\beta})=$秩$(\boldsymbol{B})$.

思考题:将方程组系数矩阵 $\boldsymbol{A}$ 和增广矩阵 $\boldsymbol{B}$ 进行秩比较,若秩$(\boldsymbol{A})\neq$秩$(\boldsymbol{B})$,则秩$(\boldsymbol{A})$比秩$(\boldsymbol{B})$是多 1 还是少 1?

推论 3.1.1　若 n 元线性方程组 $\boldsymbol{AX}=\boldsymbol{\beta}$ 有解,则

(1) 当秩$(\boldsymbol{A})=n$ 时,方程组有唯一解;

(2) 当秩$(\boldsymbol{A})<n$ 时,方程组有无穷多解.

推论 3.1.2　n 元齐次线性方程组 $\boldsymbol{AX}=\boldsymbol{O}$ 一定有解,且它有非零解的充要条件是秩$(\boldsymbol{A})<n$.

例 3.1.2　解线性方程组

$$\begin{cases} x_1+x_3+2x_5+x_6=1 \\ x_1+x_2+2x_3+3x_5+4x_6=3 \\ x_1+x_3+x_4+2x_6=4 \\ 2x_1+2x_3-x_4+6x_5+x_6=-1 \end{cases}.$$

解:方程组的增广矩阵 $\boldsymbol{B}=\begin{pmatrix} 1 & 0 & 1 & 0 & 2 & 1 & 1 \\ 1 & 1 & 2 & 0 & 3 & 4 & 3 \\ 1 & 0 & 1 & 1 & 0 & 2 & 4 \\ 2 & 0 & 2 & -1 & 6 & 1 & -1 \end{pmatrix}$.

对矩阵 $\boldsymbol{B}$ 作如下初等行变换化为阶梯形矩阵:

$$\boldsymbol{B}=\begin{pmatrix} 1 & 0 & 1 & 0 & 2 & 1 & 1 \\ 1 & 1 & 2 & 0 & 3 & 4 & 3 \\ 1 & 0 & 1 & 1 & 0 & 2 & 4 \\ 2 & 0 & 2 & -1 & 6 & 1 & -1 \end{pmatrix}$$

$$\xrightarrow{r_2-r_1,r_3-r_1,r_4-2r_1}\begin{pmatrix} 1 & 0 & 1 & 0 & 2 & 1 & 1 \\ 0 & 1 & 1 & 0 & 1 & 3 & 2 \\ 0 & 0 & 0 & 1 & -2 & 1 & 3 \\ 0 & 0 & 0 & -1 & 2 & -1 & -3 \end{pmatrix}$$

$$\xrightarrow{r_4+r_3}\begin{pmatrix} 1 & 0 & 1 & 0 & 2 & 1 & 1 \\ 0 & 1 & 1 & 0 & 1 & 3 & 2 \\ 0 & 0 & 0 & 1 & -2 & 1 & 3 \\ 0 & 0 & 0 & 0 & 0 & 0 & 0 \end{pmatrix}.$$

记 $\boldsymbol{A}$ 为方程组的系数矩阵,因为秩($\boldsymbol{A}$)=秩($\boldsymbol{B}$)$=3<6$(未知量个数),所以方程组有无穷多解,且原方程组与以矩阵

$$\begin{pmatrix} 1 & 0 & 1 & 0 & 2 & 1 & 1 \\ 0 & 1 & 1 & 0 & 1 & 3 & 2 \\ 0 & 0 & 0 & 1 & -2 & 1 & 3 \\ 0 & 0 & 0 & 0 & 0 & 0 & 0 \end{pmatrix}$$

为增广矩阵的方程组:

$$\begin{cases} x_1+x_3+2x_5+x_6=1 \\ x_2+x_3+x_5+3x_6=2 \\ x_4-2x_5+x_6=3 \end{cases}$$

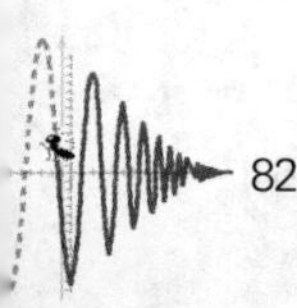

是同解的，故原方程组的一般解为

$$\begin{cases} x_1 = 1 - x_3 - 2x_5 - x_6 \\ x_2 = 2 - x_3 - x_5 - 3x_6 \\ x_4 = 3 + 2x_5 - x_6 \end{cases}$$
，其中 x_3, x_5, x_6 为自由未知量.

例 3.1.3　解线性方程组

$$\begin{cases} 2x_1 - x_2 + 3x_3 = 4 \\ 4x_1 + 2x_2 + 5x_3 = 9. \\ 2x_1 + 3x_2 + 2x_3 = 3 \end{cases}$$

解：方程组的增广矩阵 $\boldsymbol{B} = \begin{pmatrix} 2 & -1 & 3 & 4 \\ 4 & 2 & 5 & 9 \\ 2 & 3 & 2 & 3 \end{pmatrix}$，对矩阵 $\boldsymbol{B}$ 作如下初等行变换化为阶梯形矩阵：

$$\boldsymbol{B} = \begin{pmatrix} 2 & -1 & 3 & 4 \\ 4 & 2 & 5 & 9 \\ 2 & 3 & 2 & 3 \end{pmatrix} \xrightarrow{r_2 - 2r_1,\, r_3 - r_1} \begin{pmatrix} 2 & -1 & 3 & 4 \\ 0 & 4 & -1 & 1 \\ 0 & 4 & -1 & -1 \end{pmatrix}$$

$$\xrightarrow{r_3 - r_2} \begin{pmatrix} 2 & -1 & 3 & 4 \\ 0 & 4 & -1 & 1 \\ 0 & 0 & 0 & -2 \end{pmatrix}.$$

记 $\boldsymbol{A}$ 为原方程组的系数矩阵，因秩$(\boldsymbol{A})=2$，秩$(\boldsymbol{B})=3$，秩$(\boldsymbol{A})\neq$秩$(\boldsymbol{B})$，故原方程组无解.

用消元法解线性方程组只提供了一种求解的方法，但是当方程组有无穷多解时，这些解之间的关系和解的结构等问题我们并不清楚. 另外，有时候需要直接从原方程组看它是否有解，这样消元法就不能用了，因此学习 n 维向量及相关理论就很有必要了.

§3.2 向量及其线性运算

向量是几何中的一个术语，它是一个既有大小又有方向的量，在平面(空间)上引进直角坐标系后，平面(空间)上的向量与坐标是一一对应的，平面(空间)上的向量的坐标(x,y)((x,y,z))我们称之为2维(3维)向量.在实际问题中，我们仅仅有2维或3维向量是远远不够的，例如在研究人造卫星在太空运行时的状态，人们感兴趣的不仅仅是它的几何轨迹，还希望在某个时刻，了解它处于什么位置，其表面温度、压力等物理参数的情况，这时2维或3维向量就无法表达这么多的信息，于是我们就有必要将向量的维数进行推广，这便有了以下n维向量的概念.

定义3.2.1 由n个实数$a_1,a_2,\cdots,a_n$组成的一个有序数组$(a_1,a_2,\cdots,a_n)$称为n维向量，其中a_i称为向量的第i个分量，$i=1,2,\cdots,n$.

向量一般常用希腊字母$\boldsymbol{\alpha},\boldsymbol{\beta},\boldsymbol{\gamma}$等表示.

要注意的是:2维(或3维)向量都可以用有向线段直观地体现出来，而当$n>3$时，n维向量就没有这种直观的几何意义了.

n维向量$\boldsymbol{\alpha}=(a_1,a_2,\cdots,a_n)$也可表示为$\begin{pmatrix}a_1\\a_2\\\vdots\\a_n\end{pmatrix}$，前者表示形式称为$n$维行向量，后者表示形式称为$n$维列向量.

在今后的问题讨论中，我们一般都采用列向量表示.

为了沟通向量与矩阵的联系，向量也可以视为一个矩阵，即

一个n维行向量$(a_1,a_2,\cdots,a_n)$就是一个$1\times n$矩阵；

一个n维列向量$\begin{pmatrix}a_1\\a_2\\\vdots\\a_n\end{pmatrix}$就是一个$n\times 1$矩阵，用矩阵转置的记号，列向量也记作$(a_1,a_2,\cdots,a_n)^{\mathrm{T}}$.

因此，可以将矩阵的有关概念、运算和性质平移到向量中来.

定义3.2.2 分量全为0的向量称为零向量，零向量记作$\boldsymbol{O}=(0,0,\cdots,0)^{\mathrm{T}}$.

向量$\boldsymbol{\alpha}=(a_1,a_2,\cdots,a_n)^{\mathrm{T}}$中的每一个分量都取相反数所得的向量$(-a_1,-a_2,\cdots,-a_n)^{\mathrm{T}}$称之为$\boldsymbol{\alpha}$的负向量，记作$-\boldsymbol{\alpha}$.

定义3.2.3 若两个向量$\boldsymbol{\alpha}=(a_1,a_2,\cdots,a_n)^{\mathrm{T}}$，$\boldsymbol{\beta}=(b_1,b_2,\cdots,b_n)^{\mathrm{T}}$的对应

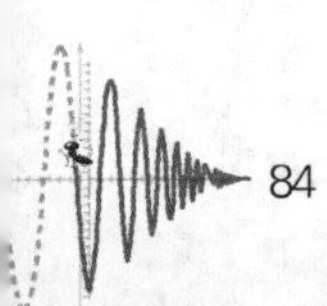

分量都相等，即 $a_i=b_i(i=1,2,\cdots,n)$，则称 $\boldsymbol{\alpha}$ 与 $\boldsymbol{\beta}$ 是相等的，记作 $\boldsymbol{\alpha}=\boldsymbol{\beta}$.

定义 3.2.4　设向量 $\boldsymbol{\alpha}=(a_1,a_2,\cdots,a_n)^{\mathrm{T}}$，$\boldsymbol{\beta}=(b_1,b_2,\cdots,b_n)^{\mathrm{T}}$，则称向量

$$\boldsymbol{\gamma}=(a_1+b_1,a_2+b_2,\cdots,a_n+b_n)^{\mathrm{T}}$$

为 $\boldsymbol{\alpha}$ 与 $\boldsymbol{\beta}$ 的和，记 $\boldsymbol{\gamma}=\boldsymbol{\alpha}+\boldsymbol{\beta}$.

利用负向量的概念，可定义向量的减法，即

$$\boldsymbol{\alpha}-\boldsymbol{\beta}=\boldsymbol{\alpha}+(-\boldsymbol{\beta})=(a_1-b_1,a_2-b_2,\cdots,a_n-b_n)^{\mathrm{T}}.$$

定义 3.2.5　设向量 $\boldsymbol{\alpha}=(a_1,a_2,\cdots,a_n)$，$k$ 是一个数，则称向量

$$\boldsymbol{\delta}=(ka_1,ka_2,\cdots,ka_n)$$

为数 k 与向量 $\boldsymbol{\alpha}$ 的数量乘法，简称数乘，记 $\boldsymbol{\delta}=k\boldsymbol{\alpha}$.

向量的加法与数乘运算，统称为向量的线性运算，它满足以下运算规律：

(1) (交换律) $\boldsymbol{\alpha}+\boldsymbol{\beta}=\boldsymbol{\beta}+\boldsymbol{\gamma}$；

(2) (结合律) $(\boldsymbol{\alpha}+\boldsymbol{\beta})+\boldsymbol{\gamma}=\boldsymbol{\alpha}+(\boldsymbol{\beta}+\boldsymbol{\gamma})$；

(3) $\boldsymbol{\alpha}+\boldsymbol{O}=\boldsymbol{\alpha}$(保证加法有逆运算)；

(4) $\boldsymbol{\alpha}+(-\boldsymbol{\alpha})=\boldsymbol{O}$；

(5) $1\boldsymbol{\alpha}=\boldsymbol{\alpha}$(保证非零数乘有逆运算)；

(6) (数乘的结合律) $k(l\boldsymbol{\alpha})=(kl)\boldsymbol{\alpha}$；

(7) (数乘的分配律) $(k+l)\boldsymbol{\alpha}=k\boldsymbol{\alpha}+l\boldsymbol{\alpha}$；

(8) (数乘的分配律) $k(\boldsymbol{\alpha}+\boldsymbol{\beta})=k\boldsymbol{\alpha}+k\boldsymbol{\beta}$.

以上 $\boldsymbol{\alpha},\boldsymbol{\beta},\boldsymbol{\gamma}$ 为 n 维向量，$\boldsymbol{O}$ 是 n 维零向量，k,l 是任意数.

记 $\mathbf{R}$ 为实数集合，$\mathbf{R}^n$ 表示全体 n 维向量所成之集，由于向量的线性运算满足上述八条运算规律，因此在线性代数理论中，我们就称集合 $\mathbf{R}^n$ 为 n 维线性空间.

例 3.2.1　设 $\boldsymbol{\alpha}=(2,1,0,-1)^{\mathrm{T}}$，$\boldsymbol{\beta}=(0,2,-5,1)^{\mathrm{T}}$，若向量 $\boldsymbol{\delta}$ 满足 $2\boldsymbol{\alpha}-(3\boldsymbol{\delta}+\boldsymbol{\beta})=\boldsymbol{O}$，求 $\boldsymbol{\delta}$.

解：由 $2\boldsymbol{\alpha}-(3\boldsymbol{\delta}+\boldsymbol{\beta})=\boldsymbol{O}$. 得，

$$\begin{aligned}\boldsymbol{\delta}&=\frac{1}{3}(2\boldsymbol{\alpha}-\boldsymbol{\beta})\\&=\frac{1}{3}[(4,2,0,-2)^{\mathrm{T}}-(0,2,-5,1)^{\mathrm{T}}]\\&=\left(\frac{4}{3},0,\frac{5}{3},-1\right)^{\mathrm{T}}.\end{aligned}$$

§3.3 向量的线性关系

在平面解析几何中，若一个向量 $\boldsymbol{\alpha}$ 的坐标是 (x_0, y_0)，则分别在坐标系中的 x 轴和 y 轴取单位正向向量 $\boldsymbol{e}_1, \boldsymbol{e}_2$，即 $\boldsymbol{e}_1, \boldsymbol{e}_2$ 的坐标分别为 $(1,0), (0,1)$，由平行四边形法则知，

$$\boldsymbol{\alpha} = x_0\boldsymbol{e}_1 + y_0\boldsymbol{e}_2, \tag{3.3.1}$$

我们将关系式(3.3.1) 称为 $\boldsymbol{\alpha}$ 是 $\boldsymbol{e}_1, \boldsymbol{e}_2$ 的一个线性组合或 $\boldsymbol{\alpha}$ 可由 $\boldsymbol{e}_1, \boldsymbol{e}_2$ 线性表示.

下面我们将关系式(3.3.1) 推广到一般情况.

定义 3.3.1 设有 $s+1$ 个 n 维向量 $\boldsymbol{\alpha}_1, \boldsymbol{\alpha}_2, \cdots, \boldsymbol{\alpha}_s, \boldsymbol{\beta}$，如果存在一组数 $k_1, k_2, \cdots, k_s$，使得

$$\boldsymbol{\beta} = k_1\boldsymbol{\alpha}_1 + k_2\boldsymbol{\alpha}_2 + \cdots + k_s\boldsymbol{\alpha}_s, \tag{3.3.2}$$

则称向量 $\boldsymbol{\beta}$ 是向量组 $\boldsymbol{\alpha}_1, \boldsymbol{\alpha}_2, \cdots, \boldsymbol{\alpha}_s$ 的一个线性组合，或称 $\boldsymbol{\beta}$ 可由 $\boldsymbol{\alpha}_1, \boldsymbol{\alpha}_2, \cdots, \boldsymbol{\alpha}_s$ 线性表示.

显然，零向量是任一同维向量组的线性组合；向量组 $\alpha_1, \alpha_2, \cdots, \alpha_s$ 中的任一个向量 α_i 都是该向量组的一个线性组合.

例 3.3.1 以下 n 个特殊的 n 维向量 $\boldsymbol{\varepsilon}_1, \boldsymbol{\varepsilon}_2, \cdots, \boldsymbol{\varepsilon}_n$ 称为 n 维基本单位向量组，其中

$$\boldsymbol{\varepsilon}_1 = (1,0,\cdots,0)^{\mathrm{T}}, \boldsymbol{\varepsilon}_2 = (0,1,0,\cdots,0)^{\mathrm{T}}, \cdots, \boldsymbol{\varepsilon}_n = (0,\cdots,0,1)^{\mathrm{T}}.$$

证明：任一 n 维向量都是 n 维基本单位向量组 $\boldsymbol{\varepsilon}_1, \boldsymbol{\varepsilon}_2, \cdots, \boldsymbol{\varepsilon}_n$ 的一个线性组合.

证明：设 n 维向量 $\boldsymbol{\alpha} = (a_1, a_2, \cdots, a_n)^{\mathrm{T}}$，因为

$$\boldsymbol{\alpha} = a_1\boldsymbol{\varepsilon}_1 + a_2\boldsymbol{\varepsilon}_2 + \cdots + a_n\boldsymbol{\varepsilon}_n,$$

所以 $\boldsymbol{\alpha}$ 是 $\boldsymbol{\varepsilon}_1, \boldsymbol{\varepsilon}_2, \cdots, \boldsymbol{\varepsilon}_n$ 的一个线性组合.

判断一个已知向量是否可由一组已知向量线性表示，往往要用待定法，转化为一个线性方程组，通过求解线性方程组来解决.

例 3.3.2 已知

$$\boldsymbol{\beta} = (0,0,0,1)^{\mathrm{T}}, \boldsymbol{\alpha}_1 = (1,1,0,1)^{\mathrm{T}}, \boldsymbol{\alpha}_2 = (2,1,3,1)^{\mathrm{T}},$$
$$\boldsymbol{\alpha}_3 = (1,1,0,0)^{\mathrm{T}}, \boldsymbol{\alpha}_4 = (0,1,-1,-1)^{\mathrm{T}},$$

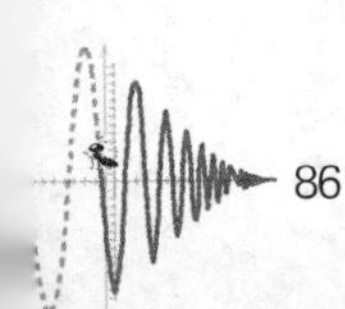

问 $\boldsymbol{\beta}$ 是否可由向量组 $\boldsymbol{\alpha}_1,\boldsymbol{\alpha}_2,\boldsymbol{\alpha}_3,\boldsymbol{\alpha}_4$ 线性表示？若是，则表示之.

解：设有 4 个数 k_1,k_2,k_3,k_4，使得

$$\boldsymbol{\beta}=k_1\boldsymbol{\alpha}_1+k_2\boldsymbol{\alpha}_2+k_3\boldsymbol{\alpha}_3+k_4\boldsymbol{\alpha}_4,$$

将已知向量代入，整理后得线性方程组：

$$\begin{cases} k_1+2k_2+k_3=0 \\ k_1+k_2+k_3+k_4=0 \\ 3k_2-k_4=0 \\ k_1+k_2-k_4=1 \end{cases},$$

解得 $k_1=1,k_2=0,k_3=-1,k_4=0$，故 $\boldsymbol{\beta}$ 可由 $\boldsymbol{\alpha}_1,\boldsymbol{\alpha}_2,\boldsymbol{\alpha}_3,\boldsymbol{\alpha}_4$ 线性表示，且

$$\boldsymbol{\beta}=\boldsymbol{\alpha}_1+0\boldsymbol{\alpha}_2+(-1)\boldsymbol{\alpha}_3+0\boldsymbol{\alpha}_4=\boldsymbol{\alpha}_1-\boldsymbol{\alpha}_3.$$

两组同维向量也可以定义它们的线性关系.

定义 3.3.2　若 n 维向量组 $\boldsymbol{\alpha}_1,\boldsymbol{\alpha}_2,\cdots,\boldsymbol{\alpha}_s$ 中每一个向量 $\boldsymbol{\alpha}_i(1\leqslant i\leqslant s)$ 都可由 n 维向量组 $\boldsymbol{\beta}_1,\boldsymbol{\beta}_2,\cdots,\boldsymbol{\beta}_s$ 线性表示，则称向量组 $\boldsymbol{\alpha}_1,\boldsymbol{\alpha}_2,\cdots,\boldsymbol{\alpha}_s$ 可以由向量组 $\boldsymbol{\beta}_1,\boldsymbol{\beta}_2,\cdots,\boldsymbol{\beta}_s$ 线性表示.

若两个向量组互相可以线性表示，则称这两个向量组等价.

下面的定理和推论很重要，其证明，请读者自行完成.

定理 3.3.1　若向量 $\boldsymbol{\alpha}$ 可以由向量组 $\boldsymbol{\beta}_1,\boldsymbol{\beta}_2,\cdots,\boldsymbol{\beta}_s$ 线性表示，向量组 $\boldsymbol{\beta}_1,\boldsymbol{\beta}_2,\cdots,\boldsymbol{\beta}_s$ 可以由向量组 $\boldsymbol{\gamma}_1,\boldsymbol{\gamma}_2,\cdots,\boldsymbol{\gamma}_t$ 线性表示，则向量 $\boldsymbol{\alpha}$ 可以由向量组 $\boldsymbol{\gamma}_1,\boldsymbol{\gamma}_2,\cdots,\boldsymbol{\gamma}_t$ 线性表示.

推论 3.3.1　向量组之间的等价是一种等价关系. 即：

设有三个向量组(Ⅰ)，(Ⅱ)，(Ⅲ)，则

(1) (**自身性**)向量组(Ⅰ)与它自身等价；

(2) (**对称性**)若向量组(Ⅰ)与(Ⅱ)等价，则(Ⅱ)也与(Ⅰ)等价；

(3) (**传递性**)若向量组(Ⅰ)与(Ⅱ)等价，且(Ⅱ)也与(Ⅲ)等价，则(Ⅰ)与(Ⅲ)等价.

我们知道在几何空间中，两个向量 $\boldsymbol{\alpha},\boldsymbol{\beta}$ 共线当且仅当存在两个不全为零的数 k,l，使得

$$k\boldsymbol{\alpha}+l\boldsymbol{\beta}=\boldsymbol{O}.$$

三个向量 $\boldsymbol{\alpha},\boldsymbol{\beta},\boldsymbol{\gamma}$ 共面(即 $\boldsymbol{\alpha},\boldsymbol{\beta},\boldsymbol{\gamma}$ 位于三同一平面)当且仅当存在三个不全为零的数 k,l,s，使得

$$k\boldsymbol{\alpha}+l\boldsymbol{\beta}+s\boldsymbol{\gamma}=\boldsymbol{O}.$$

今后称两个共线向量或三个共面向量是线性相关的,否则的话,称它们为线性无关的.将“共线”或“共面”的情况推广到 n 维向量组,就得到一般向量组线性相关和线性无关的概念.

定义 3.3.3 设有 s 个 n 维向量 $\boldsymbol{\alpha}_1,\boldsymbol{\alpha}_2,\cdots,\boldsymbol{\alpha}_s$,若存在 s 个不全为零的数 $k_1,k_2,\cdots,k_s$,使得

$$k_1\boldsymbol{\alpha}_1+k_2\boldsymbol{\alpha}_2\cdots+k_s\boldsymbol{\alpha}_s=\boldsymbol{O} \tag{3.3.3}$$

则称向量组 $\boldsymbol{\alpha}_1,\boldsymbol{\alpha}_2,\cdots,\boldsymbol{\alpha}_s$ 线性相关.

否则的话,即当且仅当 $k_1=k_2=\cdots=k_s=0$ 时,(3.3.3)式才成立,则称向量组 $\boldsymbol{\alpha}_1,\boldsymbol{\alpha}_2,\cdots,\boldsymbol{\alpha}_s$ 线性无关.

例 3.3.3 证明 n 维基本单位向量组 $\boldsymbol{\varepsilon}_1,\boldsymbol{\varepsilon}_2,\cdots,\boldsymbol{\varepsilon}_n$ 是线性无关的.

证明:若有一组数 $k_1,k_2,\cdots,k_n$,使得

$$k_1\boldsymbol{\varepsilon}_1+k_2\boldsymbol{\varepsilon}_2+\cdots+k_n\boldsymbol{\varepsilon}_n=\boldsymbol{O}.$$

将 $\boldsymbol{\varepsilon}_i(i=1,2,\cdots,n)$代入上式,整理得

$$(k_1,k_2,\cdots,k_n)^{\mathrm{T}}=(0,0,\cdots,0)^{\mathrm{T}},$$

于是 $k_1=k_2=\cdots=k_n=0$,故 $\boldsymbol{\varepsilon}_1,\boldsymbol{\varepsilon}_2,\cdots,\boldsymbol{\varepsilon}_n$ 线性无关.

例 3.3.4 判断 $\boldsymbol{\alpha}_1=(2,-1,3,1)^{\mathrm{T}},\boldsymbol{\alpha}_2=(4,-2,5,4)^{\mathrm{T}},\boldsymbol{\alpha}_3=(2,-1,3,-1)^{\mathrm{T}}$ 的线性相关性.

解:设有 3 个数 k_1,k_2,k_3,使得

$$k_1\boldsymbol{\alpha}_1+k_2\boldsymbol{\alpha}_2+k_3\boldsymbol{\alpha}_3=\boldsymbol{O},$$

即

$$k_1(2,-1,3,1)^{\mathrm{T}}+k_2(4,-2,5,4)^{\mathrm{T}}+k_3(2,-1,3,-1)^{\mathrm{T}}=(0,0,0,0)^{\mathrm{T}}.$$

整理并比较得

$$\begin{cases}2k_1+4k_2+2k_3=0\\-k_1-2k_2-k_3=0\\3k_1+5k_2+3k_3=0\\k_1+4k_2-k_3=0\end{cases},$$

解得 $k_1=k_2=k_3=0$，故 $\boldsymbol{\alpha}_1,\boldsymbol{\alpha}_2,\boldsymbol{\alpha}_3$ 线性无关.

例 3.3.5　证明单个向量 $\boldsymbol{\alpha}$ 线性相关的充要条件是 $\boldsymbol{\alpha}=\boldsymbol{O}$.

证明：若 $\boldsymbol{\alpha}=\boldsymbol{O}$，即 $1\boldsymbol{\alpha}=\boldsymbol{O}$，因为 $1\neq\boldsymbol{O}$，所以 $\boldsymbol{\alpha}$ 线性相关. 反之，若 $\boldsymbol{\alpha}\neq\boldsymbol{O}$，设有一个数 k，使得 $k\boldsymbol{\alpha}=\boldsymbol{O}$，则 $k=\boldsymbol{O}$，于是 $\boldsymbol{\alpha}$ 线性无关.

例 3.3.6　含有零向量的向量组一定线性相关.

证明：设 $\boldsymbol{\alpha}_1,\boldsymbol{\alpha}_2,\cdots,\boldsymbol{\alpha}_s$ 中有一个零向量，不妨设 $\boldsymbol{\alpha}_1=\boldsymbol{O}$，于是有不全为零的数 $1,0,\cdots,0$，使得

$$1\boldsymbol{\alpha}_1+0\boldsymbol{\alpha}_2+\cdots+0\boldsymbol{\alpha}_s=\boldsymbol{O},$$

故 $\boldsymbol{\alpha}_1,\boldsymbol{\alpha}_2,\cdots,\boldsymbol{\alpha}_s$ 线性相关.

例 3.3.7　证明：若向量组的一个部分组线性相关，则整个向量组线性相关. 换句话说，若一个向量组线性无关，则它的任一部分组线性无关.

口诀：部分相关，整体相关；整体无关，部分无关.

证明：设向量组 $\boldsymbol{\alpha}_1,\boldsymbol{\alpha}_2,\cdots,\boldsymbol{\alpha}_s$ 中有一个部分组线性相关，不妨设 $\boldsymbol{\alpha}_1,\boldsymbol{\alpha}_2,\cdots,\boldsymbol{\alpha}_r$ 线性相关，则存在不全为零的数 $k_1,k_2,\cdots,k_r$，使得

$$k_1\boldsymbol{\alpha}_1+k_2\boldsymbol{\alpha}_2\cdots+k_r\boldsymbol{\alpha}_r=\boldsymbol{O},$$

于是，

$$k_1\boldsymbol{\alpha}_1+k_2\boldsymbol{\alpha}_2\cdots+k_r\boldsymbol{\alpha}_r+0\boldsymbol{\alpha}_{r+1}+\cdots+0\boldsymbol{\alpha}_s=\boldsymbol{O}.$$

因为 $k_1,k_2,\cdots,k_r,0,\cdots,0$ 不全为零，所以 $\boldsymbol{\alpha}_1,\boldsymbol{\alpha}_2,\cdots,\boldsymbol{\alpha}_s$ 线性相关.

定理 3.3.2　设 $s>1$，则向量组 $\boldsymbol{\alpha}_1,\boldsymbol{\alpha}_2,\cdots,\boldsymbol{\alpha}_s$ 线性相关的充要条件是其中某一 $\boldsymbol{\alpha}_i(1\leqslant i\leqslant s)$ 可由其余 $s-1$ 个向量线性表示.

证明：若 $\boldsymbol{\alpha}_1,\boldsymbol{\alpha}_2,\cdots,\boldsymbol{\alpha}_s$ 中有一向量可由其余向量线性表示，不妨设 $\boldsymbol{\alpha}_s$ 可由 $\boldsymbol{\alpha}_1,\boldsymbol{\alpha}_2,\cdots,\boldsymbol{\alpha}_{s-1}$ 线性表示，于是存在 $s-1$ 个数 $k_1,k_2,\cdots,k_{s-1}$，使得

$$\boldsymbol{\alpha}_s=k_1\boldsymbol{\alpha}_1+k_2\boldsymbol{\alpha}_2+\cdots+k_{s-1}\boldsymbol{\alpha}_{s-1},$$

因而

$$k_1\boldsymbol{\alpha}_1+k_2\boldsymbol{\alpha}_2+\cdots+k_{s-1}\boldsymbol{\alpha}_{s-1}+(-1)\boldsymbol{\alpha}_s=\boldsymbol{O},$$

因为存在不全为零的数 $k_1,k_2,\cdots,k_{s-1},k_s=-1$，使得

$$k_1\boldsymbol{\alpha}_1+k_2\boldsymbol{\alpha}_2\cdots+k_s\boldsymbol{\alpha}_s=\boldsymbol{O},$$

所以 $\boldsymbol{\alpha}_1,\boldsymbol{\alpha}_2,\cdots,\boldsymbol{\alpha}_s$ 线性相关.

反之，若 $\boldsymbol{\alpha}_1,\boldsymbol{\alpha}_2,\cdots,\boldsymbol{\alpha}_s$ 线性相关，则存在不全为零的数 $k_1,k_2,\cdots,k_s$，使得

$$k_1\boldsymbol{\alpha}_1+k_2\boldsymbol{\alpha}_2\cdots+k_s\boldsymbol{\alpha}_s=\boldsymbol{O},$$

不妨设 $k_s\neq 0$，于是上式改写为

$$\boldsymbol{\alpha}_s=-\frac{k_1}{k_s}\boldsymbol{\alpha}_1-\frac{k_2}{k_s}\boldsymbol{\alpha}_2-\cdots-\frac{k_{s-1}}{k_s}\boldsymbol{\alpha}_{s-1},$$

即向量 $\boldsymbol{\alpha}_s$ 可由其余的向量 $\boldsymbol{\alpha}_1,\boldsymbol{\alpha}_2,\cdots,\boldsymbol{\alpha}_{s-1}$ 线性表示.

在定理 3.3.2 中要求 $s>1$，是因为当 $s=1$ 时，向量组 $\{\boldsymbol{\alpha}_1\}$ 只含有一个向量，除了 $\boldsymbol{\alpha}_1$ 之外，没有其余向量了.

思考题：定理 3.3.2 的逆否命题是什么？

定理 3.3.3 已知向量组 $\boldsymbol{\alpha}_1,\boldsymbol{\alpha}_2,\cdots,\boldsymbol{\alpha}_s,\boldsymbol{\beta}$ 线性相关，但 $\boldsymbol{\alpha}_1,\boldsymbol{\alpha}_2,\cdots,\boldsymbol{\alpha}_s$ 线性无关，证明：$\boldsymbol{\beta}$ 可由 $\boldsymbol{\alpha}_1,\boldsymbol{\alpha}_2,\cdots,\boldsymbol{\alpha}_s$ 线性表示，且表示法唯一.

证明：因为 $\boldsymbol{\alpha}_1,\boldsymbol{\alpha}_2,\cdots,\boldsymbol{\alpha}_s,\boldsymbol{\beta}$ 线性相关，所以存在 $s+1$ 个不全为零的数 k_1，$k_2,\cdots,k_s,k_{s+1}$，使得

$$k_1\boldsymbol{\alpha}_1+k_2\boldsymbol{\alpha}_2+\cdots+k_s\boldsymbol{\alpha}_s+k_{s+1}\boldsymbol{\beta}=\boldsymbol{O},$$

若 $k_{s+1}=0$，则 $k_1,k_2,\cdots,k_s$ 不全为零，且

$$k_1\boldsymbol{\alpha}_1+k_2\boldsymbol{\alpha}_2+\cdots+k_s\boldsymbol{\alpha}_s=\boldsymbol{O},$$

于是 $\boldsymbol{\alpha}_1,\boldsymbol{\alpha}_2,\cdots,\boldsymbol{\alpha}_s$ 线性相关，这与已知矛盾！故 $k_{s+1}\neq 0$. 因此，

$$\boldsymbol{\beta}=-\frac{k_1}{k_{s+1}}\boldsymbol{\alpha}_1-\frac{k_2}{k_{s+1}}\boldsymbol{\alpha}_2-\cdots-\frac{k_s}{k_{s+1}}\boldsymbol{\alpha}_s,$$

即 $\boldsymbol{\beta}$ 可由 $\boldsymbol{\alpha}_1,\boldsymbol{\alpha}_2,\cdots,\boldsymbol{\alpha}_s$ 线性表示.

下面证明其表示法唯一. 若 $\boldsymbol{\beta}$ 有两种表示法：

$$\begin{aligned}\boldsymbol{\beta}&=k_1\boldsymbol{\alpha}_1+k_2\boldsymbol{\alpha}_2+\cdots+k_s\boldsymbol{\alpha}_s\\&=l_1\boldsymbol{\alpha}_1+l_2\boldsymbol{\alpha}_2+\cdots+l_s\boldsymbol{\alpha}_s,\end{aligned}$$

则

$$(k_1-l_1)\boldsymbol{\alpha}_1+(k_2-l_2)\boldsymbol{\alpha}_2+\cdots+(k_s-l_s)\boldsymbol{\alpha}_s=\boldsymbol{O}.$$

因为 $\boldsymbol{\alpha}_1,\boldsymbol{\alpha}_2,\cdots,\boldsymbol{\alpha}_s$ 线性无关，所以

$$k_i=l_i=0(i=1,2,\cdots,n),$$

故 $\boldsymbol{\beta}$ 的表示法唯一.

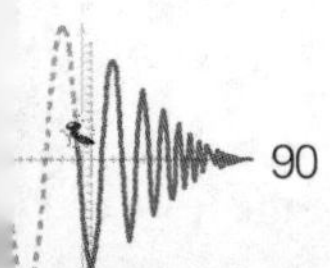

§3.4　极大无关组与向量组的秩

若向量组中至少有一个非零向量，我们称这个向量组为非零向量组.

当一个非零向量组 $\boldsymbol{\alpha}_1,\boldsymbol{\alpha}_2,\cdots,\boldsymbol{\alpha}_s$ 线性相关时，则由定理3.3.2知，至少有一向量(不妨设 $\boldsymbol{\alpha}_s$)，它可由 $\boldsymbol{\alpha}_1,\boldsymbol{\alpha}_2,\cdots,\boldsymbol{\alpha}_{s-1}$ 线性表示，这样 $\boldsymbol{\alpha}_s$ 就是一个“多余”的向量，在讨论 $\boldsymbol{\alpha}_1,\boldsymbol{\alpha}_2,\cdots,\boldsymbol{\alpha}_s$ 的线性相关性时，我们可以剔除这个多余的向量，只要讨论 $\boldsymbol{\alpha}_1,\boldsymbol{\alpha}_2,\cdots,\boldsymbol{\alpha}_{s-1}$ 的线性相关性即可. 同样 $\boldsymbol{\alpha}_1,\boldsymbol{\alpha}_2,\cdots,\boldsymbol{\alpha}_{s-1}$ 也可能有这种多余向量(不妨设 $\boldsymbol{\alpha}_{s-1}$)，我们再剔除它，去讨论 $\boldsymbol{\alpha}_1,\boldsymbol{\alpha}_2,\cdots,\boldsymbol{\alpha}_{s-2}$ 的线性相关性，一直如此做下去，我们就会得到这样的一个部分向量组，它是线性无关的，并且原向量组可由这个部分组线性表示. 这样的部分组，我们称之为原向量组的一个极大线性无关组.

定义 3.4.1　若向量组 $\boldsymbol{\alpha}_1,\boldsymbol{\alpha}_2,\cdots,\boldsymbol{\alpha}_s$ 的一个部分组 $\boldsymbol{\alpha}_{i_1},\boldsymbol{\alpha}_{i_2},\cdots,\boldsymbol{\alpha}_{i_r}$ 满足以下两个条件：

(1) $\boldsymbol{\alpha}_{i_1},\boldsymbol{\alpha}_{i_2},\cdots,\boldsymbol{\alpha}_{i_r}$ 线性无关，

(2) 在该部分组的基础上再任意添加一个向量 $\boldsymbol{\alpha}_j(1\leqslant j\leqslant s)$，所得向量组 $\boldsymbol{\alpha}_{i_1},\boldsymbol{\alpha}_{i_2},\cdots,\boldsymbol{\alpha}_{i_r},\boldsymbol{\alpha}_j$ 是线性相关的，

则称该部分组 $\boldsymbol{\alpha}_{i_1},\boldsymbol{\alpha}_{i_2},\cdots,\boldsymbol{\alpha}_{i_r}$ 为原向量组 $\boldsymbol{\alpha}_1,\boldsymbol{\alpha}_2,\cdots,\boldsymbol{\alpha}_s$ 的一个极大线性无关部分组，简称极大无关组.

以下四点是读者在理解极大无关组的概念时要值得关注的：

(1) 极大无关组中的“极大”指的是在极大无关组中再添加一个向量就线性相关，因此一个向量组的极大无关组指的是该向量组中所有线性无关部分组中所含的向量个数最多的那一个.

(2) 线性无关向量组的极大无关组只有一个，就是其本身.

(3) 一个非零向量组一定存在极大无关组，但不一定唯一.

例如 $\boldsymbol{\alpha}_1=(1,-1,1)^{\mathrm{T}},\boldsymbol{\alpha}_2=(1,0,1)^{\mathrm{T}},\boldsymbol{\alpha}_3=(2,-1,2)^{\mathrm{T}}$，显然 $\{\boldsymbol{\alpha}_1,\boldsymbol{\alpha}_2\}$，$\{\boldsymbol{\alpha}_2,\boldsymbol{\alpha}_3\}$ 和 $\{\boldsymbol{\alpha}_1,\boldsymbol{\alpha}_3\}$ 均为 $\{\boldsymbol{\alpha}_1,\boldsymbol{\alpha}_2,\boldsymbol{\alpha}_3\}$ 的极大无关组.

(4) 向量组一定与它的极大无关组等价，因此向量组的任意两个极大无关组也一定是等价的.

向量组的极大无关组不一定唯一，但一个向量组中的任意两个极大无关组(若存在的话)所含的向量个数是唯一的，要说明这一事实，我们需要下面非常重要的定理作为依据.

定理 3.4.1　设 $\boldsymbol{\alpha}_1,\boldsymbol{\alpha}_2,\cdots,\boldsymbol{\alpha}_r$ 与 $\boldsymbol{\beta}_1,\boldsymbol{\beta}_2,\cdots,\boldsymbol{\beta}_s$ 是两个向量组，若

(1) 向量组 $\boldsymbol{\alpha}_1,\boldsymbol{\alpha}_2,\cdots,\boldsymbol{\alpha}_r$ 可以由 $\boldsymbol{\beta}_1,\boldsymbol{\beta}_2,\cdots,\boldsymbol{\beta}_s$ 线性表示,

(2) $r>s$,

那么向量组 $\boldsymbol{\alpha}_1,\boldsymbol{\alpha}_2,\cdots,\boldsymbol{\alpha}_r$ 线性相关.

口诀:以少表多,多者相关.

该定理的证明要利用已知条件去构造一个线性方程组,并去找该方程组的一个非零解,来说明向量组是线性相关的,这里不再详述.

该定理的逆否命题有时更有用,我们用推论 3.4.1 来表述.

推论 3.4.1 若向量组 $\boldsymbol{\alpha}_1,\boldsymbol{\alpha}_2,\cdots,\boldsymbol{\alpha}_r$ 可经向量组 $\boldsymbol{\beta}_1,\boldsymbol{\beta}_2,\cdots,\boldsymbol{\beta}_s$ 线性表示,且 $\boldsymbol{\alpha}_1,\boldsymbol{\alpha}_2,\cdots,\boldsymbol{\alpha}_r$ 线性无关,则 $r\leqslant s$.

推论 3.4.2 任意 $n+1$ 个 n 维向量必线性相关.

证明:任意 $n+1$ 个 n 维向量 $\boldsymbol{\alpha}_1,\boldsymbol{\alpha}_2,\cdots,\boldsymbol{\alpha}_{n+1}$ 都可由 n 维基本单位向量组 $\boldsymbol{\varepsilon}_1,\boldsymbol{\varepsilon}_2,\cdots,\boldsymbol{\varepsilon}_n$ 线性表示,由定理 3.4.1 立得,$\boldsymbol{\alpha}_1,\boldsymbol{\alpha}_2,\cdots,\boldsymbol{\alpha}_{n+1}$ 线性相关.

推论 3.4.2 告诉我们,在所有 n 维向量中,线性无关向量个数不超过 n 个.

推论 3.4.3 一个向量组的任意两个极大无关组所含向量个数相同.

证明:设向量组$\{\boldsymbol{\alpha}_1,\boldsymbol{\alpha}_2,\cdots,\boldsymbol{\alpha}_s\}$(Ⅰ)中有两个极大无关组:

$$\{\boldsymbol{\alpha}_{i_1},\boldsymbol{\alpha}_{i_2},\cdots,\boldsymbol{\alpha}_{i_{r_1}}\}(\text{Ⅱ})\text{ 和 }\{\boldsymbol{\alpha}_{j_1},\boldsymbol{\alpha}_{j_2},\cdots,\boldsymbol{\alpha}_{j_{r_2}}\}(\text{Ⅲ}),$$

因为向量组(Ⅰ)与(Ⅱ)等价,(Ⅰ)与(Ⅲ)等价,所以向量组(Ⅱ)与(Ⅲ)也等价,利用向量组(Ⅱ)与(Ⅲ)的线性无关性,由推论 3.3.1 立得 $r_1=r_2$.

推论 3.4.3 的结论告诉我们,下面所定义的向量组的秩是不会被引起歧义的.

定义 3.4.2 非零向量组的任一个极大无关组所含的向量个数称为该向量组的秩.特别地,规定全是零向量的向量组的秩为零.

推论 3.4.4 等价向量组有相同的秩.

该推论的证明方法与推论 3.4.3 的证明是类同的,请读者自行完成.

思考题:请举一反例说明,秩相同的两个同维向量组未必是等价的.

如何求已知向量组的极大无关组和它的秩,若用本节开头介绍的方法实在是太繁琐了,以下用矩阵初等变换的方法或许是较为简便的,其计算步骤如下:

已知列向量组 $\boldsymbol{\alpha}_1,\boldsymbol{\alpha}_2,\cdots,\boldsymbol{\alpha}_s$(若给出的是行向量组则要转置成列向量组),

第一步:构造矩阵 $\boldsymbol{A}=(\boldsymbol{\alpha}_1,\boldsymbol{\alpha}_2,\cdots,\boldsymbol{\alpha}_n)$.

第二步:对 $\boldsymbol{A}$ 作初等行变换化为简化的阶梯形矩阵 $\boldsymbol{B}$,将 $\boldsymbol{B}$ 按列分块:

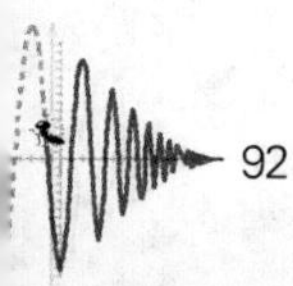

$$\boldsymbol{B}=(\boldsymbol{\beta}_1,\boldsymbol{\beta}_2,\cdots,\boldsymbol{\beta}_n).$$

可以证明：$\boldsymbol{A}$ 的列向量组中的任一部分组$\{\boldsymbol{\alpha}_{i_1},\boldsymbol{\alpha}_{i_2},\cdots,\boldsymbol{\alpha}_{i_t}\}$与 $\boldsymbol{B}$ 的列向量组中的有相同足标的部分组$\{\boldsymbol{\beta}_{i_1},\boldsymbol{\beta}_{i_2},\cdots,\boldsymbol{\beta}_{i_t}\}$有相同的线性关系，即

$$k_{i_1}\boldsymbol{\alpha}_{i_1}+k_{i_2}\boldsymbol{\alpha}_{i_2}+\cdots+k_{i_t}\boldsymbol{\alpha}_{i_t}=\boldsymbol{O}\text{ 当且仅当 }k_{i_1}\boldsymbol{\beta}_{i_1}+k_{i_2}\boldsymbol{\beta}_{i_2}+\cdots+k_{i_t}\boldsymbol{\beta}_{i_t}=\boldsymbol{O}.$$

第三步：显然，$\boldsymbol{B}$ 的列向量组中的所有不同的基本单位向量，不妨设为$\{\boldsymbol{\beta}_1,\boldsymbol{\beta}_2,\cdots,\boldsymbol{\beta}_r\}$，它就是 $\boldsymbol{B}$ 的列向量组的一个极大无关组，因此，$\{\boldsymbol{\alpha}_1,\boldsymbol{\alpha}_2,\cdots,\boldsymbol{\alpha}_r\}$就是向量组$\{\boldsymbol{\alpha}_1,\boldsymbol{\alpha}_2,\cdots,\boldsymbol{\alpha}_s\}$的一个极大无关组，它的秩为 r.

进一步，若有

$$\boldsymbol{\beta}_j=k_{j1}\boldsymbol{\beta}_1+k_{j2}\boldsymbol{\beta}_2+\cdots+k_{jr}\boldsymbol{\beta}_r(j=r+1,r+2,\cdots,s),$$

则也有

$$\boldsymbol{\alpha}_j=k_{j1}\boldsymbol{\alpha}_1+k_{j2}\boldsymbol{\alpha}_2+\cdots+k_{jr}\boldsymbol{\alpha}_r(j=r+1,r+2,\cdots,s).$$

例 3.4.1　求向量组 $\boldsymbol{\alpha}_1=(1,2,-1,4)^{\mathrm{T}},\boldsymbol{\alpha}_2=(9,100,10,4)^{\mathrm{T}},\boldsymbol{\alpha}_3=(-2,-4,2,-8)^{\mathrm{T}},\boldsymbol{\alpha}_4=(1,2,3,4)^{\mathrm{T}}$ 的秩及一个极大无关组，并将其余向量用极大线性无关组线性表示.

解：构造矩阵 $\boldsymbol{B}$，并对 $\boldsymbol{B}$ 作初等行变换，化为简化的阶梯形矩阵：

$$\begin{aligned}\boldsymbol{B}&=(\boldsymbol{\alpha}_1,\boldsymbol{\alpha}_2,\boldsymbol{\alpha}_3,\boldsymbol{\alpha}_4)\\&=\begin{pmatrix}1&9&-2&1\\2&100&-4&2\\-1&10&2&3\\4&4&-8&4\end{pmatrix}\to\begin{pmatrix}1&0&-2&0\\0&1&0&0\\0&0&0&1\\0&0&0&0\end{pmatrix}\\&=(\boldsymbol{\beta}_1,\boldsymbol{\beta}_2,\boldsymbol{\beta}_3,\boldsymbol{\beta}_4).\end{aligned}$$

显然，$\boldsymbol{\beta}_1,\boldsymbol{\beta}_2,\boldsymbol{\beta}_4$ 线性无关，$\boldsymbol{\beta}_3=-2\boldsymbol{\beta}_1$，因此 $\boldsymbol{\beta}_1,\boldsymbol{\beta}_2,\boldsymbol{\beta}_4$ 是 $\boldsymbol{\beta}_1,\boldsymbol{\beta}_2,\boldsymbol{\beta}_3,\boldsymbol{\beta}_4$ 的一个极大无关组. 故 $\boldsymbol{\alpha}_1,\boldsymbol{\alpha}_2,\boldsymbol{\alpha}_4$ 是 $\boldsymbol{\alpha}_1,\boldsymbol{\alpha}_2,\boldsymbol{\alpha}_3,\boldsymbol{\alpha}_4$ 的一个极大无关组，它的秩为 3，并且 $\boldsymbol{\alpha}_3=-2\boldsymbol{\alpha}_1$.

最后我们考虑矩阵秩的几何意义.

若将一个 $m\times n$ 矩阵 $\boldsymbol{A}$ 分别按行按列分块：

$$\boldsymbol{A}=\begin{pmatrix}\boldsymbol{\alpha}_1\\\boldsymbol{\alpha}_2\\\vdots\\\boldsymbol{\alpha}_m\end{pmatrix}=(\boldsymbol{\beta}_1,\boldsymbol{\beta}_2,\cdots,\boldsymbol{\beta}_n),$$

则 $\boldsymbol{A}$ 含有 m 个 n 维向量的行向量组 $\{\boldsymbol{\alpha}_1,\boldsymbol{\alpha}_2,\cdots,\boldsymbol{\alpha}_m\}$ 和含有 n 个 m 维向量的列向量组 $\{\boldsymbol{\beta}_1,\boldsymbol{\beta}_2,\cdots,\boldsymbol{\beta}_n\}$.

向量组有秩的概念，自然地，一个矩阵 $\boldsymbol{A}$ 的行秩我们就定义为它的行向量组的秩，$\boldsymbol{A}$ 的列秩就定义为它的列向量组的秩.

非常奇妙的是，一个矩阵的行向量和列向量虽然它们的维数有可能不同，向量的个数也可能不同，当然它们的表达形式也不一样，但是它的行秩与列秩是相同的；不仅如此，它们还和该矩阵的秩是相同的. 这就是所谓矩阵秩的几何意义，我们用下列定理来表达.

定理 3.4.2 设 A 是任一个矩阵，则

$$A\text{ 的行秩} = A\text{ 的列秩} = A\text{ 的秩}.$$

推论 3.4.5 设向量组 $\boldsymbol{\alpha}_1,\boldsymbol{\alpha}_2,\cdots,\boldsymbol{\alpha}_s$，矩阵 $\boldsymbol{A}=(\boldsymbol{\alpha}_1,\boldsymbol{\alpha}_2,\cdots,\boldsymbol{\alpha}_s)$，则 $\boldsymbol{\alpha}_1,\boldsymbol{\alpha}_2,\cdots,\boldsymbol{\alpha}_s$ 线性相关的充要条件是秩$(\boldsymbol{A})<s$.

推论 3.4.5 告诉我们，可通过求矩阵秩的方法来判断一组已知向量的线性相关性.

例 3.4.2 设 $\boldsymbol{\alpha}_1=(1,-1,1,1)^{\mathrm{T}},\boldsymbol{\alpha}_2=(1,0,1,0)^{\mathrm{T}},\boldsymbol{\alpha}_3=(2,-1,2,t)^{\mathrm{T}}$，问 t 取何值的时候，向量组 $\boldsymbol{\alpha}_1,\boldsymbol{\alpha}_2,\boldsymbol{\alpha}_3$ 线性相关?

解：构造矩阵：$\boldsymbol{A}=(\boldsymbol{\alpha}_1,\boldsymbol{\alpha}_2,\boldsymbol{\alpha}_3)=\begin{pmatrix}1&1&2\\-1&0&-1\\1&1&2\\1&0&t\end{pmatrix}$，将 $\boldsymbol{A}$ 用初等变换化为阶梯形矩阵：

$$\boldsymbol{A}\to\begin{pmatrix}1&1&2\\0&1&1\\0&0&t-1\\0&0&0\end{pmatrix}.$$

要使 $\boldsymbol{\alpha}_1,\boldsymbol{\alpha}_2,\boldsymbol{\alpha}_3$ 线性相关，必须秩$(\boldsymbol{A})<3$，显然当 $t=1$ 时，秩$(\boldsymbol{A})=2<3$，故当 $t=1$ 时，$\boldsymbol{\alpha}_1,\boldsymbol{\alpha}_2,\boldsymbol{\alpha}_3$ 线性相关.

§3.5　线性方程组解的结构

由于要将向量的理论应用到线性方程组中去，因此，方程组的解今后习惯都用向量来表示.

例如，若 $x_i=k_i(i=1,2,\cdots,n)$ 为 n 元线性方程组 $\boldsymbol{AX}=\boldsymbol{\beta}$ 的一个解，作 n 维向量 $\boldsymbol{\xi}=(k_1,k_2,\cdots,k_n)^{\mathrm{T}}$，显然满足 $\boldsymbol{A\xi}=\boldsymbol{\beta}$，则称 $\boldsymbol{\xi}$ 为方程组 $\boldsymbol{AX}=\boldsymbol{\beta}$ 的一个解向量，简称一个解.

当一个线性方程组有无穷多个解时，我们能否用有限多个解来把握所有的解，这就是我们本节要讨论的线性方程组解的结构问题.

我们先研究最简单的情形，即所谓齐次线性方程组解的结构.

命题 3.5.1　设 $\boldsymbol{\xi},\boldsymbol{\eta}$ 均为 n 元齐次线性方程组 $\boldsymbol{AX}=\boldsymbol{O}$ 的解，k 是一个数，则

(1) $\boldsymbol{\xi}+\boldsymbol{\eta}$ 也是 $\boldsymbol{AX}=\boldsymbol{O}$ 的解；

(2) $k\boldsymbol{\xi}$ 也是 $\boldsymbol{AX}=\boldsymbol{O}$ 的解.

证明：由 $\boldsymbol{\xi},\boldsymbol{\eta}$ 均为方程组 $\boldsymbol{AX}=\boldsymbol{O}$ 的解知，$\boldsymbol{A\xi}=\boldsymbol{O}$，$\boldsymbol{A\eta}=\boldsymbol{O}$，于是

$$\boldsymbol{A}(\boldsymbol{\xi}+\boldsymbol{\eta})=\boldsymbol{A\xi}+\boldsymbol{A\eta}=\boldsymbol{O}+\boldsymbol{O}=\boldsymbol{O},\boldsymbol{A}(k\boldsymbol{\xi})=k\boldsymbol{A\xi}=k\boldsymbol{O}=\boldsymbol{O},$$

故 $\boldsymbol{\xi}+\boldsymbol{\eta}$ 和 $k\boldsymbol{\xi}$ 均为 $\boldsymbol{AX}=\boldsymbol{O}$ 的解.

由线性方程组有解判别定理(定理 3.1.1)，我们立得：

定理 3.5.1　n 元齐次线性方程组 $\boldsymbol{AX}=\boldsymbol{O}$ 有非零解的充要条件是秩$(\boldsymbol{A})<n$.

当一个齐次线性方程组有非零解时，它的解能否用有限个解表示？这有限个解要满足什么样的条件？这就需要引入齐次线性方程组的基础解系的概念.

定义 3.5.1　设 $\boldsymbol{\eta}_1,\boldsymbol{\eta}_2,\cdots,\boldsymbol{\eta}_t$ 为齐次线性方程组 $\boldsymbol{AX}=\boldsymbol{O}$ 的一组解，如果

(1) $\boldsymbol{\eta}_1,\boldsymbol{\eta}_2,\cdots,\boldsymbol{\eta}_t$ 线性无关，

(2) 方程组 $\boldsymbol{AX}=\boldsymbol{O}$ 的任一个解都能表示成 $\boldsymbol{\eta}_1,\boldsymbol{\eta}_2,\cdots,\boldsymbol{\eta}_t$ 的线性组合，

则称 $\boldsymbol{\eta}_1,\boldsymbol{\eta}_2,\cdots,\boldsymbol{\eta}_t$ 为方程组 $\boldsymbol{AX}=\boldsymbol{O}$ 的一个基础解系.

与一般向量组的极大无关组的定义相比较，不难发现，齐次线性方程组的基础解系可以视为它的解集合的一个“极大线性无关组”. 要说两者有区别，只不过是前者定义在一个有限集合上，后者定义在一个无限集合上.

齐次线性方程组的基础解系在它的解集中起到了一个“结构”的作用，它将一个“无限”(一般解集是无限集合)问题的研究转化为一个“有限”(基础解

系为一个有限集合)问题的研究,这在数字研究中是一件非常有意义的事情.

基础解系定义告诉我们,若已知齐次线性方程组 $\boldsymbol{AX}=\boldsymbol{O}$ 的一个基础解系为 $\boldsymbol{\eta}_1,\boldsymbol{\eta}_2,\cdots,\boldsymbol{\eta}_t$,那么该方程组解的结构也就清楚了,即齐次线性方程组 $\boldsymbol{AX}=\boldsymbol{O}$ 的全部解(也称通解)为

$$\boldsymbol{X}=k_1\boldsymbol{\eta}_1+k_2\boldsymbol{\eta}_2+\cdots+k_t\boldsymbol{\eta}_t,\quad \text{其中 } k_1,k_2,\cdots,k_t \text{ 为一组任意数.} \tag{3.5.1}$$

因此,表达式(3.5.1)就是齐次线性方程组 $\boldsymbol{AX}=\boldsymbol{O}$ 解的结构表达式.

一个齐次线性方程组的基础解系既然这么重要,那么它何时存在?若存在又怎样去获得?

下面的定理和它的证明告诉了我们求齐次线性方程组的基础解系很好的一个方法.

定理 3.5.2 设 n 元齐次线性方程组 $\boldsymbol{AX}=\boldsymbol{O}$,若秩$(\boldsymbol{A})<n$,则方程组 $\boldsymbol{AX}=\boldsymbol{O}$ 必有基础解系,且它的任一基础解系所含解向量的个数均为 $n-$秩$(\boldsymbol{A})$.

证明:对系数矩阵 $\boldsymbol{A}$ 作初等行变换化为阶梯形矩阵 $\boldsymbol{U}$,不妨设

$$\boldsymbol{U}=\begin{pmatrix} 1 & 0 & \cdots & 0 & c_{1r+1} & c_{1r+2} & \cdots & c_{1n} \\ 0 & 1 & \cdots & 0 & c_{2r+1} & c_{2r+2} & \cdots & c_{2n} \\ \vdots & \vdots & & \vdots & \vdots & \vdots & & \vdots \\ 0 & 0 & \cdots & 1 & c_{rr+1} & c_{rr+2} & \cdots & c_{rn} \\ 0 & 0 & \cdots & 0 & 0 & \cdots & 0 & 0 \\ 0 & 0 & \cdots & 0 & 0 & \cdots & 0 & 0 \\ \vdots & \vdots & & \vdots & \vdots & & \vdots & \vdots \\ 0 & 0 & \cdots & 0 & 0 & \cdots & 0 & 0 \end{pmatrix},$$

其中 $r=$秩$(\boldsymbol{A})$.

于是原方程组与以 $\boldsymbol{U}$ 为系数矩阵的齐次线性方程组

$$\begin{cases} x_1+c_{1r+1}x_{r+1}+\cdots+c_{1n}x_n=d_1 \\ x_2+c_{2r+1}x_{r+1}+\cdots+c_{2n}x_n=d_2 \\ \qquad\qquad\vdots \\ x_r+c_{rr+1}x_{r+1}+\cdots+c_{rn}x_n=d_r \end{cases}$$

是同解的.

因为秩$(\boldsymbol{A})<n$,所以原方程组有无穷多解,其一般解为

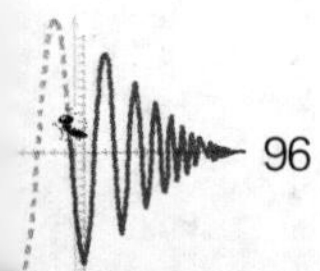

$$\begin{cases} x_1 = d_1 - c_{1r+1}x_{r+1} - \cdots - c_{1n}x_n \\ x_2 = d_2 - c_{2r+1}x_{r+1} - \cdots - c_{2n}x_n \\ \qquad\vdots \\ x_r = d_r - c_{rr+1}x_{r+1} - \cdots - c_{rn}x_n \end{cases},$$

其中 $x_{r+1},x_{r+2},\cdots,x_n$ 是自由未知量.

现分别令 $(x_{r+1},x_{r+2},\cdots,x_n)^{\mathrm{T}}=(1,0,\cdots,0)^{\mathrm{T}}$, $(0,1,0,\cdots,0)^{\mathrm{T}}$, $\cdots$, $(0,\cdots,0,1)^{\mathrm{T}}$,即可得原方程组的 $n-r$ 个解:

$$\begin{cases} \boldsymbol{\eta}_1 = (-c_{1r+1},\cdots,-c_{1n},1,0,\cdots,0)^{\mathrm{T}} \\ \boldsymbol{\eta}_2 = (-c_{2r+1},\cdots,-c_{2n},0,1,\cdots,0)^{\mathrm{T}} \\ \qquad\vdots \\ \boldsymbol{\eta}_{n-r} = (-c_{rr+1},\cdots,-c_{rn},0,\cdots,0,1)^{\mathrm{T}} \end{cases}.$$

我们可以证明 $\boldsymbol{\eta}_1,\boldsymbol{\eta}_2,\cdots,\boldsymbol{\eta}_{n-r}$ 是原方程组一个基础解系,且它的任意两个基础解系所含向量的个数均为 $n-$秩$(\boldsymbol{A})$.(其证明留给读者完成)

从上述定理的证明可知,齐次线性方程组的基础解系所含向量的个数与该方程组的一般解中的自由未知量个数相同,其基础解系就是从它的一般解中的自由未知量分别取一组特别的数所确定的线性无关的解,因此,齐次线性方程组的基础解系是不唯一的.

例 3.5.1　求齐次线性方程组 $\begin{cases} x_1 - x_2 + 5x_3 - x_4 = 0 \\ x_1 + x_2 - 2x_3 + 3x_4 = 0 \\ 3x_1 - x_2 + 8x_3 + x_4 = 0 \\ x_1 + 3x_2 - 9x_3 + 7x_4 = 0 \end{cases}$ 的一个基础解系及全部解.

解:对方程组的系数矩阵

$$\boldsymbol{A} = \begin{pmatrix} 1 & -1 & 5 & -1 \\ 1 & 1 & -2 & 3 \\ 3 & -1 & 8 & 1 \\ 1 & 3 & -9 & 7 \end{pmatrix}$$

作初等行变换,化为简化的阶梯形矩阵

$$U=\begin{pmatrix}1 & 0 & \frac{3}{2} & 1\\ 0 & 1 & -\frac{7}{2} & 2\\ 0 & 0 & 0 & 0\\ 0 & 0 & 0 & 0\end{pmatrix},$$

于是原方程组与系数矩阵的方程组

$$\begin{cases}x_1+\frac{3}{2}x_3+x_4=0\\ x_2-\frac{7}{2}x_3+2x_4=0\end{cases}$$

是同解的.

因为秩$(\boldsymbol{A})=2<4$,所以方程组有非零解,其一般解为:

$$\begin{cases}x_1=-\frac{3}{2}x_3-x_4\\ x_2=\frac{7}{2}x_3-2x_4\end{cases},$$

其中 x_3,x_4 为自由未知量.

令 $x_3=2,x_4=0$,得一解 $\boldsymbol{\eta}_1=(-3,7,2,0)^{\mathrm{T}}$;

令 $x_3=0,x_4=1$,得一解 $\boldsymbol{\eta}_2=(-1,-2,0,1)^{\mathrm{T}}$.

于是,$\boldsymbol{\eta}_1,\boldsymbol{\eta}_2$ 是方程组的一个基础解系,它的全部解为

$$\boldsymbol{X}=k_1\boldsymbol{\eta}_1+k_2\boldsymbol{\eta}_2,$$

其中 k_1,k_2 为一组任意数.

例 3.5.2 若 $\boldsymbol{\eta}_1,\boldsymbol{\eta}_2,\boldsymbol{\eta}_3$ 是齐次线性方程组 $\boldsymbol{AX}=\boldsymbol{O}$ 的一个基础解系,证明 $\boldsymbol{\eta}_1+2\boldsymbol{\eta}_2,\boldsymbol{\eta}_2+2\boldsymbol{\eta}_3,\boldsymbol{\eta}_3+2\boldsymbol{\eta}_1$ 也是它的基础解系.

证明:先证 $\boldsymbol{\eta}_1+2\boldsymbol{\eta}_2,\boldsymbol{\eta}_2+2\boldsymbol{\eta}_3,\boldsymbol{\eta}_3+2\boldsymbol{\eta}_1$ 都是方程组 $\boldsymbol{AX}=\boldsymbol{O}$ 的解.

由已知得,$\boldsymbol{A\eta}_1=\boldsymbol{O},\boldsymbol{A\eta}_2=\boldsymbol{O},\boldsymbol{A\eta}_3=\boldsymbol{O}$,于是

$$\boldsymbol{A}(\boldsymbol{\eta}_1+\boldsymbol{\eta}_2)=\boldsymbol{A\eta}_1+\boldsymbol{A\eta}_2=\boldsymbol{O}+\boldsymbol{O}=\boldsymbol{O},$$

同理

$$\boldsymbol{A}(\boldsymbol{\eta}_2+2\boldsymbol{\eta}_3)=\boldsymbol{O},\boldsymbol{A}(\boldsymbol{\eta}_3+2\boldsymbol{\eta}_1)=\boldsymbol{O},$$

所以 $\boldsymbol{\eta}_1+2\boldsymbol{\eta}_2,\boldsymbol{\eta}_2+2\boldsymbol{\eta}_3,\boldsymbol{\eta}_3+2\boldsymbol{\eta}_1$ 都是 $\boldsymbol{AX}=\boldsymbol{O}$ 的解.

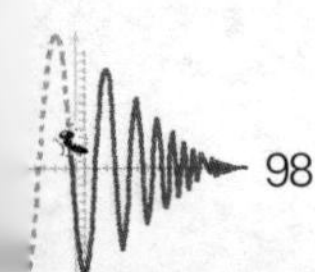

已知 $\boldsymbol{\eta}_1,\boldsymbol{\eta}_2,\boldsymbol{\eta}_3$ 是 $\boldsymbol{AX}=\boldsymbol{O}$ 的一个基础解系，于是该方程组的其他基础解系也只含有3个向量，所以要证明 $\boldsymbol{\eta}_1+2\boldsymbol{\eta}_2,\boldsymbol{\eta}_2+2\boldsymbol{\eta}_3,\boldsymbol{\eta}_3+2\boldsymbol{\eta}_1$ 是基础解系，我们只要证明它们线性无关即可.设

$$k_1(\boldsymbol{\eta}_1+2\boldsymbol{\eta}_2)+k_2(\boldsymbol{\eta}_2+2\boldsymbol{\eta}_3)+k_3(\boldsymbol{\eta}_3+2\boldsymbol{\eta}_1)=\boldsymbol{O},$$

整理得

$$(k_1+2k_3)\boldsymbol{\eta}_1+(2k_1+k_2)\boldsymbol{\eta}_2+(2k_2+k_3)\boldsymbol{\eta}_3=\boldsymbol{O}.$$

因为 $\boldsymbol{\eta}_1,\boldsymbol{\eta}_2,\boldsymbol{\eta}_3$ 是基础解系，所以它们线性无关，于是

$$k_1+2k_3=0,2k_1+k_2=0,2k_2+k_3=0,$$

解得 $k_1=k_2=k_3=0$，因此 $\boldsymbol{\eta}_1+2\boldsymbol{\eta}_2,\boldsymbol{\eta}_2+2\boldsymbol{\eta}_3,\boldsymbol{\eta}_3+2\boldsymbol{\eta}_1$ 线性无关，故它们是基础解系.

例 3.5.3　设4元齐次线性方程组(Ⅰ)：$\begin{cases}x_1+x_2=0\\x_2-x_4=0\end{cases}$，又已知某线性齐次方程组(Ⅱ)的全部解为 $k_1(0,1,1,0)^{\mathrm{T}}+k_2(-1,2,2,1)^{\mathrm{T}}$，其中 k_1,k_2 为一组任意数.

(1) 求齐次线性方程组(Ⅰ)的基础解系；

(2) 问线性方程组(Ⅰ)和(Ⅱ)是否有非零公共解？若有，则求出所有的非零公共解；若没有，则说明理由.

解：(1)容易求得线性方程组(Ⅰ)的基础解系为(0,0,1,0)，(−1,1,0,1)，于是(Ⅰ)的全部解为 $X=k_3(0,0,1,0)+k_4(-1,1,01)$，其中 k_3,k_4 为一组任意数.

(2)令

$$k_1(0,1,1,0)+k_2(-1,2,2,1)=k_3(0,0,1,0)+k_4(-1,1,01),$$

两边比较得

$$\begin{cases}k_2=k_4\\k_1+2k_2=k_4\\k_1+2k_2=k_3\\k_2=k_4\end{cases}$$

解得 $k_1=-k_2=-k_3=-k_4$，故(Ⅰ)和(Ⅱ)有公共的非零解，且所有公共非零解为 $k(-1,1,1,1)^{\mathrm{T}}$，其中 k 为任意非零数.

我们最后研究非齐次线性方程组解的结构.

定义 3.5.2　称 n 元齐次线性方程组 $\boldsymbol{AX}=\boldsymbol{O}$ 为 n 元非齐次线性方程组

$\boldsymbol{AX}=\boldsymbol{\beta}$ 的导出方程组,简称导出组.

命题 3.5.2 设 n 元非齐次线性方程组 $\boldsymbol{AX}=\boldsymbol{\beta}$,

(1) 若 $\boldsymbol{\xi}_1,\boldsymbol{\xi}_2$ 均为 $\boldsymbol{AX}=\boldsymbol{\beta}$ 的解,则 $\boldsymbol{\xi}_1-\boldsymbol{\xi}_2$ 是它的导出组 $\boldsymbol{AX}=\boldsymbol{O}$ 的解;

(2) 若 $\boldsymbol{\xi}$ 为 $\boldsymbol{AX}=\boldsymbol{\beta}$ 的一个解,$\boldsymbol{\eta}$ 为它的导出组 $\boldsymbol{AX}=\boldsymbol{O}$ 的一个解,则 $\boldsymbol{\xi}+\boldsymbol{\eta}$ 是 $\boldsymbol{AX}=\boldsymbol{\beta}$ 的一个解.

证明:(1) 由已知得:$\boldsymbol{A\xi}_1=\boldsymbol{\beta},\boldsymbol{A\xi}_2=\boldsymbol{\beta}$,因为

$$\boldsymbol{A}(\boldsymbol{\xi}_1-\boldsymbol{\xi}_2)=\boldsymbol{A\xi}_1-\boldsymbol{A\xi}_2=\boldsymbol{\beta}-\boldsymbol{\beta}=\boldsymbol{O},$$

所以 $\boldsymbol{\xi}_1-\boldsymbol{\xi}_2$ 是 $\boldsymbol{AX}=\boldsymbol{O}$ 的解.

(2) 由已知得:$\boldsymbol{A\xi}=\boldsymbol{\beta},\boldsymbol{A\eta}=\boldsymbol{O}$,因为

$$\boldsymbol{A}(\boldsymbol{\xi}+\boldsymbol{\eta})=\boldsymbol{A\xi}+\boldsymbol{A\eta}=\boldsymbol{\beta}+\boldsymbol{O}=\boldsymbol{\beta},$$

所以 $\boldsymbol{\xi}+\boldsymbol{\eta}$ 是 $\boldsymbol{AX}=\boldsymbol{\beta}$ 的一个解.

思考题:若 $\boldsymbol{\xi}_1,\boldsymbol{\xi}_2$ 为非齐次线性方程组 $\boldsymbol{AX}=\boldsymbol{\beta}$ 的两个解,则 $\boldsymbol{\xi}_1+\boldsymbol{\xi}_2$ 是哪一个非齐次方程组的解?$k\boldsymbol{\xi}_1$(k 是一个数)又是哪一个非齐次方程组的解?

命题 3.5.2 告诉我们,若已求得非齐次线性方程组 $\boldsymbol{AX}=\boldsymbol{\beta}$ 的一个解 $\boldsymbol{\gamma}_0$,则对于它的任一个解 $\boldsymbol{X}$,$\boldsymbol{X}-\boldsymbol{\gamma}_0$ 就是其导出组 $\boldsymbol{AX}=\boldsymbol{O}$ 的一个解,于是 $\boldsymbol{X}-\boldsymbol{\gamma}_0$ 可由其导出组的一个基础解系 $\boldsymbol{\eta}_1,\boldsymbol{\eta}_2,\cdots,\boldsymbol{\eta}_t$ 线性表示,故非齐次线性方程组 $\boldsymbol{AX}=\boldsymbol{\beta}$ 的全部解(或称通解)为

$$\boldsymbol{X}=\boldsymbol{\gamma}_0+k_1\boldsymbol{\eta}_1+k_2\boldsymbol{\eta}_2+\cdots+k_t\boldsymbol{\eta}_t,\quad \text{其中 } k_1,k_2,\cdots,k_t \text{ 为一组任意数.} \tag{3.5.2}$$

因此,表达式(3.5.2)就是非齐次线性方程组 $\boldsymbol{AX}=\boldsymbol{\beta}$ 解的结构表达式.

例 3.5.4 设有线性方程组 $\begin{cases}x_1+3x_2+3x_3-2x_4+x_5=3\\2x_1+6x_2+x_3-3x_4=2\\x_1+3x_2-2x_3-x_4-x_5=-1\\3x_1+9x_2+4x_3-5x_4+x_5=5\end{cases}$,试用其中一个特解与其导出方程组的基础解系表出其全部解.

解:对方程组的增广矩阵

$$\boldsymbol{B}=\begin{pmatrix}1&3&3&-2&1&3\\2&6&1&-3&0&2\\1&3&-2&-1&-1&-1\\3&9&4&-5&1&5\end{pmatrix}$$

作初等行变换化为简化的阶梯形矩阵

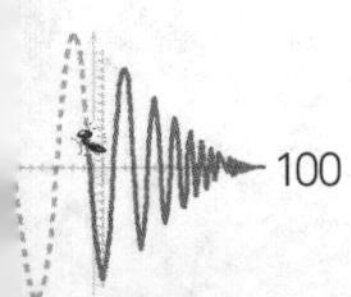

$$\boldsymbol{U}=\begin{pmatrix}1 & 3 & 0 & -\frac{7}{5} & -\frac{1}{5} & \frac{3}{5}\\ 0 & 0 & 1 & -\frac{1}{5} & \frac{2}{5} & \frac{4}{5}\\ 0 & 0 & 0 & 0 & 0 & 0\\ 0 & 0 & 0 & 0 & 0 & 0\end{pmatrix},$$

于是原方程组的一般解为

$$\begin{cases}x_1=\frac{3}{5}-3x_2+\frac{7}{5}x_4+\frac{1}{5}x_5\\ x_3=\frac{4}{5}+\frac{1}{5}x_4-\frac{2}{5}x_5\end{cases},$$

其中 x_2,x_4,x_5 为自由未知量.

令 $x_2=x_4=x_5=0$,得方程组的一个解 $\boldsymbol{\gamma}_0=\left(\frac{3}{5},0,\frac{4}{5},0,0\right)^{\mathrm{T}}$.

显然原方程组的导出组的一般解为

$$\begin{cases}x_1=-3x_2+\frac{7}{5}x_4+\frac{1}{5}x_5\\ x_3=\frac{1}{5}x_4-\frac{2}{5}x_5\end{cases},$$

其中 x_2,x_4,x_5 为自由未知量.

令 $x_2=1,x_4=x_5=0$,得一解 $\boldsymbol{\eta}_1=(-3,1,0,0,0)^{\mathrm{T}}$;

令 $x_2=0,x_4=5,x_5=0$,得一解 $\boldsymbol{\eta}_2=(7,0,1,5,0)^{\mathrm{T}}$;

令 $x_2=0,x_4=0,x_5=5$,得一解 $\boldsymbol{\eta}_3=(1,0,-2,0,5)^{\mathrm{T}}$.

显然,$\boldsymbol{\eta}_1,\boldsymbol{\eta}_2,\boldsymbol{\eta}_3$ 是原方程组的导出组的一个基础解系,故原方程组的全部解为

$$\boldsymbol{X}=\boldsymbol{\gamma}_0+k_1\boldsymbol{\eta}_1+k_2\boldsymbol{\eta}_2+k_3\boldsymbol{\eta}_3,$$

其中 k_1,k_2,k_3 为一组任意数.

例 3.5.5　已知非齐次线性方程组 $\begin{cases}x_1+x_2+x_3+x_4=-1\\ 4x_1+3x_2+5x_3-x_4=-1\\ ax_1+x_2+3x_3+bx_4=1\end{cases}$ 有3个线性无关的解.

(1) 证明方程组系数矩阵 $\boldsymbol{A}$ 的秩为2;

(2) 求 a,b 的值及方程组的全部解.

证明:(1) 设 $\boldsymbol{\alpha}_1,\boldsymbol{\alpha}_2,\boldsymbol{\alpha}_3$ 是已知非齐次线性方程组的三个线性无关的解,则

$$\boldsymbol{\alpha}_1-\boldsymbol{\alpha}_2,\boldsymbol{\alpha}_1-\boldsymbol{\alpha}_3$$

是导出组 $\boldsymbol{AX}=\boldsymbol{O}$ 的两个线性无关的解,于是 $2\leqslant 4-$秩$(\boldsymbol{A})$,即秩$(\boldsymbol{A})\leqslant 2$;

显然,$\boldsymbol{A}$ 有一个 2 阶非零子式 $\begin{vmatrix}1&1\\4&3\end{vmatrix}(=-1)$,因此秩$(\boldsymbol{A})\geqslant 2$,故秩$(\boldsymbol{A})=2$.

(2) 设 $\boldsymbol{B}$ 是非齐次线性方程组的增广矩阵,对 $\boldsymbol{B}$ 作初等行变换如下:

$$\boldsymbol{B}=\begin{pmatrix}1&1&1&1&-1\\4&3&5&-1&-1\\a&1&3&b&1\end{pmatrix}\to\begin{pmatrix}1&0&2&-4&2\\0&1&-1&5&-3\\0&0&4-2a&4a+b-5&4-2a\end{pmatrix}.$$

因为原方程组有解,所以秩$(\boldsymbol{B})=$秩$(\boldsymbol{A})=2$,因此必须满足

$$\begin{cases}4-2a=0\\4a+b-5=0\end{cases},$$

解得 $a=2,b=-3$.

当 $a=2,b=-3$ 时,易求得方程组的全部解为:

$$\boldsymbol{X}=(2,-3,0,0)^{\mathrm{T}}+k_1(-2,1,1,0)^{\mathrm{T}}+k_2(4,-5,0,1)^{\mathrm{T}},$$

其中 k_1,k_2 为一组任意数.

§3.6 线性空间 $\mathbf{R}^n$

正如数学百科辞典所指出,线性代数就是线性空间的理论,因此,线性空间是线性代数研究的最基本对象.在§3.2中我们提出,全体 n 维向量集合 $\mathbf{R}^n$ 是一个线性空间,之所以说它是线性空间,因为在集合 $\mathbf{R}^n$ 上我们定义了一个向量间的加法运算和一个实数与一个向量的数乘运算,并且这两个运算满足八条运算规律.将上述属性推广到抽象集合上去就是一般的线性空间概念,限于篇幅,本书不作介绍,我们只在线性空间 $\mathbf{R}^n$ 中讨论.线性空间中的所涉及的最基本的概念就是子空间、基和维数以及向量的坐标等,下面我们一一给出这些概念.

定义 3.6.1 设 $\boldsymbol{W}$ 是 $\mathbf{R}^n$ 的一个非空子集合,任给 $\boldsymbol{\alpha},\boldsymbol{\beta}\in\boldsymbol{W},k\in\mathbf{R}$,若有

$$\boldsymbol{\alpha}+\boldsymbol{\beta}\in\boldsymbol{W},k\boldsymbol{\alpha}\in\boldsymbol{W},$$

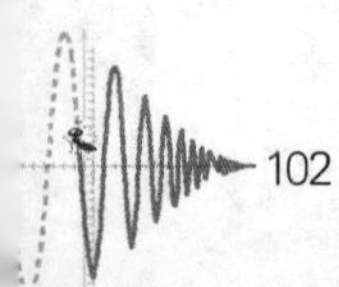

则称 $\boldsymbol{W}$ 是 $\mathbf{R}^n$ 的一个子空间.

显然子空间也是线性空间，在线性空间 $\mathbf{R}^n$ 中有两个平凡子空间，即 $\mathbf{R}^n$ 本身和零空间 $\{\boldsymbol{O}\}$.

在§3.5 中，由命题 3.5.1 知，n 元齐次线性方程组 $\boldsymbol{AX}=\boldsymbol{O}$ 的解集合是 $\mathbf{R}^n$ 的一个子空间，有时候称之为它的解空间.

思考题：n 元非齐次线性方程组 $\boldsymbol{AX}=\boldsymbol{\beta}$ 的解集合是 $\mathbf{R}^n$ 的一个子空间吗？为什么？

线性空间除了零空间外，作为集合它一定为一个无限集合，换句话说，一般有限个向量集合它不能成为线性空间. 因此，在线性空间 $\mathbf{R}^n$ 中需要去寻找包含这个有限向量集合的最小子空间，这就是生成子空间的概念.

定义 3.6.2　设 $\boldsymbol{\alpha}_1,\boldsymbol{\alpha}_2,\cdots,\boldsymbol{\alpha}_s$ 为 s 个向量 n 维向量，则集合

$$\{k_1\boldsymbol{\alpha}_1+k_2\boldsymbol{\alpha}_2+\cdots+k_s\boldsymbol{\alpha}_s \mid k_i\in\mathbf{R},i=1,2,\cdots,s\}$$

为 $\mathbf{R}^n$ 的一个子空间，称该子空间为由 $\boldsymbol{\alpha}_1,\boldsymbol{\alpha}_2,\cdots,\boldsymbol{\alpha}_s$ 所生成的子空间，记为 $L(\boldsymbol{\alpha}_1,\boldsymbol{\alpha}_2,\cdots,\boldsymbol{\alpha}_s)$.

定义 3.6.3　设 $\boldsymbol{W}$ 是 $\mathbf{R}^n$ 的一个子空间，$\boldsymbol{\alpha}_1,\boldsymbol{\alpha}_2,\cdots,\boldsymbol{\alpha}_s$ 为 $\boldsymbol{W}$ 中 s 个向量，如果：

(1) $\boldsymbol{\alpha}_1,\boldsymbol{\alpha}_2,\cdots,\boldsymbol{\alpha}_s$ 线性无关，

(2) W 中的每一个向量都可由 $\boldsymbol{\alpha}_1,\boldsymbol{\alpha}_2,\cdots,\boldsymbol{\alpha}_s$ 线性表示，

则称 $\boldsymbol{\alpha}_1,\boldsymbol{\alpha}_2,\cdots,\boldsymbol{\alpha}_s$ 为 $\boldsymbol{W}$ 的一个基.

与向量组极大无关组的定义相比较，线性空间的基其实也是该空间向量集合的一个“极大线性无关组”.

可以证明以下三个重要事实：

(1) $\boldsymbol{W}$ 中的每一个向量由 $\boldsymbol{\alpha}_1,\boldsymbol{\alpha}_2,\cdots,\boldsymbol{\alpha}_s$ 线性表示的表示法是唯一的.

(2) $\boldsymbol{W}$ 的基是存在的但不唯一.

(3) $\boldsymbol{W}$ 的任意两个基是等价的且所含的向量个数相同.

定义 3.6.4　设 $\boldsymbol{W}$ 是 $\mathbf{R}^n$ 的一个子空间，若 $\boldsymbol{W}$ 的某一个基所含的向量个数为 s，则称 $\boldsymbol{W}$ 是 s 维线性空间.

特别地，规定零空间 $\{\boldsymbol{O}\}$ 的维数为 0.

例 3.6.1　n 维基本单位向量组 $\boldsymbol{\varepsilon}_1,\boldsymbol{\varepsilon}_2,\cdots,\boldsymbol{\varepsilon}_n$ 为线性空间 $\mathbf{R}^n$ 的一个基. 因此，$\mathbf{R}^n$ 是 n 维线性空间.

有时称 n 维基本单位向量组 $\boldsymbol{\varepsilon}_1,\boldsymbol{\varepsilon}_2,\cdots,\boldsymbol{\varepsilon}_n$ 为 $\mathbf{R}^n$ 的标准基.

例 3.6.2　n 元齐次线性方程组 $\boldsymbol{AX}=\boldsymbol{O}$ 的任一个基础解系都是它的解空间的一个基，其解空间的维数为 $n-$秩$(\boldsymbol{A})$.

例 3.6.3　向量组 $\boldsymbol{\alpha}_1,\boldsymbol{\alpha}_2,\cdots,\boldsymbol{\alpha}_s$ 的任一极大无关组就是生成子空间

$L(\boldsymbol{\alpha}_1,\boldsymbol{\alpha}_2,\cdots,\boldsymbol{\alpha}_s)$的一个基;生成子空间$L(\boldsymbol{\alpha}_1,\boldsymbol{\alpha}_2,\cdots,\boldsymbol{\alpha}_s)$的维数就为向量组$\boldsymbol{\alpha}_1,\alpha_2,\cdots,\boldsymbol{\alpha}_s$的秩.

定理 3.6.1 设$\boldsymbol{\alpha}_1,\boldsymbol{\alpha}_2,\cdots,\boldsymbol{\alpha}_n$为$n$维线性空间$\mathbf{R}^n$的$n$个向量,则$\boldsymbol{\alpha}_1,\boldsymbol{\alpha}_2,\cdots,\boldsymbol{\alpha}_n$是$\mathbf{R}^n$的一个基的充要条件是$\boldsymbol{\alpha}_1,\boldsymbol{\alpha}_2,\cdots,\boldsymbol{\alpha}_n$线性无关.

定理 3.6.1 的证明是显然的,只要利用定理 3.3.3 和推论 3.4.2 的结论即可.

利用定理 3.6.1,我们判断一组向量是不是$\mathbf{R}^n$的基是很方便的.

例 3.6.4 验证$\boldsymbol{\alpha}_1=(1,-1,0)^{\mathrm{T}},\boldsymbol{\alpha}_2=(1,2-1)^{\mathrm{T}},\boldsymbol{\alpha}_3=(0,0,1)^{\mathrm{T}}$是线性空间$\mathbf{R}^3$的一个基.

证明:因为$|\boldsymbol{\alpha}_1,\boldsymbol{\alpha}_2,\boldsymbol{\alpha}_3|=\begin{vmatrix}1&1&0\\-1&2&0\\0&-1&1\end{vmatrix}=3\neq0$,所以$\boldsymbol{\alpha}_1,\boldsymbol{\alpha}_2,\boldsymbol{\alpha}_3$线性无关.由定理 3.6.1 知,$\boldsymbol{\alpha}_1,\boldsymbol{\alpha}_2,\boldsymbol{\alpha}_3$是$\mathbf{R}^3$的一个基.

接下来,我们给出向量坐标的概念.

定义 3.6.5 设$\boldsymbol{\alpha}_1,\boldsymbol{\alpha}_2,\cdots,\boldsymbol{\alpha}_s$为$s$维线性空间$\boldsymbol{W}$的一个基,$\boldsymbol{\beta}$是$\boldsymbol{W}$的一个向量,则$\boldsymbol{\beta}$可以由基向量$\boldsymbol{\alpha}_1,\boldsymbol{\alpha}_2,\cdots,\boldsymbol{\alpha}_s$唯一线性表示,设

$$\boldsymbol{\beta}=k_1\boldsymbol{\alpha}_1+k_2\boldsymbol{\alpha}_2+\cdots+k_s\boldsymbol{\alpha}_s,\tag{3.6.1}$$

则称s维向量$(k_1,k_2,\cdots,k_s)^{\mathrm{T}}$为向量$\boldsymbol{\beta}$在基$\boldsymbol{\alpha}_1,\boldsymbol{\alpha}_2,\cdots,\boldsymbol{\alpha}_s$下的坐标.

今后为了计算和证明的方便,我们也可将上述(3.6.1)式写成矩阵形式:

$$\boldsymbol{\beta}=(\boldsymbol{\alpha}_1,\boldsymbol{\alpha}_2,\cdots,\boldsymbol{\alpha}_s)\begin{pmatrix}k_1\\k_2\\\vdots\\k_s\end{pmatrix}.\tag{3.6.2}$$

同一个向量在一个基下的坐标是唯一的,但是线性空间的基不唯一,那么同一个向量在不同基下的坐标间会有什么关系呢?这就需要我们引入过渡矩阵的概念.

定义 3.6.6 设$\boldsymbol{\alpha}_1,\boldsymbol{\alpha}_2,\cdots,\boldsymbol{\alpha}_s$和$\boldsymbol{\beta}_1,\boldsymbol{\beta}_2,\cdots,\boldsymbol{\beta}_s$是$s$维线性空间$\boldsymbol{W}$的两个基,令

$$\begin{cases}\boldsymbol{\beta}_1=p_{11}\boldsymbol{\alpha}_1+p_{12}\boldsymbol{\alpha}_2+\cdots+p_{1s}\boldsymbol{\alpha}_s\\\boldsymbol{\beta}_2=p_{21}\boldsymbol{\alpha}_1+p_{22}\boldsymbol{\alpha}_2+\cdots+p_{2s}\boldsymbol{\alpha}_s\\\quad\vdots\\\boldsymbol{\beta}_s=p_{s1}\boldsymbol{\alpha}_1+p_{s2}\boldsymbol{\alpha}_2+\cdots+p_{ss}\boldsymbol{\alpha}_s\end{cases},\tag{3.6.3}$$

则称 s 阶矩阵

$$\boldsymbol{P}=\begin{pmatrix} p_{11} & p_{12} & \cdots & p_{1s} \\ p_{21} & p_{22} & \cdots & p_{2s} \\ \vdots & \vdots & & \vdots \\ p_{s1} & p_{s2} & \cdots & p_{ss} \end{pmatrix}$$

为由基 $\boldsymbol{\alpha}_1,\boldsymbol{\alpha}_2,\cdots,\boldsymbol{\alpha}_s$ 到基 $\boldsymbol{\beta}_1,\boldsymbol{\beta}_2,\cdots,\boldsymbol{\beta}_s$ 的过渡矩阵.

易知过渡矩阵一定是可逆矩阵.

同样为了方便,(3.6.3)式也可写成如下矩阵形式:

$$(\boldsymbol{\beta}_1,\boldsymbol{\beta}_2,\cdots,\boldsymbol{\beta}_s)=(\boldsymbol{\alpha}_1,\boldsymbol{\alpha}_2,\cdots,\boldsymbol{\alpha}_s)\boldsymbol{P}. \tag{3.6.4}$$

定理 3.6.2　设 $\boldsymbol{\alpha}_1,\boldsymbol{\alpha}_2,\cdots,\boldsymbol{\alpha}_s$ 和 $\boldsymbol{\beta}_1,\boldsymbol{\beta}_2,\cdots,\boldsymbol{\beta}_s$ 是 s 维线性空间 $\boldsymbol{W}$ 的两个基,由前者的基到后者的基的过渡矩阵为 $\boldsymbol{P}$,$\boldsymbol{\beta}$ 是 $\boldsymbol{W}$ 的一个向量,且 $\boldsymbol{\beta}$ 在前者的基和后者的基下的坐标分别为 $(a_1,a_2,\cdots,a_s)^{\mathrm{T}}$ 和 $(b_1,b_2,\cdots,b_s)^{\mathrm{T}}$,则

$$\begin{pmatrix} a_1 \\ a_2 \\ \vdots \\ a_s \end{pmatrix}=\boldsymbol{P}\begin{pmatrix} b_1 \\ b_2 \\ \vdots \\ b_s \end{pmatrix}. \tag{3.6.5}$$

公式(3.6.5)也称为坐标变换公式,证明留给读者完成,下面我们仅举一例作为应用.

例 3.6.1　在线性空间 $\mathbf{R}^3$ 中有两个基:

$$\begin{cases} \boldsymbol{\alpha}_1=(1,-1,0)^{\mathrm{T}} \\ \boldsymbol{\alpha}_2=(1,2,-1)^{\mathrm{T}} \\ \boldsymbol{\alpha}_3=(0,0,1)^{\mathrm{T}} \end{cases} \quad 和 \quad \begin{cases} \boldsymbol{\beta}_1=(0,-1,1)^{\mathrm{T}} \\ \boldsymbol{\beta}_2=(1,0,-1)^{\mathrm{T}}, \\ \boldsymbol{\beta}_3=(1,1,1)^{\mathrm{T}} \end{cases}$$

(1) 求由 $\mathbf{R}^3$ 的标准基 $\boldsymbol{\varepsilon}_1,\boldsymbol{\varepsilon}_2,\boldsymbol{\varepsilon}_3$ 到基 $\boldsymbol{\alpha}_1,\boldsymbol{\alpha}_2,\boldsymbol{\alpha}_3$ 取过渡矩阵;

(2) 求由基 $\boldsymbol{\alpha}_1,\boldsymbol{\alpha}_2,\boldsymbol{\alpha}_3$ 到基 $\boldsymbol{\beta}_1,\boldsymbol{\beta}_2,\boldsymbol{\beta}_3$ 的过渡矩阵;

(3) 求 $\boldsymbol{\xi}=(1,2,3)^{\mathrm{T}}$ 关于基 $\boldsymbol{\alpha}_1,\boldsymbol{\alpha}_2,\boldsymbol{\alpha}_3$ 下的坐标.

解:(1) $\mathbf{R}^3$ 的标准基为 $\boldsymbol{\varepsilon}_1=(1,0,0)^{\mathrm{T}},\boldsymbol{\varepsilon}_2=(0,1,0)^{T}.\ \boldsymbol{\varepsilon}_3=(0,0,1)^{\mathrm{T}}$,显然,

$$\begin{cases} \boldsymbol{\alpha}_1=(1,-1,0)^{\mathrm{T}}=\boldsymbol{\varepsilon}_1-\boldsymbol{\varepsilon}_2+0\boldsymbol{\varepsilon}_3 \\ \boldsymbol{\alpha}_2=(1,2,-1)^{\mathrm{T}}=\boldsymbol{\varepsilon}_1+2\boldsymbol{\varepsilon}_2-\boldsymbol{\varepsilon}_3\ , \\ \boldsymbol{\alpha}_3=(0,0,1)=0\boldsymbol{\varepsilon}_1+0\boldsymbol{\varepsilon}_2+\boldsymbol{\varepsilon}_3 \end{cases}$$

即

$$(\boldsymbol{\alpha}_1,\boldsymbol{\alpha}_2,\boldsymbol{\alpha}_3)=(\boldsymbol{\varepsilon}_1,\boldsymbol{\varepsilon}_2,\boldsymbol{\varepsilon}_3)\begin{pmatrix}1&1&0\\-1&2&0\\0&-1&1\end{pmatrix},$$

因此,由基 $\boldsymbol{\varepsilon}_1,\boldsymbol{\varepsilon}_2,\boldsymbol{\varepsilon}_3$ 到基 $\boldsymbol{\alpha}_1,\boldsymbol{\alpha}_2,\boldsymbol{\alpha}_3$ 的过渡矩阵为 $\begin{pmatrix}1&1&0\\-1&2&0\\0&-1&1\end{pmatrix}$.

(2)(将标准基请进来).显然,

$$(\boldsymbol{\alpha}_1,\boldsymbol{\alpha}_2,\boldsymbol{\alpha}_3)=(\boldsymbol{\varepsilon}_1,\boldsymbol{\varepsilon}_2,\boldsymbol{\varepsilon}_3)\begin{pmatrix}1&1&0\\-1&2&0\\0&-1&1\end{pmatrix},$$

$$(\boldsymbol{\beta}_1,\boldsymbol{\beta}_2,\boldsymbol{\beta}_3)=(\boldsymbol{\varepsilon}_1,\boldsymbol{\varepsilon}_2,\boldsymbol{\varepsilon}_3)\begin{pmatrix}0&1&1\\-1&0&1\\1&-1&1\end{pmatrix}.$$

(将标准基赶出去).因此,

$$\begin{aligned}(\boldsymbol{\beta}_1,\boldsymbol{\beta}_2,\boldsymbol{\beta}_3)&=(\boldsymbol{\alpha}_1,\boldsymbol{\alpha}_2,\boldsymbol{\alpha}_3)\begin{pmatrix}1&1&0\\-1&2&0\\0&-1&1\end{pmatrix}^{-1}\begin{pmatrix}0&1&1\\-1&0&1\\1&-1&1\end{pmatrix}\\&=(\boldsymbol{\alpha}_1,\boldsymbol{\alpha}_2,\boldsymbol{\alpha}_3)\frac{1}{3}\begin{pmatrix}2&-1&0\\1&1&0\\1&1&3\end{pmatrix}\begin{pmatrix}0&1&1\\-1&0&1\\1&-1&1\end{pmatrix}\\&=(\boldsymbol{\alpha}_1,\boldsymbol{\alpha}_2,\boldsymbol{\alpha}_3)\frac{1}{3}\begin{pmatrix}1&2&1\\-1&1&2\\2&-2&5\end{pmatrix}.\end{aligned}$$

故由基 $\boldsymbol{\alpha}_1,\boldsymbol{\alpha}_2,\boldsymbol{\alpha}_3$ 到基 $\boldsymbol{\beta}_1,\boldsymbol{\beta}_2,\boldsymbol{\beta}_3$ 的过渡矩阵是 $\frac{1}{3}\begin{pmatrix}1&2&1\\-1&1&2\\2&-2&5\end{pmatrix}$.

(3) $\boldsymbol{\xi}=(1,2,3)^{\mathrm{T}}$ 关于基 $\boldsymbol{\alpha}_1,\boldsymbol{\alpha}_2,\boldsymbol{\alpha}_3$ 下的坐标是 $(x_1,x_2,x_3)^{\mathrm{T}}$,显然 $\boldsymbol{\xi}$ 关于标准基 $\boldsymbol{\varepsilon}_1,\boldsymbol{\varepsilon}_2,\boldsymbol{\varepsilon}_3$ 的坐标是 $(1,2,3)^{\mathrm{T}}$,于是由坐标公式知

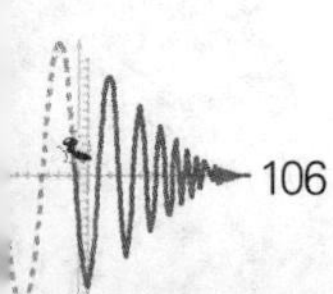

$$\begin{pmatrix}x_1\\x_2\\x_3\end{pmatrix}=\begin{pmatrix}1&1&0\\-1&2&0\\0&-1&1\end{pmatrix}^{-1}\begin{pmatrix}1\\2\\3\end{pmatrix}$$

$$=\frac{1}{3}\begin{pmatrix}2&-1&0\\1&1&0\\1&1&3\end{pmatrix}\begin{pmatrix}1\\2\\3\end{pmatrix}$$

$$=\begin{pmatrix}0\\1\\4\end{pmatrix},$$

故 $\boldsymbol{\xi}$ 关于基 $\boldsymbol{\alpha}_1,\boldsymbol{\alpha}_2,\boldsymbol{\alpha}_3$ 下的坐标是 $(0,1,4)^{\mathrm{T}}$.

§3.7　应用实例——价格平衡模型

假定一个国家或区域的经济可以分解为 n 个部门，这些部门都有生产产品和服务的独立功能. 考虑一个最简单的情形，即各经济部门生产出的产品完全被自己部门和其他部门所消费. 20 世纪 30 年代，诺贝尔奖获得者、美国经济学家列昂节夫(Leontiff)提出问题：各生产部门的实际产出的价格 p 应该是多少，才能使各部门的收入和消耗相等，以维持持续的生产？

列昂节夫的输入输出模型中规定：每一个部门都有一个 n 维单位消耗列向量 $\boldsymbol{v}_i$，它表示第 i 个部门每产出一个单位(比如 100 万元)产品中，本部门和其他各部门消耗的百分比. 在自给自足的经济中，这些列向量的所有元素之和应该为 1. 由这 n 个单位消耗列向量 $\boldsymbol{v}_1,\boldsymbol{v}_2,\cdots,\boldsymbol{v}_n$ 所得的 n 阶矩阵 $\boldsymbol{V}=(\boldsymbol{v}_1,\boldsymbol{v}_2,\cdots,\boldsymbol{v}_n)$ 称为内部需求矩阵. 下面我们举一个最简单的例子来说明.

假如一个自给自足的经济体由三个部门组成，它们是煤炭业、电力业和钢铁业. 它们的单位消耗列向量和销售收入列向量如表 3.7.1 所示：

表 3.7.1　三部门的消耗与收入情况

由下列部门购买	每单位输出的消耗分配			销售价格 p(收入)
	煤炭业(c)	电力业(e)	钢铁业(s)	
煤炭业(c)	0	0.4	0.6	$\boldsymbol{p}_c$
电力业(e)	0.6	0.1	0.2	$\boldsymbol{p}_e$
钢铁业(s)	0.4	0.5	0.2	$\boldsymbol{p}_s$

例如,从表中可看出,电力业每产出一个单位的产品,有 0.4 个单位被煤炭业消耗,0.1 个单位被自己消耗,0.5 个单位被钢铁业消耗,各部门付出的费用为

$$\boldsymbol{p}_e\boldsymbol{v}_e = \boldsymbol{p}_e\begin{pmatrix}0.4\\0.1\\0.5\end{pmatrix}.$$

考虑该经济体的消耗成本和消耗收入,则

$$\text{消耗成本} = \boldsymbol{p}_c\boldsymbol{v}_c + \boldsymbol{p}_e\boldsymbol{v}_e + \boldsymbol{p}_s\boldsymbol{v}_s = (\boldsymbol{v}_c,\boldsymbol{v}_e,\boldsymbol{v}_s)\begin{pmatrix}\boldsymbol{p}_c\\\boldsymbol{p}_e\\\boldsymbol{p}_s\end{pmatrix},$$

$$\text{消耗收入} = \begin{pmatrix}\boldsymbol{p}_c\\\boldsymbol{p}_e\\\boldsymbol{p}_s\end{pmatrix}.$$

记

$$\boldsymbol{V} = (\boldsymbol{v}_c,\boldsymbol{v}_e,\boldsymbol{v}_s) = \begin{pmatrix}0 & 0.4 & 0.6\\0.6 & 0.1 & 0.2\\0.4 & 0.5 & 0.2\end{pmatrix},\boldsymbol{P} = \begin{pmatrix}\boldsymbol{p}_c\\\boldsymbol{p}_e\\\boldsymbol{p}_s\end{pmatrix},$$

则总的价格平衡方程为:$\boldsymbol{VP}=\boldsymbol{P}$,即$(\boldsymbol{E}_3-\boldsymbol{V})\boldsymbol{P}=\boldsymbol{O}$,它是一个齐次线性方程组:

$$\begin{cases}\boldsymbol{p}_c - 0.4\boldsymbol{p}_e - 0.6\boldsymbol{p}_s = \boldsymbol{O}\\-0.6\boldsymbol{p}_c + 0.9\boldsymbol{p}_e - 0.2\boldsymbol{p}_s = \boldsymbol{O},\\-0.4\boldsymbol{p}_c - 0.5\boldsymbol{p}_e + 0.8\boldsymbol{p}_s = \boldsymbol{O}\end{cases}$$

解得

$$\begin{cases}\boldsymbol{p}_c = 0.9394\boldsymbol{p}_s\\\boldsymbol{p}_e = 0.8485\boldsymbol{p}_s\end{cases},$$

其中钢铁业价格 $\boldsymbol{p}_s$ 为自由未知量.

由此可见,煤炭业和电力业价格分别约为钢铁业价格的 0.94 倍和 0.85 倍.例如钢铁业产品价格总计为 100 万元,则煤炭业和电力业价格总计约分别为 94 万元和 85 万元.

习题3

(A)

1. 用消元法解下列线性方程组：

(1) $\begin{cases}2x_1-x_2+3x_3=3\\3x_1+x_2-5x_3=0\\4x_1-x_2+x_3=3\\x_1+3x_2-13x_3=-6\end{cases}$；

(2) $\begin{cases}x_1-x_2+2x_3=1\\x_1-2x_2-x_3=2\\3x_1-x_2+5x_3=3\\-x_1+2x_3=-2\end{cases}$；

(3) $\begin{cases}x_1+x_2-3x_4-x_5=0\\x_1-x_2+2x_3-x_4=0\\4x_1-2x_2+6x_3+3x_4-4x_5=0\\2x_1+4x_2-2x_3+4x_4-7x_5=0\end{cases}$；

(4) $\begin{cases}x_1-2x_2+3x_3-x_4+2x_5=2\\3x_1-x_2+5x_3-3x_4+x_5=6.\\2x_1+x_2+2x_3-2x_4-x_5=8\end{cases}$

2. 已知向量 $\boldsymbol{\alpha}=(1,1,0,-1)^{\mathrm{T}}$，$\boldsymbol{\beta}=(-2,1,0,0)^{\mathrm{T}}$，$\boldsymbol{\gamma}=(-1,-2,0,1)^{\mathrm{T}}$，求 $3\boldsymbol{\alpha}-2\boldsymbol{\beta}+\boldsymbol{\gamma}$.

3. 已知 $\boldsymbol{\beta}=(1,0,1)^{\mathrm{T}}$，$\boldsymbol{\gamma}=(3,2,-1)^{\mathrm{T}}$，向量 $\boldsymbol{\xi}$ 满足 $2\boldsymbol{\xi}+3\boldsymbol{\beta}=\boldsymbol{\gamma}+4\boldsymbol{\xi}$，求 $\boldsymbol{\xi}$.

4. 试把 $\boldsymbol{\beta}=(1,2,1,1)^{\mathrm{T}}$ 表示成 $\boldsymbol{\alpha}_1,\boldsymbol{\alpha}_2,\boldsymbol{\alpha}_3,\boldsymbol{\alpha}_4$ 的线性组合，其中：

$$\boldsymbol{\alpha}_1=(1,1,1,1)^{\mathrm{T}},\boldsymbol{\alpha}_2=(1,1,-1,-1)^{\mathrm{T}},$$
$$\boldsymbol{\alpha}_3=(1,-1,1,-1)^{\mathrm{T}},\boldsymbol{\alpha}_4=(1,-1,-1,1)^{\mathrm{T}}.$$

5. 判断下列向量组的线性相关性：

(1) $\boldsymbol{\alpha}_1=(1,1,0,0)^{\mathrm{T}}$，$\boldsymbol{\alpha}_2=(1,0,1,0)^{\mathrm{T}}$，$\boldsymbol{\alpha}_3=(0,0,1,0)^{\mathrm{T}}$，$\boldsymbol{\alpha}_4=(0,1,0,1)^{\mathrm{T}}$；

(2) $\boldsymbol{\alpha}_1=(1,1,0,0)^{\mathrm{T}}$，$\boldsymbol{\alpha}_2=(1,0,0,4)^{\mathrm{T}}$，$\boldsymbol{\alpha}_3=(0,0,1,1)^{\mathrm{T}}$，$\boldsymbol{\alpha}_4=(0,0,0,2)^{\mathrm{T}}$；

(3) $\boldsymbol{\alpha}_1=(1,3,-5,1)^{\mathrm{T}},\boldsymbol{\alpha}_2=(2,6,1,4)^{\mathrm{T}},\boldsymbol{\alpha}_3=(3,9,7,10)^{\mathrm{T}}$；

(4) $\boldsymbol{\alpha}_1=(1,2,2,3)^{\mathrm{T}},\boldsymbol{\alpha}_2=(2,5,-1,4)^{\mathrm{T}},\boldsymbol{\alpha}_3=(1,4,-8,-1)^{\mathrm{T}}$.

6. 给定向量组 $\boldsymbol{\alpha}_1=(2,2,7,-1)^{\mathrm{T}},\boldsymbol{\alpha}_2=(3,-1,2,4)^{\mathrm{T}},\boldsymbol{\alpha}_3=(1,1,3,1)^{\mathrm{T}}$，证明 $\boldsymbol{\alpha}_1,\boldsymbol{\alpha}_2,\boldsymbol{\alpha}_3$ 线性无关.

7. 设向量组 $\boldsymbol{\alpha}_1,\boldsymbol{\alpha}_2,\boldsymbol{\alpha}_3$ 线性无关，

$$\boldsymbol{\beta}_1=\boldsymbol{\alpha}_1+\boldsymbol{\alpha}_2-2\boldsymbol{\alpha}_3,\boldsymbol{\beta}_2=\boldsymbol{\alpha}_1-\boldsymbol{\alpha}_2-\boldsymbol{\alpha}_3,\boldsymbol{\beta}_3=\boldsymbol{\alpha}_1+\boldsymbol{\alpha}_3,$$

试证明 $\boldsymbol{\beta}_1,\boldsymbol{\beta}_2,\boldsymbol{\beta}_3$ 线性无关.

8. 若 $\boldsymbol{\alpha}_1,\boldsymbol{\alpha}_2,\cdots,\boldsymbol{\alpha}_s$ 线性无关，而 $\boldsymbol{\beta},\boldsymbol{\alpha}_1,\boldsymbol{\alpha}_2,\cdots,\boldsymbol{\alpha}_s$ 线性相关，试证明：$\boldsymbol{\beta}$ 是 $\boldsymbol{\alpha}_1,\boldsymbol{\alpha}_2,\cdots,\boldsymbol{\alpha}_s$ 的线性组合.

9. 讨论向量组 $\boldsymbol{\alpha}_1=(1,1,0)^{\mathrm{T}},\boldsymbol{\alpha}_2=(1,3,-1)^{\mathrm{T}},\boldsymbol{\alpha}_3=(5,3,t)^{\mathrm{T}}$ 的线性无关性，即 t 取何值时，该向量组线性无关？t 又取何值时，该向量组线性相关？

10. 已知向量 $\boldsymbol{\beta}=(-1,2,\mu)^{\mathrm{T}}$ 可由 $\boldsymbol{\alpha}_1=(1,-1,2)^{\mathrm{T}},\boldsymbol{\alpha}_2=(0,1,-1)^{\mathrm{T}},\boldsymbol{\alpha}_3=(2,-3,\lambda)^{\mathrm{T}}$ 唯一地线性表示，试证 $\lambda\neq5$.

11. 求下列向量组的秩及一个极大线性无关组，并将其余向量用极大线性无关组线性表示：

(1) $\boldsymbol{\alpha}_1=(1,-2,5)^{\mathrm{T}},\boldsymbol{\alpha}_2=(3,2,-1)^{\mathrm{T}},\boldsymbol{\alpha}_3=(3,10,-17)^{\mathrm{T}}$；

(2) $\boldsymbol{\alpha}_1=(1,-1,0,4)^{\mathrm{T}},\boldsymbol{\alpha}_2=(2,1,5,6)^{\mathrm{T}},\boldsymbol{\alpha}_3=(1,-1,-2,0)^{\mathrm{T}},\boldsymbol{\alpha}_4=(3,0,7,14)^{\mathrm{T}}$.

12. 设 $\boldsymbol{\alpha}_1,\boldsymbol{\alpha}_2,\cdots,\boldsymbol{\alpha}_s$ 是某一非齐次线性方程组 $\boldsymbol{AX}=\boldsymbol{\beta}$ 的解，证明：$c_1\boldsymbol{\alpha}_1+c_2\boldsymbol{\alpha}_2+\cdots+c_s\boldsymbol{\alpha}_s$ 也是它的一个解，其中 $c_1+c_2+\cdots c_s=1$.

13. 已知行列式 $\begin{vmatrix} a_1 & a_2 & a_3 & a_4 \\ b_1 & b_2 & b_3 & b_4 \\ c_1 & c_2 & c_3 & c_4 \\ d_1 & d_2 & d_3 & d_4 \end{vmatrix}\neq0$,

证明方程组 $\begin{cases} a_1x_1+a_2x_2+a_3x_3=a_4 \\ b_1x_1+b_2x_2+b_3x_3=b_4 \\ c_1x_1+c_2x_2+c_3x_3=c_4 \\ d_1x_1+d_2x_2+d_3x_3=d_4 \end{cases}$ 无解.

14. 求下列齐次线性方程组的一个基础解系及全部解.

(1) $\begin{cases} x_1-x_2+x_3-x_4=0 \\ x_1-x_2-x_3+x_4=0 \\ x_1-x_2-2x_3+2x_4=0 \end{cases}$；

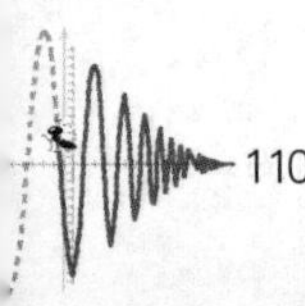

(2) $\begin{cases} x_1-x_2+5x_3-x_4=0 \\ x_1+x_2-2x_3+3x_4=0 \\ 3x_1-x_2+8x_3+x_4=0 \\ x_1+3x_2-9x_3+7x_4=0 \end{cases}$.

15. 对下列非齐次线性方程组，试用其中一个特解与其导出方程组的基础解系表出其全部解.

(1) $\begin{cases} 2x_1+7x_2+3x_3+x_4=6 \\ 3x_1+5x_2+2x_3+2x_4=4 \\ 9x_1+4x_2+x_3+7x_4=2 \end{cases}$；

(2) $\begin{cases} 2x_1-x_2+4x_3-3x_4=-4 \\ x_1+x_3-4x_4=-3 \\ 3x_1+x_2+x_3=1 \\ 7x_1+7x_3-3x_4=3 \end{cases}$.

16. λ 取何值时，方程组

$$\begin{cases} 2x_1+\lambda x_2-x_3=1 \\ \lambda x_1-x_2+x_3=2 \\ 4x_1+5x_2-5x_3=-1 \end{cases}$$

无解、有唯一解或无穷多解？并在有无穷多解时写出方程组的全部解.

17. 设 $\boldsymbol{\eta}^*$ 是非齐次线性方程组 $\boldsymbol{AX}=\boldsymbol{\beta}$ 的一个解，$\boldsymbol{\xi}_1,\boldsymbol{\xi}_2,\cdots,\boldsymbol{\xi}_s$ 是对应的导出方程组 $\boldsymbol{AX}=\boldsymbol{O}$ 的一个基础解系，证明 $\boldsymbol{\eta}^*,\boldsymbol{\xi}_1,\boldsymbol{\xi}_2,\cdots,\boldsymbol{\xi}_s$ 线性无关.

18. 设 $\mathbf{R}^3$ 的两组基为

$$\begin{cases} \boldsymbol{\alpha}_1=(1,1,1)^{\mathrm{T}} \\ \boldsymbol{\alpha}_2=(0,1,1)^{\mathrm{T}} \\ \boldsymbol{\alpha}_3=(0,0,1)^{\mathrm{T}} \end{cases} \quad 和 \quad \begin{cases} \boldsymbol{\beta}_1=(1,0,1)^{\mathrm{T}} \\ \boldsymbol{\beta}_2=(0,1,-1)^{\mathrm{T}} \\ \boldsymbol{\beta}_3=(1,2,0)^{\mathrm{T}} \end{cases},$$

求由基 $\boldsymbol{\alpha}_1,\boldsymbol{\alpha}_2,\boldsymbol{\alpha}_3$ 到基 $\boldsymbol{\beta}_1,\boldsymbol{\beta}_2,\boldsymbol{\beta}_3$ 的过渡矩阵 $\boldsymbol{P}$，并求 $\boldsymbol{\xi}=(-1,2,1)^{\mathrm{T}}$ 在基 $\boldsymbol{\beta}_1,\boldsymbol{\beta}_2,\boldsymbol{\beta}_3$ 下的坐标.

(B)

1. 填空题

(1) 若 $\boldsymbol{\beta}=(0,k,k^2)$ 能由 $\boldsymbol{\alpha}_1=(1+k,1,1)$，$\boldsymbol{\alpha}_2=(1,1+k,1)$，$\boldsymbol{\alpha}_3=(1,1,1+k)$ 唯一线性表示，则 $k=$________.

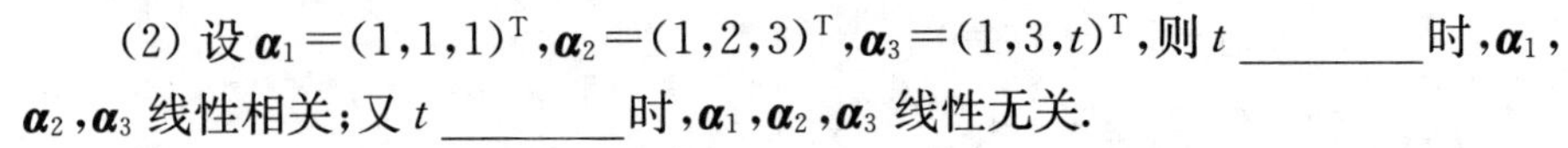

(2) 设$\boldsymbol{\alpha}_1=(1,1,1)^{\mathrm{T}}$,$\boldsymbol{\alpha}_2=(1,2,3)^{\mathrm{T}}$,$\boldsymbol{\alpha}_3=(1,3,t)^{\mathrm{T}}$,则$t$________时,$\boldsymbol{\alpha}_1$,$\boldsymbol{\alpha}_2$,$\boldsymbol{\alpha}_3$线性相关;又$t$________时,$\boldsymbol{\alpha}_1$,$\boldsymbol{\alpha}_2$,$\boldsymbol{\alpha}_3$线性无关.

(3) 设有n维向量组$\boldsymbol{\alpha}_1,\boldsymbol{\alpha}_2,\cdots,\boldsymbol{\alpha}_s(3\leqslant s\leqslant n)$,则$\boldsymbol{\alpha}_1,\boldsymbol{\alpha}_2,\cdots,\boldsymbol{\alpha}_s$中任何一个向量都不能用其余向量线性表示,是该向量组线性无关的________条件.

(4) 设$\boldsymbol{\alpha}_1=(1,1,1)$,$\boldsymbol{\alpha}_2=(a,0,b)$,$\boldsymbol{\alpha}_3=(1,3,2)$,若$\boldsymbol{\alpha}_1$,$\boldsymbol{\alpha}_2$,$\boldsymbol{\alpha}_3$线性相关,则$a$,$b$满足关系式:________.

(5) 若n元齐次线性方程组$\boldsymbol{AX}=\boldsymbol{O}$有$n$个线性无关的解向量,则$\boldsymbol{A}=$________.

(6) 设矩阵$\boldsymbol{A}=\begin{pmatrix}1&2&-2\\4&t&3\\3&-1&1\end{pmatrix}$,$\boldsymbol{B}$为三阶非零矩阵,且$\boldsymbol{AB}=\boldsymbol{O}$,则$t=$________.

(7) 若线性方程组$\begin{cases}x_1+x_2=-a_1\\x_2+x_3=a_2\\x_3+x_4=-a_3\\x_4+x_1=a_4\end{cases}$有解,则常数$a_1,a_2,a_3,a_4$应满足的条件是________.

(8) 已知线性方程组$\begin{pmatrix}1&2&1\\2&3&a+2\\1&a&-2\end{pmatrix}\begin{pmatrix}x_1\\x_2\\x_3\end{pmatrix}=\begin{pmatrix}1\\3\\0\end{pmatrix}$无解,则$a=$________.

(9) 已知线性方程组$\begin{cases}x_1+x_2-2x_3=1\\x_1-2x_2+x_3=2\\ax_1+bx_2-cx_3=d\end{cases}$的两个解为

$$\boldsymbol{\eta}_1=\left(2,\frac{1}{3},\frac{2}{3}\right)^{\mathrm{T}},\boldsymbol{\eta}_2=\left(\frac{1}{3},-\frac{4}{3},-1\right)^{\mathrm{T}},$$

则该方程组的全部解为________.

(10) 设n阶矩阵$\boldsymbol{A}$的各行元素之和均为零,且$\boldsymbol{A}$的秩为$n-1$,则线性方程组$\boldsymbol{AX}=\boldsymbol{O}$的全部解为________.

(11) 从$\mathbf{R}^2$的基$\boldsymbol{\alpha}_1=(1,0)^{\mathrm{T}}$,$\boldsymbol{\alpha}_2=(1,-1)^{\mathrm{T}}$到基$\boldsymbol{\beta}_1=(1,1)^{\mathrm{T}}$,$\boldsymbol{\beta}_2=(1,2)^{\mathrm{T}}$的过渡矩阵为________.

(12) $\boldsymbol{\alpha}_1=(1,2,-1,0)^{\mathrm{T}}$,$\boldsymbol{\alpha}_2=(1,1,0,2)^{\mathrm{T}}$,$\boldsymbol{\alpha}_3=(2,1,1,a)^{\mathrm{T}}$,若由$\boldsymbol{\alpha}_1$,$\boldsymbol{\alpha}_2$,$\boldsymbol{\alpha}_3$形成的向量空间的维数是2,则$a=$________.

2. 单项选择题

(1) 设 $\boldsymbol{\alpha}_1=(0,0,c_1)^{\mathrm{T}}$, $\boldsymbol{\alpha}_2=(0,1,c_2)^{\mathrm{T}}$, $\boldsymbol{\alpha}_3=(1,-1,c_3)^{\mathrm{T}}$, $\boldsymbol{\alpha}_4=(-1,1,c_4)^{\mathrm{T}}$,其中 c_1,c_2,c_3,c_4 为任意常数,则下列向量组线性相关的是________.

A. $\boldsymbol{\alpha}_1,\boldsymbol{\alpha}_2,\boldsymbol{\alpha}_3$　　B. $\boldsymbol{\alpha}_1,\boldsymbol{\alpha}_2,\boldsymbol{\alpha}_4$　　C. $\boldsymbol{\alpha}_1,\boldsymbol{\alpha}_3,\boldsymbol{\alpha}_4$　　D. $\boldsymbol{\alpha}_2,\boldsymbol{\alpha}_3,\boldsymbol{\alpha}_4$

(2) 设 $\boldsymbol{\alpha}_1,\boldsymbol{\alpha}_2,\boldsymbol{\alpha}_3$ 均为三维列向量,则对任意常数 k,l,向量组 $\boldsymbol{\alpha}_1+k\boldsymbol{\alpha}_3$, $\boldsymbol{\alpha}_2+l\boldsymbol{\alpha}_3$ 线性无关是向量组 $\boldsymbol{\alpha}_1,\boldsymbol{\alpha}_2,\boldsymbol{\alpha}_3$ 线性无关的________.

A. 必要非充分条件　　B. 充分非必要条件

C. 充分必要条件　　D. 既非充分也非必要条件

(3) 设有两个向量组:

(Ⅰ): $\boldsymbol{\alpha}_1=(a_1,a_2,a_3)^{\mathrm{T}}$, $\boldsymbol{\alpha}_2=(b_1,b_2,b_3)^{\mathrm{T}}$, $\boldsymbol{\alpha}_3=(c_1,c_2,c_3)^{\mathrm{T}}$,

(Ⅱ): $\boldsymbol{\beta}_1=(a_1,a_2,a_3,a_4)^{\mathrm{T}}$, $\boldsymbol{\beta}_2=(b_1,b_2,b_3,b_4)^{\mathrm{T}}$, $\boldsymbol{\beta}_3=(c_1,c_2,c_3,c_4)^{\mathrm{T}}$,

则命题________是正确的.

A. 若(Ⅰ)线性相关,则(Ⅱ)线性相关

B. 若(Ⅰ)线性无关,则(Ⅱ)线性无关

C. 若(Ⅱ)线性无关,则(Ⅰ)线性无关

D. (Ⅰ)线性无关的充要条件是(Ⅱ)线性无关

(4) 设 $\boldsymbol{\alpha}_1,\boldsymbol{\alpha}_2,\cdots,\boldsymbol{\alpha}_m$ 均为 n 维向量,那么下列结论正确的是________.

A. 若有一组数 $k_1,k_2,\cdots,k_m$,使得 $k_1\boldsymbol{\alpha}_1+k_2\boldsymbol{\alpha}_2+\cdots+k_m\boldsymbol{\alpha}_m=\boldsymbol{O}$,则 $\boldsymbol{\alpha}_1,\boldsymbol{\alpha}_2,\cdots,\boldsymbol{\alpha}_m$ 线性相关

B. 若对任意一组不全为零的数 $k_1,k_2,\cdots,k_m$,都有 $k_1\boldsymbol{\alpha}_1+k_2\boldsymbol{\alpha}_2+\cdots+k_m\boldsymbol{\alpha}_m\neq\boldsymbol{O}$,则 $\boldsymbol{\alpha}_1,\boldsymbol{\alpha}_2,\cdots,\boldsymbol{\alpha}_m$ 线性无关

C. 若 $\boldsymbol{\alpha}_1,\boldsymbol{\alpha}_2,\cdots,\boldsymbol{\alpha}_m$ 线性相关,则对任意一组不全为零的数 $k_1,k_2,\cdots,k_m$,都有 $k_1\boldsymbol{\alpha}_1+k_2\boldsymbol{\alpha}_2+\cdots+k_m\boldsymbol{\alpha}_m=\boldsymbol{O}$

D. 若 $0\boldsymbol{\alpha}_1+0\boldsymbol{\alpha}_2+\cdots+0\boldsymbol{\alpha}_m=\boldsymbol{O}$,则 $\boldsymbol{\alpha}_1,\boldsymbol{\alpha}_2,\cdots,\boldsymbol{\alpha}_m$ 线性无关

(5) 向量组 $\boldsymbol{\alpha}_1,\boldsymbol{\alpha}_2,\cdots,\boldsymbol{\alpha}_s(3\leqslant s\leqslant n)$ 线性无关的充要条件是________.

A. $\boldsymbol{\alpha}_1,\boldsymbol{\alpha}_2,\cdots,\boldsymbol{\alpha}_s$ 中任何两个向量都线性无关

B. 存在不全为 0 的 s 个数 $k_1,k_2,\cdots,k_s$,使得 $k_1\boldsymbol{\alpha}_1+k_2\boldsymbol{\alpha}_2+\cdots+k_s\boldsymbol{\alpha}_s\neq\boldsymbol{O}$

C. $\boldsymbol{\alpha}_1,\boldsymbol{\alpha}_2,\cdots,\boldsymbol{\alpha}_s$ 中任何一个向量都不能用其余向量线性表示

D. $\boldsymbol{\alpha}_1,\boldsymbol{\alpha}_2,\cdots,\boldsymbol{\alpha}_s$ 中存在一个向量不能用其余向量线性表示

(6) 设向量组 $\boldsymbol{\alpha}_1,\boldsymbol{\alpha}_2,\boldsymbol{\alpha}_3$ 线性无关,则下列向量组线性相关的是________.

A. $\boldsymbol{\alpha}_1-\boldsymbol{\alpha}_2,\boldsymbol{\alpha}_2-\boldsymbol{\alpha}_3,\boldsymbol{\alpha}_3-\boldsymbol{\alpha}_1$　　B. $\boldsymbol{\alpha}_1+\boldsymbol{\alpha}_2,\boldsymbol{\alpha}_2+\boldsymbol{\alpha}_3,\boldsymbol{\alpha}_3+\boldsymbol{\alpha}_1$

C. $\boldsymbol{\alpha}_1-2\boldsymbol{\alpha}_2,\boldsymbol{\alpha}_2-2\boldsymbol{\alpha}_3,\boldsymbol{\alpha}_3-2\boldsymbol{\alpha}_1$　　D. $\boldsymbol{\alpha}_1+2\boldsymbol{\alpha}_2,\boldsymbol{\alpha}_2+2\boldsymbol{\alpha}_3,\boldsymbol{\alpha}_3+2\boldsymbol{\alpha}_1$

(7) 若向量组 $\boldsymbol{\alpha},\boldsymbol{\beta},\boldsymbol{\gamma}$ 线性无关，$\boldsymbol{\alpha},\boldsymbol{\beta},\boldsymbol{\delta}$ 线性相关，则________.

A. $\boldsymbol{\alpha}$ 必可由 $\boldsymbol{\beta},\boldsymbol{\gamma},\boldsymbol{\delta}$ 线性表示

B. $\boldsymbol{\beta}$ 必不可由 $\boldsymbol{\alpha},\boldsymbol{\gamma},\boldsymbol{\delta}$ 线性表示

C. $\boldsymbol{\delta}$ 必可由 $\boldsymbol{\alpha},\boldsymbol{\beta},\boldsymbol{\gamma}$ 线性表示

D. $\boldsymbol{\gamma}$ 必不可由 $\boldsymbol{\alpha},\boldsymbol{\beta},\boldsymbol{\delta}$ 线性表示

(8) 设向量 $\boldsymbol{\beta}$ 可由向量组 $\boldsymbol{\alpha}_1,\boldsymbol{\alpha}_2,\cdots,\boldsymbol{\alpha}_m$ 线性表示，但不能由向量组（Ⅰ）：$\boldsymbol{\alpha}_1,\boldsymbol{\alpha}_2,\cdots,\boldsymbol{\alpha}_{m-1}$ 线性表示，记向量组（Ⅱ）：$\boldsymbol{\alpha}_1,\boldsymbol{\alpha}_2,\cdots,\boldsymbol{\alpha}_{m-1},\boldsymbol{\beta}$，则________.

A. $\boldsymbol{\alpha}_m$ 不能由（Ⅰ）线性表示，也不能由（Ⅱ）线性表示

B. $\boldsymbol{\alpha}_m$ 不能由（Ⅰ）线性表示，但可由（Ⅱ）线性表示

C. $\boldsymbol{\alpha}_m$ 可由（Ⅰ）线性表示，也可由（Ⅱ）线性表示

D. $\boldsymbol{\alpha}_m$ 可由（Ⅰ）线性表示，但不可由（Ⅱ）线性表示

(9) 设 $\boldsymbol{A}$ 为 n 阶矩阵，且 $\boldsymbol{A}$ 的行列式 $|\boldsymbol{A}|=0$，则 $\boldsymbol{A}$ 中________.

A. 必有一列元素全为 0

B. 必有两列元素对应成比例

C. 必有一列向量是其余列向量的线性组合

D. 任一列向量是其余列向量的线性组合

(10) 设有任意两个向量组 $\boldsymbol{\alpha}_1,\boldsymbol{\alpha}_2,\cdots,\boldsymbol{\alpha}_m$ 和 $\boldsymbol{\beta}_1,\boldsymbol{\beta}_2,\cdots,\boldsymbol{\beta}_m$，若存在两组不全为零的数 $\lambda_1,\lambda_2,\cdots,\lambda_m$ 和 $k_1,k_2,\cdots,k_m$，使得 $(\lambda_1+k_1)\boldsymbol{\alpha}_1+(\lambda_2+k_2)\boldsymbol{\alpha}_2+\cdots+(\lambda_m+k_m)\boldsymbol{\alpha}_m+(\lambda_1-k_1)\boldsymbol{\beta}_1+(\lambda_2-k_2)\boldsymbol{\beta}_2+\cdots+(\lambda_m-k_m)\boldsymbol{\beta}_m=\boldsymbol{O}$，则________.

A. $\boldsymbol{\alpha}_1,\boldsymbol{\alpha}_2,\cdots,\boldsymbol{\alpha}_m$ 和 $\boldsymbol{\beta}_1,\boldsymbol{\beta}_2,\cdots,\boldsymbol{\beta}_m$ 都线性相关

B. $\boldsymbol{\alpha}_1,\boldsymbol{\alpha}_2,\cdots,\boldsymbol{\alpha}_m$ 和 $\boldsymbol{\beta}_1,\boldsymbol{\beta}_2,\cdots,\boldsymbol{\beta}_m$ 都线性无关

C. $\boldsymbol{\alpha}_1+\boldsymbol{\beta}_1,\boldsymbol{\alpha}_2+\boldsymbol{\beta}_2,\cdots,\boldsymbol{\alpha}_m+\boldsymbol{\beta}_m,\boldsymbol{\alpha}_1-\boldsymbol{\beta}_1,\boldsymbol{\alpha}_2-\boldsymbol{\beta}_2,\cdots,\boldsymbol{\alpha}_m-\boldsymbol{\beta}_m$ 线性无关

D. $\boldsymbol{\alpha}_1+\boldsymbol{\beta}_1,\boldsymbol{\alpha}_2+\boldsymbol{\beta}_2,\cdots,\boldsymbol{\alpha}_m+\boldsymbol{\beta}_m,\boldsymbol{\alpha}_1-\boldsymbol{\beta}_1,\boldsymbol{\alpha}_2-\boldsymbol{\beta}_2,\cdots,\boldsymbol{\alpha}_m-\boldsymbol{\beta}_m$ 线性相关

(11) 设 n 阶方阵 $\boldsymbol{A}$ 的秩 $r<n$，则在 $\boldsymbol{A}$ 的 n 个行向量中________.

A. 必有 r 个行向量线性无关

B. 任意 r 个行向量均可构成极大无关组

C. 任意 r 个行向量均线性无关

D. 任一行向量均可由其他 r 个行向量线性表示

(12) 设 $\boldsymbol{A}$ 是 $m\times n$ 矩阵，秩$(\boldsymbol{A})=m<n$，$\boldsymbol{E}_m$ 为 m 阶单位矩阵，下述结论中正确的是________.

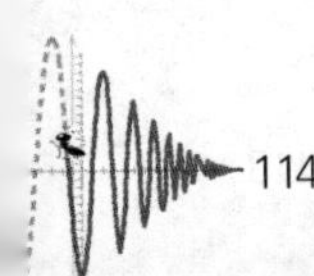

A. $\boldsymbol{A}$ 的任意 m 个列向量必线性无关

B. $\boldsymbol{A}$ 的任意一个 m 阶子式不等于零

C. 若矩阵 $\boldsymbol{B}$ 满足 $\boldsymbol{BA}=\boldsymbol{O}$,则 $\boldsymbol{B}=\boldsymbol{O}$

D. $\boldsymbol{A}$ 通过初等行变换,必可化为 $(\boldsymbol{E}_m,\boldsymbol{O})$ 的形式

(13) 设 n 维列向量组 $\boldsymbol{\alpha}_1,\boldsymbol{\alpha}_2,\cdots,\boldsymbol{\alpha}_m(m<n)$ 线性无关,则 n 维列向量组 $\boldsymbol{\beta}_1,\boldsymbol{\beta}_2,\cdots,\boldsymbol{\beta}_m$ 线性无关的充分必要条件为________.

A. 向量组 $\boldsymbol{\alpha}_1,\boldsymbol{\alpha}_2,\cdots,\boldsymbol{\alpha}_m$ 可由向量组 $\boldsymbol{\beta}_1,\boldsymbol{\beta}_2,\cdots,\boldsymbol{\beta}_m$ 线性表示

B. 向量组 $\boldsymbol{\beta}_1,\boldsymbol{\beta}_2,\cdots,\boldsymbol{\beta}_m$ 可由向量组 $\boldsymbol{\alpha}_1,\boldsymbol{\alpha}_2,\cdots,\boldsymbol{\alpha}_m$ 线性表示

C. 向量组 $\boldsymbol{\alpha}_1,\boldsymbol{\alpha}_2,\cdots,\boldsymbol{\alpha}_m$ 与向量组 $\boldsymbol{\beta}_1,\boldsymbol{\beta}_2,\cdots,\boldsymbol{\beta}_m$ 等价

D. 矩阵 $\boldsymbol{A}=(\boldsymbol{\alpha}_1,\boldsymbol{\alpha}_2,\cdots,\boldsymbol{\alpha}_m)$ 与矩阵 $\boldsymbol{B}=(\boldsymbol{\beta}_1,\boldsymbol{\beta}_2,\cdots,\boldsymbol{\beta}_m)$ 等价

(14) 设向量组Ⅰ:$\boldsymbol{\alpha}_1,\boldsymbol{\alpha}_2,\cdots,\boldsymbol{\alpha}_r$ 可由向量组Ⅱ:$\boldsymbol{\beta}_1,\boldsymbol{\beta}_2,\cdots,\boldsymbol{\beta}_s$ 线性表示,则________.

A. 当 $r<s$ 时,向量组Ⅱ必线性无关

B. 当 $r>s$ 时,向量组Ⅱ必线性无关

C. 当 $r<s$ 时,向量组Ⅰ必线性相关

D. 当 $r>s$ 时,向量组Ⅰ必线性相关

(15) 设 $\boldsymbol{A},\boldsymbol{B}$ 为满足 $\boldsymbol{AB}=\boldsymbol{O}$ 的任意两个非零矩阵,则必有________.

A. $\boldsymbol{A}$ 的列向量组线性相关,$\boldsymbol{B}$ 的行向量组线性相关

B. $\boldsymbol{A}$ 的列向量组线性相关,$\boldsymbol{B}$ 的列向量组线性相关

C. $\boldsymbol{A}$ 的行向量组线性相关,$\boldsymbol{B}$ 的行向量组线性相关

D. $\boldsymbol{A}$ 的行向量组线性相关,$\boldsymbol{B}$ 的列向量组线性相关

(16) 设 $\boldsymbol{\alpha}_1,\boldsymbol{\alpha}_2,\cdots,\boldsymbol{\alpha}_r$ 均为 n 维列向量,$\boldsymbol{A}$ 是 $m\times n$ 矩阵,下列选项正确的是________.

A. 若 $\boldsymbol{\alpha}_1,\boldsymbol{\alpha}_2,\cdots,\boldsymbol{\alpha}_r$ 线性相关,则 $\boldsymbol{A\alpha}_1,\boldsymbol{A\alpha}_2,\cdots,\boldsymbol{A\alpha}_r$ 线性相关

B. 若 $\boldsymbol{\alpha}_1,\boldsymbol{\alpha}_2,\cdots,\boldsymbol{\alpha}_r$ 线性相关,则 $\boldsymbol{A\alpha}_1,\boldsymbol{A\alpha}_2,\cdots,\boldsymbol{A\alpha}_r$ 线性无关

C. 若 $\boldsymbol{\alpha}_1,\boldsymbol{\alpha}_2,\cdots,\boldsymbol{\alpha}_r$ 线性无关,则 $\boldsymbol{A\alpha}_1,\boldsymbol{A\alpha}_2,\cdots,\boldsymbol{A\alpha}_r$ 线性相关

D. 若 $\boldsymbol{\alpha}_1,\boldsymbol{\alpha}_2,\cdots,\boldsymbol{\alpha}_r$ 线性无关,则 $\boldsymbol{A\alpha}_1,\boldsymbol{A\alpha}_2,\cdots,\boldsymbol{A\alpha}_r$ 线性无关.

(17) 设 $\boldsymbol{A}$ 为 $m\times n$ 矩阵,齐次方程组 $\boldsymbol{AX}=\boldsymbol{O}$ 仅有零解的充分条件是________.

A. $\boldsymbol{A}$ 的列向量线性无关

B. $\boldsymbol{A}$ 的列向量线性相关

C. $\boldsymbol{A}$ 的行向量线性无关

D. $\boldsymbol{A}$ 的行向量线性相关

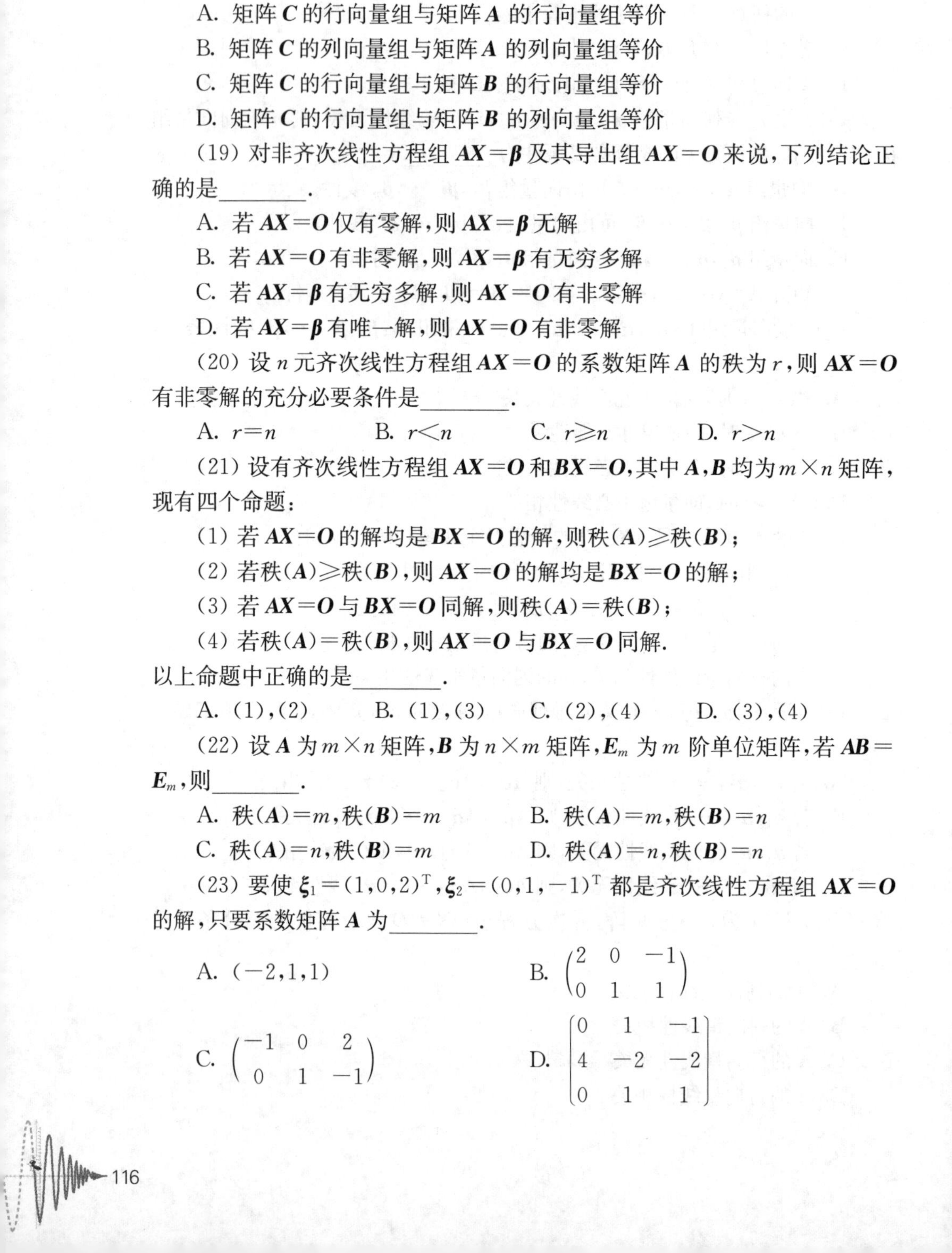

(18) 设矩阵 $\boldsymbol{A},\boldsymbol{B},\boldsymbol{C}$ 均为 n 阶矩阵,若 $\boldsymbol{AB}=\boldsymbol{C}$,$\boldsymbol{B}$ 可逆,则________.

A. 矩阵 $\boldsymbol{C}$ 的行向量组与矩阵 $\boldsymbol{A}$ 的行向量组等价

B. 矩阵 $\boldsymbol{C}$ 的列向量组与矩阵 $\boldsymbol{A}$ 的列向量组等价

C. 矩阵 $\boldsymbol{C}$ 的行向量组与矩阵 $\boldsymbol{B}$ 的行向量组等价

D. 矩阵 $\boldsymbol{C}$ 的行向量组与矩阵 $\boldsymbol{B}$ 的列向量组等价

(19) 对非齐次线性方程组 $\boldsymbol{AX}=\boldsymbol{\beta}$ 及其导出组 $\boldsymbol{AX}=\boldsymbol{O}$ 来说,下列结论正确的是________.

A. 若 $\boldsymbol{AX}=\boldsymbol{O}$ 仅有零解,则 $\boldsymbol{AX}=\boldsymbol{\beta}$ 无解

B. 若 $\boldsymbol{AX}=\boldsymbol{O}$ 有非零解,则 $\boldsymbol{AX}=\boldsymbol{\beta}$ 有无穷多解

C. 若 $\boldsymbol{AX}=\boldsymbol{\beta}$ 有无穷多解,则 $\boldsymbol{AX}=\boldsymbol{O}$ 有非零解

D. 若 $\boldsymbol{AX}=\boldsymbol{\beta}$ 有唯一解,则 $\boldsymbol{AX}=\boldsymbol{O}$ 有非零解

(20) 设 n 元齐次线性方程组 $\boldsymbol{AX}=\boldsymbol{O}$ 的系数矩阵 $\boldsymbol{A}$ 的秩为 r,则 $\boldsymbol{AX}=\boldsymbol{O}$ 有非零解的充分必要条件是________.

A. $r=n$　　B. $r<n$　　C. $r\geqslant n$　　D. $r>n$

(21) 设有齐次线性方程组 $\boldsymbol{AX}=\boldsymbol{O}$ 和 $\boldsymbol{BX}=\boldsymbol{O}$,其中 $\boldsymbol{A},\boldsymbol{B}$ 均为 $m\times n$ 矩阵,现有四个命题:

(1) 若 $\boldsymbol{AX}=\boldsymbol{O}$ 的解均是 $\boldsymbol{BX}=\boldsymbol{O}$ 的解,则秩$(\boldsymbol{A})\geqslant$秩$(\boldsymbol{B})$;

(2) 若秩$(\boldsymbol{A})\geqslant$秩$(\boldsymbol{B})$,则 $\boldsymbol{AX}=\boldsymbol{O}$ 的解均是 $\boldsymbol{BX}=\boldsymbol{O}$ 的解;

(3) 若 $\boldsymbol{AX}=\boldsymbol{O}$ 与 $\boldsymbol{BX}=\boldsymbol{O}$ 同解,则秩$(\boldsymbol{A})=$秩$(\boldsymbol{B})$;

(4) 若秩$(\boldsymbol{A})=$秩$(\boldsymbol{B})$,则 $\boldsymbol{AX}=\boldsymbol{O}$ 与 $\boldsymbol{BX}=\boldsymbol{O}$ 同解.

以上命题中正确的是________.

A. (1),(2)　　B. (1),(3)　　C. (2),(4)　　D. (3),(4)

(22) 设 $\boldsymbol{A}$ 为 $m\times n$ 矩阵,$\boldsymbol{B}$ 为 $n\times m$ 矩阵,$\boldsymbol{E}_m$ 为 m 阶单位矩阵,若 $\boldsymbol{AB}=\boldsymbol{E}_m$,则________.

A. 秩$(\boldsymbol{A})=m$,秩$(\boldsymbol{B})=m$　　B. 秩$(\boldsymbol{A})=m$,秩$(\boldsymbol{B})=n$

C. 秩$(\boldsymbol{A})=n$,秩$(\boldsymbol{B})=m$　　D. 秩$(\boldsymbol{A})=n$,秩$(\boldsymbol{B})=n$

(23) 要使 $\boldsymbol{\xi}_1=(1,0,2)^{\mathrm{T}}$,$\boldsymbol{\xi}_2=(0,1,-1)^{\mathrm{T}}$ 都是齐次线性方程组 $\boldsymbol{AX}=\boldsymbol{O}$ 的解,只要系数矩阵 $\boldsymbol{A}$ 为________.

A. $(-2,1,1)$　　B. $\begin{pmatrix} 2 & 0 & -1 \\ 0 & 1 & 1 \end{pmatrix}$

C. $\begin{pmatrix} -1 & 0 & 2 \\ 0 & 1 & -1 \end{pmatrix}$　　D. $\begin{bmatrix} 0 & 1 & -1 \\ 4 & -2 & -2 \\ 0 & 1 & 1 \end{bmatrix}$

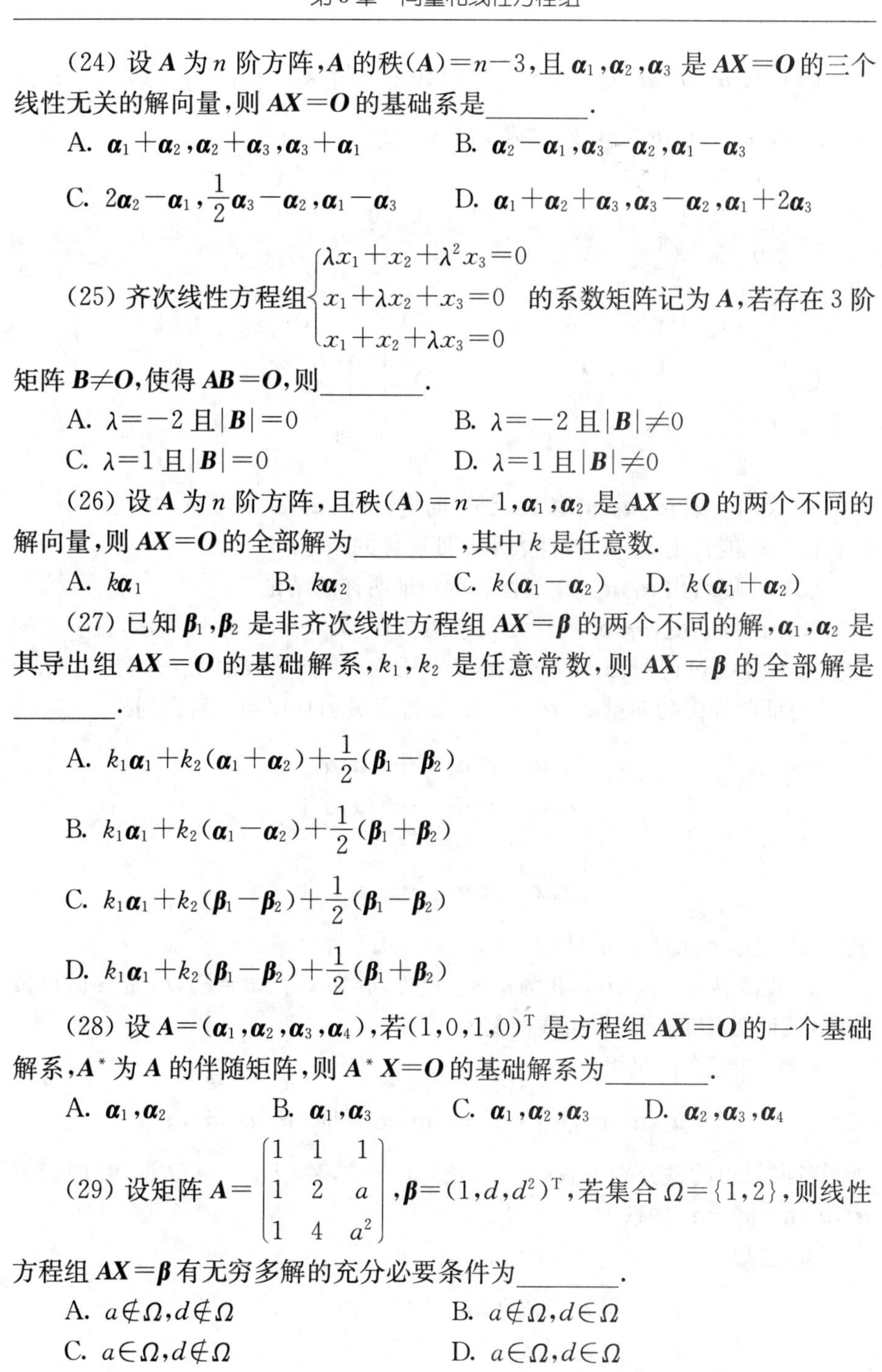

(24) 设 $\boldsymbol{A}$ 为 n 阶方阵，$\boldsymbol{A}$ 的秩$(\boldsymbol{A})=n-3$，且 $\boldsymbol{\alpha}_1,\boldsymbol{\alpha}_2,\boldsymbol{\alpha}_3$ 是 $\boldsymbol{AX}=\boldsymbol{O}$ 的三个线性无关的解向量，则 $\boldsymbol{AX}=\boldsymbol{O}$ 的基础系是________.

A. $\boldsymbol{\alpha}_1+\boldsymbol{\alpha}_2,\boldsymbol{\alpha}_2+\boldsymbol{\alpha}_3,\boldsymbol{\alpha}_3+\boldsymbol{\alpha}_1$　　B. $\boldsymbol{\alpha}_2-\boldsymbol{\alpha}_1,\boldsymbol{\alpha}_3-\boldsymbol{\alpha}_2,\boldsymbol{\alpha}_1-\boldsymbol{\alpha}_3$

C. $2\boldsymbol{\alpha}_2-\boldsymbol{\alpha}_1,\frac{1}{2}\boldsymbol{\alpha}_3-\boldsymbol{\alpha}_2,\boldsymbol{\alpha}_1-\boldsymbol{\alpha}_3$　　D. $\boldsymbol{\alpha}_1+\boldsymbol{\alpha}_2+\boldsymbol{\alpha}_3,\boldsymbol{\alpha}_3-\boldsymbol{\alpha}_2,\boldsymbol{\alpha}_1+2\boldsymbol{\alpha}_3$

(25) 齐次线性方程组$\begin{cases}\lambda x_1+x_2+\lambda^2x_3=0\\ x_1+\lambda x_2+x_3=0\\ x_1+x_2+\lambda x_3=0\end{cases}$ 的系数矩阵记为 $\boldsymbol{A}$，若存在3阶矩阵 $\boldsymbol{B}\neq\boldsymbol{O}$，使得 $\boldsymbol{AB}=\boldsymbol{O}$，则________.

A. $\lambda=-2$ 且 $|\boldsymbol{B}|=0$　　B. $\lambda=-2$ 且 $|\boldsymbol{B}|\neq0$

C. $\lambda=1$ 且 $|\boldsymbol{B}|=0$　　D. $\lambda=1$ 且 $|\boldsymbol{B}|\neq0$

(26) 设 $\boldsymbol{A}$ 为 n 阶方阵，且秩$(\boldsymbol{A})=n-1$，$\boldsymbol{\alpha}_1,\boldsymbol{\alpha}_2$ 是 $\boldsymbol{AX}=\boldsymbol{O}$ 的两个不同的解向量，则 $\boldsymbol{AX}=\boldsymbol{O}$ 的全部解为________，其中 k 是任意数.

A. $k\boldsymbol{\alpha}_1$　　B. $k\boldsymbol{\alpha}_2$　　C. $k(\boldsymbol{\alpha}_1-\boldsymbol{\alpha}_2)$　　D. $k(\boldsymbol{\alpha}_1+\boldsymbol{\alpha}_2)$

(27) 已知 $\boldsymbol{\beta}_1,\boldsymbol{\beta}_2$ 是非齐次线性方程组 $\boldsymbol{AX}=\boldsymbol{\beta}$ 的两个不同的解，$\boldsymbol{\alpha}_1,\boldsymbol{\alpha}_2$ 是其导出组 $\boldsymbol{AX}=\boldsymbol{O}$ 的基础解系，k_1,k_2 是任意常数，则 $\boldsymbol{AX}=\boldsymbol{\beta}$ 的全部解是________.

A. $k_1\boldsymbol{\alpha}_1+k_2(\boldsymbol{\alpha}_1+\boldsymbol{\alpha}_2)+\frac{1}{2}(\boldsymbol{\beta}_1-\boldsymbol{\beta}_2)$

B. $k_1\boldsymbol{\alpha}_1+k_2(\boldsymbol{\alpha}_1-\boldsymbol{\alpha}_2)+\frac{1}{2}(\boldsymbol{\beta}_1+\boldsymbol{\beta}_2)$

C. $k_1\boldsymbol{\alpha}_1+k_2(\boldsymbol{\beta}_1-\boldsymbol{\beta}_2)+\frac{1}{2}(\boldsymbol{\beta}_1-\boldsymbol{\beta}_2)$

D. $k_1\boldsymbol{\alpha}_1+k_2(\boldsymbol{\beta}_1-\boldsymbol{\beta}_2)+\frac{1}{2}(\boldsymbol{\beta}_1+\boldsymbol{\beta}_2)$

(28) 设 $\boldsymbol{A}=(\boldsymbol{\alpha}_1,\boldsymbol{\alpha}_2,\boldsymbol{\alpha}_3,\boldsymbol{\alpha}_4)$，若$(1,0,1,0)^{\mathrm{T}}$ 是方程组 $\boldsymbol{AX}=\boldsymbol{O}$ 的一个基础解系，$\boldsymbol{A}^*$ 为 $\boldsymbol{A}$ 的伴随矩阵，则 $\boldsymbol{A}^*\boldsymbol{X}=\boldsymbol{O}$ 的基础解系为________.

A. $\boldsymbol{\alpha}_1,\boldsymbol{\alpha}_2$　　B. $\boldsymbol{\alpha}_1,\boldsymbol{\alpha}_3$　　C. $\boldsymbol{\alpha}_1,\boldsymbol{\alpha}_2,\boldsymbol{\alpha}_3$　　D. $\boldsymbol{\alpha}_2,\boldsymbol{\alpha}_3,\boldsymbol{\alpha}_4$

(29) 设矩阵 $\boldsymbol{A}=\begin{pmatrix}1&1&1\\1&2&a\\1&4&a^2\end{pmatrix}$，$\boldsymbol{\beta}=(1,d,d^2)^{\mathrm{T}}$，若集合 $\Omega=\{1,2\}$，则线性方程组 $\boldsymbol{AX}=\boldsymbol{\beta}$ 有无穷多解的充分必要条件为________.

A. $a\notin\Omega,d\notin\Omega$　　B. $a\notin\Omega,d\in\Omega$

C. $a\in\Omega,d\notin\Omega$　　D. $a\in\Omega,d\in\Omega$

(30) 设 $\boldsymbol{\alpha}_1,\boldsymbol{\alpha}_2,\boldsymbol{\alpha}_3$ 是 3 维向量空间 $\mathbf{R}^3$ 的一个基，则由基 $\boldsymbol{\alpha}_1,\frac{1}{2}\boldsymbol{\alpha}_2,\frac{1}{3}\boldsymbol{\alpha}_3$ 到基 $\boldsymbol{\alpha}_1+\boldsymbol{\alpha}_2,\boldsymbol{\alpha}_2+\boldsymbol{\alpha}_3,\boldsymbol{\alpha}_3+\boldsymbol{\alpha}_1$ 的过渡矩阵为________.

A. $\begin{pmatrix}1&0&1\\2&2&0\\0&3&3\end{pmatrix}$　　B. $\begin{pmatrix}1&2&0\\0&2&3\\1&0&3\end{pmatrix}$

C. $\begin{pmatrix}\frac{1}{2}&\frac{1}{4}&-\frac{1}{6}\\-\frac{1}{2}&\frac{1}{4}&\frac{1}{6}\\\frac{1}{2}&-\frac{1}{4}&\frac{1}{6}\end{pmatrix}$　　D. $\begin{pmatrix}\frac{1}{2}&-\frac{1}{2}&\frac{1}{2}\\\frac{1}{4}&\frac{1}{4}&-\frac{1}{4}\\-\frac{1}{6}&\frac{1}{6}&\frac{1}{6}\end{pmatrix}$

3. 设向量组 $\boldsymbol{\alpha}_1,\boldsymbol{\alpha}_2,\boldsymbol{\alpha}_3$ 线性相关，向量组 $\boldsymbol{\alpha}_2,\boldsymbol{\alpha}_3,\boldsymbol{\alpha}_4$ 线性无关，问：

(1) $\boldsymbol{\alpha}_1$ 能否由 $\boldsymbol{\alpha}_2,\boldsymbol{\alpha}_3$ 线性表示？证明你的结论.

(2) $\boldsymbol{\alpha}_4$ 能否由 $\boldsymbol{\alpha}_1,\boldsymbol{\alpha}_2,\boldsymbol{\alpha}_3$ 线性表示？证明你的结论.

4. 已知 $\boldsymbol{\alpha}_1,\boldsymbol{\alpha}_2,\cdots,\boldsymbol{\alpha}_s$ 线性无关，$\boldsymbol{\beta}$ 可由 $\boldsymbol{\alpha}_1,\boldsymbol{\alpha}_2,\cdots,\boldsymbol{\alpha}_s$ 线性表示，且表示的系数全不为 0，试证明：$\boldsymbol{\alpha}_1,\boldsymbol{\alpha}_2,\cdots,\boldsymbol{\alpha}_s,\boldsymbol{\beta}$ 中任意 s 个向量线性无关.

5. 证明 n 维列向量 $\boldsymbol{\alpha}_1,\boldsymbol{\alpha}_2,\cdots,\boldsymbol{\alpha}_n$ 线性无关当且仅当 n 阶行列式

$$D=\begin{vmatrix}\boldsymbol{\alpha}_1^{\mathrm{T}}\boldsymbol{\alpha}_1&\boldsymbol{\alpha}_1^{\mathrm{T}}\boldsymbol{\alpha}_2&\cdots&\boldsymbol{\alpha}_1^{\mathrm{T}}\boldsymbol{\alpha}_n\\\boldsymbol{\alpha}_2^{\mathrm{T}}\boldsymbol{\alpha}_2&\boldsymbol{\alpha}_2^{\mathrm{T}}\boldsymbol{\alpha}_2&\cdots&\boldsymbol{\alpha}_2^{\mathrm{T}}\boldsymbol{\alpha}_n\\\vdots&\vdots&&\vdots\\\boldsymbol{\alpha}_n^{\mathrm{T}}\boldsymbol{\alpha}_1&\boldsymbol{\alpha}_n^{\mathrm{T}}\boldsymbol{\alpha}_2&\cdots&\boldsymbol{\alpha}_n^{\mathrm{T}}\boldsymbol{\alpha}_n\end{vmatrix}\neq 0,$$

其中 $\boldsymbol{\alpha}_i^{\mathrm{T}}$ 表示列向量 $\boldsymbol{\alpha}_i$ 的转置，$i=1,2,\cdots,n$.

6. 设 $\boldsymbol{A}$ 为 $n\times m$ 矩阵，$\boldsymbol{B}$ 为 $m\times n$ 矩阵，$n<m$，若 $\boldsymbol{AB}=\boldsymbol{E}_n$，$\boldsymbol{E}_n$ 是 n 阶单位矩阵，试证明：$\boldsymbol{B}$ 的列向量组线性无关.

7. 已知三个向量组：

$$(\mathrm{I})\ \boldsymbol{\alpha}_1,\boldsymbol{\alpha}_2,\boldsymbol{\alpha}_3,(\mathrm{II})\ \boldsymbol{\alpha}_1,\boldsymbol{\alpha}_2,\boldsymbol{\alpha}_3,\boldsymbol{\alpha}_4,(\mathrm{III})\ \boldsymbol{\alpha}_1,\boldsymbol{\alpha}_2,\boldsymbol{\alpha}_3,\boldsymbol{\alpha}_5,$$

如果各向量组的秩分别为秩(Ⅰ)＝秩(Ⅱ)＝3，秩(Ⅲ)＝4，试证明：向量组 $\boldsymbol{\alpha}_1,\boldsymbol{\alpha}_2,\boldsymbol{\alpha}_3,\boldsymbol{\alpha}_5-\boldsymbol{\alpha}_4$ 的秩为 4.

8. 已知：　　$\boldsymbol{\beta}=(1,1,b+3,5)^{\mathrm{T}}$,

$$\boldsymbol{\alpha}_1=(1,0,2,3)^{\mathrm{T}},\boldsymbol{\alpha}_2=(1,1,3,5)^{\mathrm{T}},$$
$$\boldsymbol{\alpha}_3=(1,-1,a+2,1)^{\mathrm{T}},\boldsymbol{\alpha}_4=(1,2,4,a+8)^{\mathrm{T}},$$

(1) a,b 为何值时，$\boldsymbol{\beta}$ 不能表示成 $\boldsymbol{\alpha}_1,\boldsymbol{\alpha}_2,\boldsymbol{\alpha}_3,\boldsymbol{\alpha}_4$ 的线性组合？

(2) a,b 为何值时，$\boldsymbol{\beta}$ 有 $\boldsymbol{\alpha}_1,\boldsymbol{\alpha}_2,\boldsymbol{\alpha}_3,\boldsymbol{\alpha}_4$ 的唯一线性表示式？请写出表示式.

9. 设有向量组

$$\boldsymbol{\alpha}_1=(1+\lambda,1,1)^{\mathrm{T}},\boldsymbol{\alpha}_2=(1,1+\lambda,1)^{\mathrm{T}},\boldsymbol{\alpha}_3=(1,1,1+\lambda)^{\mathrm{T}}$$

及向量 $\boldsymbol{\beta}=(0,\lambda,\lambda^2)^{\mathrm{T}}$，问：$\lambda$ 取何值时，

(1) $\boldsymbol{\beta}$ 可由 $\boldsymbol{\alpha}_1,\boldsymbol{\alpha}_2,\boldsymbol{\alpha}_3$ 线性表示且表示法唯一？

(2) $\boldsymbol{\beta}$ 可由 $\boldsymbol{\alpha}_1,\boldsymbol{\alpha}_2,\boldsymbol{\alpha}_3$ 线性表示且表示法不唯一？

(3) $\boldsymbol{\beta}$ 不能由 $\boldsymbol{\alpha}_1,\boldsymbol{\alpha}_2,\boldsymbol{\alpha}_3$ 线性表示？

10. 设线性方程组

$$\begin{cases}x_1+a_1x_2+a_1^2x_3=a_1^3\\x_1+a_2x_2+a_2^2x_3=a_2^3\\x_1+a_3x_2+a_3^2x_3=a_3^3\\x_1+a_4x_2+a_4^2x_3=a_4^3\end{cases},$$

(1) 证明：若 a_1,a_2,a_3,a_4 两两不相等，则此线性方程组无解？

(2) 设 $a_1=a_3=k,a_2=a_4=-k,k$ 是非零数，且已知 $\boldsymbol{\beta}_1,\boldsymbol{\beta}_2$ 是该方程组的两个解，其中 $\boldsymbol{\beta}_1=(-1,1,1)^{\mathrm{T}},\boldsymbol{\beta}_2=(1,1,-1)^{\mathrm{T}}$，写出此方程组的全部解.

11. 设 $\boldsymbol{\alpha}_1,\boldsymbol{\alpha}_2,\boldsymbol{\alpha}_3$ 是齐次线性方程组 $\boldsymbol{AX}=\boldsymbol{O}$ 的一个基础解系，试证明：

$$\boldsymbol{\alpha}_1+\boldsymbol{\alpha}_2,\boldsymbol{\alpha}_2+\boldsymbol{\alpha}_3,\boldsymbol{\alpha}_3+\boldsymbol{\alpha}_1$$

也是该方程组的一个基础解系.

12. 设 $\boldsymbol{A}$ 是 n 阶矩阵，若存在正整数 k，使线性方程组 $\boldsymbol{A}^k\boldsymbol{X}=\boldsymbol{O}$ 有解向量 $\boldsymbol{\alpha}$，但 $\boldsymbol{A}^{k-1}\boldsymbol{\alpha}\neq\boldsymbol{O}$，证明向量组 $\boldsymbol{\alpha},\boldsymbol{A\alpha},\cdots,\boldsymbol{A}^{k-1}\boldsymbol{\alpha}$ 是线性无关的.

13. 设 $\boldsymbol{A}$ 为 n 阶实矩阵，证明：秩$(\boldsymbol{A})=$秩$(\boldsymbol{A}^{\mathrm{T}}\boldsymbol{A})$.

14. k 为何值时，线性方程组

$$\begin{cases}x_1+x_2+kx_3=4\\-x_1+kx_2+x_3=k^2\\x_1-x_2+2x_3=-4\end{cases}$$

有唯一解、无解、有无穷多解？在有无穷多解情况下，求其全部解.

15. 已知下列非齐次线性方程组(Ⅰ)、(Ⅱ)：

$$(\text{Ⅰ}):\begin{cases}x_1+x_2-2x_4=-6\\4x_1-x_2-x_3-x_4=1;\\3x_1-x_2-x_3=3\end{cases}\quad(\text{Ⅱ}):\begin{cases}x_1+mx_2-x_3-x_4=-5\\nx_2-x_3-x_4=-7\\x_3-2x_4=-t+1\end{cases},$$

(1) 求解方程组(Ⅰ),用其导出组的基础解系表示全部解;

(2) 问方程组(Ⅱ)中参数 m,n,t 为何值时,方程组(Ⅰ)与(Ⅱ)同解?

16. 设 $\boldsymbol{\eta}_0,\boldsymbol{\eta}_1,\cdots,\boldsymbol{\eta}_{n-r}$ 为 $\boldsymbol{AX}=\boldsymbol{\beta}$ 的 $n-r+1$ 个线性无关的解向量,矩阵 $\boldsymbol{A}$ 的秩为 r,试证明:$\boldsymbol{\eta}_1-\boldsymbol{\eta}_0,\boldsymbol{\eta}_2-\boldsymbol{\eta}_0,\cdots,\boldsymbol{\eta}_{n-r}-\boldsymbol{\eta}_0$ 是导出组 $\boldsymbol{AX}=\boldsymbol{O}$ 的一个基础解系.

第 4 章　相似矩阵和二次型

本章内容只作简单的介绍，不作详细讨论，主要涉及相似矩阵和二次型问题，前者来自于线性空间中的线性变换，后者来自于解析几何中的二次曲线的化简，它们都是线性代数理论的重要组成部分，不但在数学的许多分支有重要的研究价值，而且在工程技术和经济管理领域也都有重要的应用.

§ 4.1　矩阵的特征值和特征向量

定义 4.1.1　设 $\boldsymbol{A}$ 是 n 阶矩阵，λ_0 是一个数，若存在 n 维非零列向量 $\boldsymbol{\xi}$，使得

$$\boldsymbol{A\xi} = \lambda_0\boldsymbol{\xi}, \tag{4.1.1}$$

则称 λ_0 是 $\boldsymbol{A}$ 的特征值，$\boldsymbol{\xi}$ 是 $\boldsymbol{A}$ 属于特征值 λ_0 的特征向量.

将(4.1.1)式改写为

$$(\lambda_0\boldsymbol{E}_n - \boldsymbol{A})\boldsymbol{\xi} = \boldsymbol{O}, \tag{4.1.2}$$

则特征向量就 $\boldsymbol{\xi}$ 是 n 元齐次线性方程组 $(\lambda_0\boldsymbol{E}_n-\boldsymbol{A})\boldsymbol{X}=\boldsymbol{O}$ 的一个非零解向量.

我们知道，这个齐次线性方程组 $(\lambda_0\boldsymbol{E}_n-\boldsymbol{A})\boldsymbol{X}=\boldsymbol{O}$ 的方程个数和未知量个数相同，都是 n，因此它存在非零解的充要条件是

$$|\lambda_0\boldsymbol{E}_n - \boldsymbol{A}| = 0. \tag{4.1.3}$$

这就引出了以下特征多项式的概念.

定义 4.1.2　设 $\boldsymbol{A}=(a_{ij})_n$ 是 n 阶矩阵，λ 是一个变量，称一元 n 次多项式

$$f(\lambda) = |\lambda\boldsymbol{E}_n - \boldsymbol{A}| = \begin{vmatrix} \lambda - a_{11} & -a_{12} & \cdots & -a_{1n} \\ -a_{21} & \lambda - a_{22} & \cdots & -a_{2n} \\ \vdots & \vdots & & \vdots \\ -a_{n1} & -a_{n2} & \cdots & \lambda - a_{nn} \end{vmatrix} \tag{4.1.4}$$

为$\boldsymbol{A}$的特征多项式.

由(4.1.3)式和(4.1.4)式知,$\boldsymbol{A}$的特征值就是$\boldsymbol{A}$的特征多项式$|\lambda\boldsymbol{E}_n-\boldsymbol{A}|$的根.

有一点读者必须注意,由于多项式的根有可能是复数,因此,当矩阵的特征值是复数时,相应的特征向量就有可能是复数向量了.

下面我们总结一下求n阶矩阵$\boldsymbol{A}$的特征值和特征向量的主要步骤.

第一步:计算$\boldsymbol{A}$的特征多项式$|\lambda\boldsymbol{E}_n-\boldsymbol{A}|$;

第二步:求$\boldsymbol{A}$的特征多项式$|\lambda\boldsymbol{E}_n-\boldsymbol{A}|$的所有根(一定有$n$个根,可能是复数根或是重根,重根按重数计算),设$\boldsymbol{A}$的全部特征值为$\lambda_1,\lambda_2,\cdots,\lambda_n$;

第三步:对于$\boldsymbol{A}$的每一不同特征值λ_i,求相应的n元齐次线性方程组$(\lambda_i\boldsymbol{E}_n-\boldsymbol{A})\boldsymbol{X}=\boldsymbol{O}$的基础解系$\boldsymbol{\eta}_{i_1},\boldsymbol{\eta}_{i_2},\cdots,\boldsymbol{\eta}_{i_{r_i}}$,则$\boldsymbol{A}$的属于特征值$\lambda_i$的全部特征向量是

$$k_1\boldsymbol{\eta}_{i_1}+k_2\boldsymbol{\eta}_{i_2}+\cdots+k_{i_{r_i}}\boldsymbol{\eta}_{i_{r_i}},$$

其中$k_1,k_2,\cdots,k_{i_{r_i}}$是任意一组不全为0的数.

例 4.1.1 求矩阵$\boldsymbol{A}=\begin{pmatrix}-2&0&0\\2&0&2\\3&1&1\end{pmatrix}$的特征值和特征向量.

解:$\boldsymbol{A}$的特征多项式

$$|\lambda\boldsymbol{E}_3-\boldsymbol{A}|=\begin{vmatrix}\lambda+2&0&0\\-2&\lambda&-2\\-3&-1&\lambda-1\end{vmatrix}=(\lambda+2)(\lambda+1)(\lambda-2),$$

于是$\boldsymbol{A}$的特征值为$-2,-1,2$.

当$\lambda=-2$时,齐次线性方程组$(-2\boldsymbol{E}_3-\boldsymbol{A})\boldsymbol{X}=\boldsymbol{O}$的基础解系是

$$\boldsymbol{\xi}_1=(1,0,-1)^{\mathrm{T}},$$

因此$\boldsymbol{A}$属于特征值-2的全部特征向量是$k_1\boldsymbol{\xi}_1$,其中k_1是任意非零数.

当$\lambda=-1$时,齐次线性方程组$(-\boldsymbol{E}_3-\boldsymbol{A})\boldsymbol{X}=\boldsymbol{O}$的基础解系是

$$\boldsymbol{\xi}_2=(0,2,-1)^{\mathrm{T}},$$

因此$\boldsymbol{A}$属于特征值-1的全部特征向量是$k_2\boldsymbol{\xi}_2$,其中k_2是任意非零数.

当$\lambda=2$时,齐次线性方程组$(2\boldsymbol{E}_3-\boldsymbol{A})\boldsymbol{X}=\boldsymbol{O}$的基础解系是

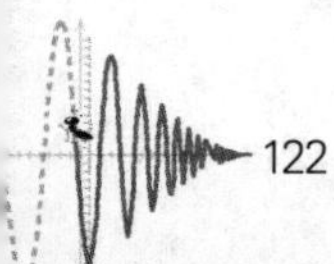

$$\boldsymbol{\xi}_3=(0,1,1)^{\mathrm{T}},$$

因此 $\boldsymbol{A}$ 属于特征值 2 的全部特征向量是 $k_3\boldsymbol{\xi}_3$，其中 k_3 是任意非零数.

例 4.1.2　求矩阵 $\boldsymbol{A}=\begin{pmatrix}1&2&2\\2&1&2\\2&2&1\end{pmatrix}$ 的特征值和特征向量.

解：$\boldsymbol{A}$ 的特征多项式 $|\lambda\boldsymbol{E}_3-\boldsymbol{A}|=\begin{vmatrix}\lambda-1&-2&-2\\-2&\lambda-1&-2\\-2&-2&\lambda-1\end{vmatrix}=(\lambda+1)^2(\lambda-5)$，

于是 $\boldsymbol{A}$ 的特征值为 -1（二重）和 5.

当 $\lambda=-1$ 时，齐次线性方程组 $(-\boldsymbol{E}_3-\boldsymbol{A})\boldsymbol{X}=\boldsymbol{O}$ 的基础解系为

$$\boldsymbol{\xi}_1=(1,0,-1)^{\mathrm{T}},\boldsymbol{\xi}_2=(0,1,-1)^{\mathrm{T}},$$

因此 $\boldsymbol{A}$ 属于特征值 -1 的全部特征向量为 $k_1\boldsymbol{\xi}_1+k_2\boldsymbol{\xi}_2$，其中 k_1,k_2 是任意一组不全为零的数.

当 $\lambda=5$ 时，齐次线性方程组 $(5\boldsymbol{E}_3-\boldsymbol{A})\boldsymbol{X}=\boldsymbol{O}$ 的基础解系为

$$\boldsymbol{\xi}_3=(1,1,1)^{\mathrm{T}},$$

因此 $\boldsymbol{A}$ 属于特征值 5 的全部特征向量为 $k_3\boldsymbol{\xi}_3$，其中 k_3 是任意非零数.

例 4.1.3　设 μ 是 n 阶矩阵 $\boldsymbol{A}$ 的特征值，证明：

(1) μ^2 是 $\boldsymbol{A}^2$ 的特征值；

(2) 2μ 是 $2\boldsymbol{A}$ 的特征值；

(3) $1+2\mu$ 是 $\boldsymbol{E}_n+2\boldsymbol{A}$ 的特征值.

证明：因为 μ 是 $\boldsymbol{A}$ 的特征值，所以存在 n 维非零列向量 $\boldsymbol{\xi}$，使得 $\boldsymbol{A\xi}=\mu\boldsymbol{\xi}$.

(1)　$$\boldsymbol{A}^2\boldsymbol{\xi}=\boldsymbol{A}(\boldsymbol{A\xi})=\boldsymbol{A}(\mu\boldsymbol{\xi})=\mu(\boldsymbol{A\xi})=\mu(\mu\boldsymbol{\xi})=\mu^2\boldsymbol{\xi},$$

故 μ^2 是 $\boldsymbol{A}^2$ 的特征值.

(2)　$$(2\boldsymbol{A})\boldsymbol{\xi}=2(\boldsymbol{A\xi})=2\mu\boldsymbol{\xi},$$

故 2μ 是 $2\boldsymbol{A}$ 的特征值.

(3)　$$(\boldsymbol{E}_n+2\boldsymbol{A})\boldsymbol{\xi}=\boldsymbol{E}_n\boldsymbol{\xi}+2(\boldsymbol{A\xi})=\boldsymbol{\xi}+2\mu\boldsymbol{\xi}=(1+2\mu)\boldsymbol{\xi},$$

故 $1+2\mu$ 是 $\boldsymbol{E}_n+2\boldsymbol{A}$ 的特征值.

利用矩阵的特征值，我们可以求它的行列式和判断它的可逆性.

定理 4.1.1　若 $\lambda_1,\lambda_2,\cdots,\lambda_n$ 是 n 阶矩阵 $\boldsymbol{A}$ 的全部特征值，则

$$|\boldsymbol{A}|=\lambda_1\lambda_2\cdots\lambda_n.$$

推论 4.1.1　n 阶矩阵 $\boldsymbol{A}$ 是可逆矩阵的充要条件是 $\boldsymbol{A}$ 的特征值全不为零.

例 4.1.4　设 $\boldsymbol{A}$ 是 3 阶矩阵，$-1,2,1$ 是 $\boldsymbol{A}$ 的全部特征值，$\boldsymbol{A}^*$ 是 $\boldsymbol{A}$ 的伴随矩阵，求行列式

$$|\boldsymbol{A}^* - 4\boldsymbol{A}^{-1}|.$$

解：因为 $|\boldsymbol{A}|=(-1)\times 2\times 1=-2$，$\boldsymbol{A}^*=|\boldsymbol{A}|\boldsymbol{A}^{-1}=-2\boldsymbol{A}^{-1}$，所以

$$\begin{aligned}|\boldsymbol{A}^* - 4\boldsymbol{A}^{-1}| &= |-6\boldsymbol{A}^{-1}| = (-6)^3\,|\boldsymbol{A}^{-1}| \\ &= -216\,|\boldsymbol{A}|^{-1} = -216\times\left(-\frac{1}{2}\right) = 108.\end{aligned}$$

下面定理的结论是矩阵特征值的一个十分重要的性质.

定理 4.1.2　属于不同特征值的特征向量是线性无关的.

§4.2　矩阵相似和可对角化

可以认为，在所有矩阵形式中，对角矩阵最为简单. 在线性代数理论中，一个矩阵要与一个对角矩阵相关联，就需要讨论所谓矩阵的相似关系.

定义 4.2.1　设 $\boldsymbol{A},\boldsymbol{B}$ 都是 n 阶矩阵，若存在 n 阶可逆矩阵 $\boldsymbol{P}$，使得

$$\boldsymbol{B} = \boldsymbol{P}^{-1}\boldsymbol{A}\boldsymbol{P},$$

则称 $\boldsymbol{A}$ 相似于 $\boldsymbol{B}$.

矩阵的相似关系是同阶矩阵间的一类重要关系，它是矩阵间的一种等价关系.

性质 4.2.1　设 $\boldsymbol{A},\boldsymbol{B},\boldsymbol{C}$ 都是同阶矩阵，则

(1)（**自身性**）$\boldsymbol{A}$ 相似于 $\boldsymbol{A}$；

(2)（**对称性**）若 $\boldsymbol{A}$ 相似于 $\boldsymbol{B}$，则 $\boldsymbol{B}$ 相似于 $\boldsymbol{A}$；

(3)（**传递性**）若 $\boldsymbol{A}$ 相似于 $\boldsymbol{B}$，$\boldsymbol{B}$ 相似于 $\boldsymbol{C}$，则 $\boldsymbol{A}$ 相似于 $\boldsymbol{C}$.

定理 4.2.1　相似矩阵有相同的特征多项式，从而有相同的特征值.

注意定理 4.2.1 的逆命题不成立. 例如，设 $\boldsymbol{A}=\begin{pmatrix}1&0\\0&1\end{pmatrix}$，$\boldsymbol{B}=\begin{pmatrix}1&1\\0&1\end{pmatrix}$，$\boldsymbol{A}$ 与 $\boldsymbol{B}$ 的特征值均为 1，但 $\boldsymbol{A}$ 与 $\boldsymbol{B}$ 不相似，因为 $\boldsymbol{A}$ 是单位矩阵，与单位矩阵相似的矩阵也只能是单位矩阵.

定义 4.2.2　设 $\boldsymbol{A}$ 是 n 阶矩阵，若 $\boldsymbol{A}$ 相似于一个 n 阶对角矩阵，即存在 n

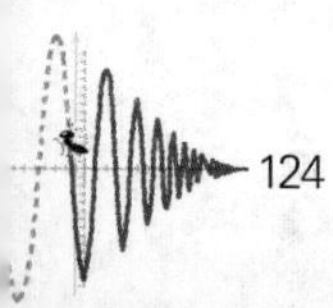

阶可逆矩阵 $\boldsymbol{P}$，使得 $\boldsymbol{P}^{-1}\boldsymbol{AP}$ 是 n 阶对角矩阵，则称矩阵 $\boldsymbol{A}$ 可对角化.

一般矩阵不一定可对角化，下面的定理及推论给出了矩阵可对角化的条件.

定理 4.2.2　n 阶矩阵 $\boldsymbol{A}$ 可对角化的充要条件是 $\boldsymbol{A}$ 有 n 个线性无关的特征向量.

由定理 4.2.2 和定理 4.1.2 立得：

推论 4.2.1　若 n 阶矩阵 $\boldsymbol{A}$ 有 n 个不同的特征值（即特征值都是单根），则 $\boldsymbol{A}$ 可对角化.

定理 4.2.3　n 阶矩阵 $\boldsymbol{A}$ 可对角化的充要条件是对于 $\boldsymbol{A}$ 的每一个特征值 λ_0，都有

$$n-\text{秩}(\lambda_0\boldsymbol{E}-\boldsymbol{A})=\lambda_0\text{ 作为 }\boldsymbol{A}\text{ 的特征多项式的根的重数}.$$

定理 4.2.3 不但给我们提供了判断一个已知矩阵是否可对角化的方法，而且也给出了当矩阵 $\boldsymbol{A}$ 可对角化时，求满足 $\boldsymbol{P}^{-1}\boldsymbol{AP}$ 为对角矩阵的可逆矩阵 $\boldsymbol{P}$ 的算法，计算步骤如下.

设 $\boldsymbol{A}$ 是 n 阶可对角化矩阵，

第一步：求出矩阵 $\boldsymbol{A}$ 的全部特征值，设 $\boldsymbol{A}$ 的不同特征值为 $\lambda_1,\lambda_2,\cdots,\lambda_t$，其中 λ_i 作为 $\boldsymbol{A}$ 的特征多项式的根的重数是 $r_i(i=1,2,\cdots,t)$；

第二步：对于每一个特征值 λ_i，求 n 元齐次线性方程组 $(\lambda_i\boldsymbol{E}_n-\boldsymbol{A})\boldsymbol{X}=\boldsymbol{O}$ 的一个基础解系 $\boldsymbol{\alpha}_{i1},\boldsymbol{\alpha}_{i2},\cdots,\boldsymbol{\alpha}_{ir_i}(i=1,2,\cdots,t)$；

第三步：将上述 t 个齐次线性方程组的基础解系作为列向量构造矩阵

$$\boldsymbol{P}=(\boldsymbol{\alpha}_{11},\cdots,\boldsymbol{\alpha}_{1r_1},\cdots,\boldsymbol{\alpha}_{t1},\cdots,\boldsymbol{\alpha}_{tr_t}),$$

则 $\boldsymbol{P}$ 就是所求的可逆矩阵，并且

$$\boldsymbol{P}^{-1}\boldsymbol{AP}=\begin{pmatrix}\lambda_1 &&&&&\\ &\ddots&&&&\\ &&\lambda_1&&&\\ &&&\ddots&&\\ &&&&\lambda_t&\\ &&&&&\ddots&\\ &&&&&&\lambda_t\end{pmatrix}.$$

例 4.2.1　判断矩阵 $\boldsymbol{A}=\begin{pmatrix}1&-2&2\\-2&-2&4\\2&4&-2\end{pmatrix}$ 是否可对角化，若可对角

化,求可逆矩阵 $\boldsymbol{P}$,使得 $\boldsymbol{P}^{-1}\boldsymbol{AP}$ 为对角矩阵.

解:(1) 由 $|\lambda\boldsymbol{E}_3-\boldsymbol{A}|=(\lambda-2)^2(\lambda+7)$ 知,$\boldsymbol{A}$ 的特征值为 2(2 重根),-7(单根).

因为 $3-$秩$(2\boldsymbol{E}_3-\boldsymbol{A})=3-1=2$,$3-$秩$(-7\boldsymbol{E}_3-\boldsymbol{A})=3-2=1$,所以 $\boldsymbol{A}$ 可对角化.

当 $\lambda=-7$ 时,齐次线性方程组 $(-7\boldsymbol{E}_3-\boldsymbol{A})\boldsymbol{X}=\boldsymbol{O}$ 的基础解系为 $\boldsymbol{\alpha}_1=(1,2,-2)^{\mathrm{T}}$;

当 $\lambda=2$ 时,齐次线性方程组 $(2\boldsymbol{E}_3-\boldsymbol{A})\boldsymbol{X}=\boldsymbol{O}$ 的基础解系为 $\boldsymbol{\alpha}_2=(-2,1,0)^{\mathrm{T}}$,$\boldsymbol{\alpha}_3=(2,0,1)^{\mathrm{T}}$.

令

$$\boldsymbol{P}=(\boldsymbol{\alpha}_1,\boldsymbol{\alpha}_2,\boldsymbol{\alpha}_3)=\begin{pmatrix}1&-2&2\\2&1&0\\-2&0&1\end{pmatrix},$$

则 $\boldsymbol{P}$ 是可逆矩阵,且

$$\boldsymbol{P}^{-1}\boldsymbol{AP}=\begin{pmatrix}-7&0&0\\0&2&0\\0&0&2\end{pmatrix}.$$

§4.3 化二次型为标准型

定义 4.3.1 含有 n 个变量 $x_1,x_2,\cdots,x_n$ 的二次齐次实系数多项式

$$f(x_1,x_2,\cdots,x_n)=a_{11}x_1^2+2a_{12}x_1x_2+2a_{13}x_1x_3+\cdots+2a_{1n}x_1x_n+a_{22}x_2^2+2a_{23}x_2x_3+\cdots+2a_{2n}x_2x_n+\cdots+a_{nn}x_n^2 \quad (4.3.1)$$

称为 n 元实二次型,简称实二次型.

特别地,交叉项系数全为零的 n 元二次型,即形如

$$d_1x_1^2+d_2x_2^2+\cdots+d_nx_n^2 \quad (4.3.2)$$

的二次型称为标准型.

在线性代数中,用矩阵方法来处理研究的对象,这是最为本质的,下面我们给出二次型的矩阵形式.

在(4.3.1)式中,令

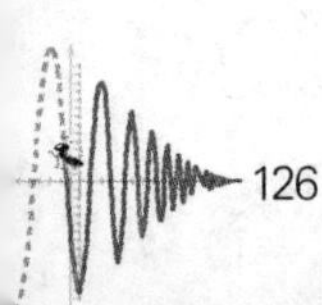

$$a_{ij}=a_{ji}(i,j=1,2,\cdots,n),\text{记}\boldsymbol{A}=(a_{ij})_n,\boldsymbol{X}=(x_1,x_2,\cdots,x_n)^{\mathrm{T}},$$

则(4.3.1)式就可以改写为矩阵乘积的形式

$$f(x_1,x_2,\cdots,x_n)=\boldsymbol{X}^{\mathrm{T}}\boldsymbol{A}\boldsymbol{X}. \tag{4.3.3}$$

定义 4.3.2　称(4.3.3)式中的 n 阶实矩阵 $\boldsymbol{A}$ 为 n 元实二次型 $f(x_1,x_2,\cdots,x_n)$ 的矩阵，矩阵 $\boldsymbol{A}$ 的秩也称为二次型 $f(x_1,x_2,\cdots,x_n)$ 的秩.

值得提醒的是，实二次型的矩阵一定是实对称矩阵；特别地，实二次型的标准型矩阵一定是对角矩阵.

在解析几何中，当坐标原点与中心重合时，一个有心二次曲线的一般方程是

$$ax^2+2bxy+cy^2=f. \tag{4.3.4}$$

为了便于研究这个二次曲线的几何性质，我们可以选择适当的角度 θ，作逆时针方向旋转：

$$\begin{cases}x=x'\cos\theta-y'\sin\theta\\ y=x'\sin\theta+y'\cos\theta\end{cases}, \tag{4.3.5}$$

将方程化为标准方程(即交叉项系数全为零的方程).

(4.3.4)式的左端就是一个实二次型. 从代数的观点看，将(4.3.4)式的左端化为标准方程就是用变量的线性替换(4.3.5)化为一个实二次型，使它只含有平方项，即一个标准型.

一般要研究二次型的性质往往也要通过化标准型来研究，化标准型的方法就要用到以下线性替换这一工具.

定义 4.3.3　设 $x_1,x_2,\cdots,x_n$ 和 $y_1,y_2,\cdots,y_n$ 是两组变量，下列一组关系式：

$$\begin{cases}x_1=c_{11}y_1+c_{12}y_2+\cdots+c_{1n}y_n\\ x_2=c_{21}y_1+c_{22}y_2+\cdots+c_{2n}y_n\\ \qquad\vdots\\ x_n=c_{n1}y_1+c_{n2}y_2+\cdots+c_{nn}y_n\end{cases} \tag{4.3.6}$$

称为由 $x_1,x_2,\cdots,x_n$ 到 $y_1,y_2,\cdots,y_n$ 的一个线性替换.

令

$$\boldsymbol{X}=(x_1,x_2,\cdots,x_n)^{\mathrm{T}},\boldsymbol{Y}=(y_1,y_2,\cdots,y_n)^{\mathrm{T}},\boldsymbol{C}=(c_{ij})_{n\times n},$$

则(4.3.6)式可以改写为

$$X = CY. \tag{4.3.7}$$

若$|C| \neq 0$,则称线性替换$X=CY$为非退化的.

在变换二次型时,我们总是要求所作的线性替换是非退化的.从几何上看,这一点是自然的,因为坐标变换一定是非退化的.一般地,当线性替换$X=CY$为非退化的时,只要作$Y=C^{-1}X$就可将二次型还原,这样就能使我们从新的二次型的性质来推知原二次型的性质.

若一个实二次型经过某一非退化的线性替换化为新的二次型时,这前后两个二次型的矩阵有什么关系?

定理 4.3.1 设二次型$f(x_1,x_2,\cdots,x_n)=X^{\mathrm{T}}AX$(其中$A^{\mathrm{T}}=A$)经过一个非退化的线性替换$X=CY$,变为$g(y_1,y_2,\cdots,y_n)=Y^{\mathrm{T}}BY$(其中$B^{\mathrm{T}}=B$),则存在可逆的$n$阶矩阵$C$,使得$B=C^{\mathrm{T}}AC$.

定义 4.3.4 设A,B都为n阶矩阵,若存在n阶可逆矩阵C,使得

$$B = C^{\mathrm{T}}AC,$$

则称A合同于B.

矩阵的合同关系是同阶矩阵间的一类重要关系,它是一种等价关系.

性质 4.3.1 设A,B,C都是同阶方阵,则

(1) (**自身性**)A合同于A;

(2) (**对称性**)若A合同于B,则B合同于A;

(3) (**传递性**)若A合同于B,B合同于C,则A合同于C.

定理 4.3.1 告诉我们,一个实二次型能否通过非退化的线性替换化为另一个二次型与这两个二次型的矩阵是否合同是同一回事.

一个实二次型能否通过非退化的线性替换化为标准型,即一个实对称矩阵能否合同于一个对角矩阵?下面的定理和推论给了我们一个明确的答案.

定理 4.3.2 任意一个实二次型都可以经过非退化的线性替换化为标准型.

推论 4.3.1 任意一个对称矩阵都合同于一个同阶的对角矩阵.

怎样找非退化线性替换将二次型化为标准型?最简单的方法就是用初等代数的配方法.

例 4.3.1 用非退化线性替换化下列二次型为标准型,并利用矩阵验算所得的结果:

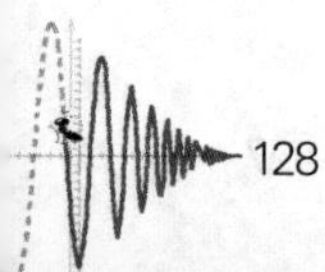

(1) $f(x_1,x_2,x_3)=x_1^2+2x_1x_2+2x_1x_3-6x_2x_3+x_3^2$;

(2) $f(x_1,x_2,x_3)=x_1x_2+x_1x_3+x_2x_3$.

解:(1) 直接配方:

$$f(x_1,x_2,x_3)=(x_1+x_2+x_3)^2-(x_2+4x_3)^2+16x_3^2,$$

令

$$\begin{cases}y_1=x_1+x_2+x_3\\y_2=x_2+4x_3\\y_3=x_3\end{cases},$$

即

$$\begin{cases}x_1=y_1-y_2+3y_3\\x_2=y_2-4y_3\\x_3=y_3\end{cases},$$

则

$$f(x_1,x_2,x_3)=y_1^2-y_2^2+16y_3^2,$$

所用的非退化的线性替换为

$$\begin{pmatrix}x_1\\x_2\\x_3\end{pmatrix}=\begin{pmatrix}1&-1&3\\0&1&-4\\0&0&1\end{pmatrix}\begin{pmatrix}y_1\\y_2\\y_3\end{pmatrix}.$$

验算:$\boldsymbol{A}=\begin{pmatrix}1&1&1\\1&0&-3\\1&-3&1\end{pmatrix}$,$\boldsymbol{C}=\begin{pmatrix}1&-1&3\\0&1&-4\\0&0&1\end{pmatrix}$,

则

$$\boldsymbol{C}^{\mathrm{T}}\boldsymbol{A}\boldsymbol{C}=\begin{pmatrix}1&0&0\\0&-1&0\\0&0&16\end{pmatrix}.$$

(2) 由于二次型的平方项系数全为0,因此需要先作一个特殊的线性替换,将二次型化为有平方项系数不全为0的二次型.为此,令

$$\begin{cases} x_1 = y_1 + y_2 \\ x_2 = y_1 - y_2, \\ x_3 = y_3 \end{cases}$$

即

$$\begin{pmatrix} x_1 \\ x_2 \\ x_3 \end{pmatrix} = \begin{pmatrix} 1 & 1 & 0 \\ 1 & -1 & 0 \\ 0 & 0 & 1 \end{pmatrix} \begin{pmatrix} y_1 \\ y_2 \\ y_3 \end{pmatrix}, \tag{1}$$

则

$$f(x_1, x_2, x_3) = y_1^2 + 2y_1 y_3 - y_2^2.$$

再配方：

$$y_1^2 + 2y_1 y_3 - y_2^2 = (y_1 + y_3)^2 - y_2^2 - y_3^2,$$

令

$$\begin{cases} z_1 = y_1 + y_3 \\ z_2 = y_2 \qquad, \\ z_3 = y_3 \end{cases}$$

也就是

$$\begin{cases} y_1 = z_1 - z_3 \\ y_2 = z_2 \qquad, \\ y_3 = z_3 \end{cases}$$

即

$$\begin{pmatrix} y_1 \\ y_2 \\ y_3 \end{pmatrix} = \begin{pmatrix} 1 & 0 & -1 \\ 0 & 1 & 0 \\ 0 & 0 & 1 \end{pmatrix} \begin{pmatrix} z_1 \\ z_2 \\ z_3 \end{pmatrix}, \tag{2}$$

则

$$f(x_1, x_2, x_3) = z_1^2 - z_2^2 - z_3^2.$$

将上述两个非退化的线性替换(1)和(2)合并，即得所用的非退化线性替换：

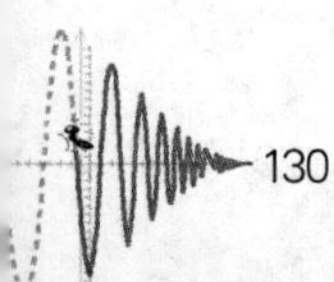

$$\begin{pmatrix}x_1\\x_2\\x_3\end{pmatrix}=\begin{pmatrix}1&1&0\\1&-1&0\\0&0&1\end{pmatrix}\begin{pmatrix}1&0&-1\\0&1&0\\0&0&1\end{pmatrix}\begin{pmatrix}z_1\\z_2\\z_3\end{pmatrix}$$

$$=\begin{pmatrix}1&1&-1\\1&-1&-1\\0&0&1\end{pmatrix}\begin{pmatrix}z_1\\z_2\\z_3\end{pmatrix}.$$

验算：$\boldsymbol{A}=\begin{pmatrix}0&\frac{1}{2}&\frac{1}{2}\\\frac{1}{2}&0&\frac{1}{2}\\\frac{1}{2}&\frac{1}{2}&0\end{pmatrix}$，$C=\begin{pmatrix}1&1&-1\\1&-1&-1\\0&0&1\end{pmatrix}$，则

$$\boldsymbol{C}^{\mathrm{T}}\boldsymbol{A}\boldsymbol{C}=\begin{pmatrix}1&0&0\\0&-1&0\\0&0&-1\end{pmatrix}.$$

化实二次型为标准型与所作的非退化的线性替换有关，因此，它的标准型是不唯一的，但在它的所有标准型中，正(负)平方项的个数是唯一的，这就是著名的惯性定理，它是在 18 世纪中叶被数学家雅可比证实的.

定理 4.3.3(惯性定理)　任意一个 n 元实二次型 $f(x_1,x_2,\cdots,x_n)=\boldsymbol{X}^{\mathrm{T}}\boldsymbol{A}\boldsymbol{X}$ 都可以经过一个非退化的线性替换 $\boldsymbol{X}=\boldsymbol{C}\boldsymbol{Y}$ 化为称作规范型的标准型

$$y_1^2+y_2^2+\cdots+y_p^2-y_{p+1}^2-\cdots-y_r^2, \tag{4.3.8}$$

这里 $r=$秩$(\boldsymbol{A})$，$0\leqslant p\leqslant r$，且 $f(x_1,x_2,\cdots,x_n)$的规范型是唯一的.

定义 4.3.5　在秩为 r 的实二次型 $f(x_1,x_2,\cdots,x_n)$的规范型(4.3.8)中，其正平方项的个数 p 称为 $f(x_1,x_2,\cdots,x_n)$的正惯性指数，负平方项的个数 $r-p$称为 $f(x_1,x_2,\cdots,x_n)$的负惯性指数，它们的差 $p-(r-p)=2p-r$ 称为 $f(x_1,x_2,\cdots,x_n)$的符号差.

在例 4.3.1 中：

二次型(1)的规范型是 $z_1^2+z_2^2-z_3^2$，它的秩为 3，正惯性指数为 2，负惯性指数为 1，符号差为 1.

二次型(2)的规范型是 $z_1^2-z_2^2-z_3^2$，它的秩为 3，正惯性指数为 1，负惯性指数为 2，符号差为-1.

显然，一个实二次型 $f(x_1,x_2,\cdots,x_n)$有四个不变量，即秩、正惯性指数、

负惯性指数和符号差,只要确定其中两个,另外两个也随之被确定.

§4.4 实对称矩阵和二次型的正定性

一般矩阵不一定可对角化,但对于实对称矩阵却是例外,为此我们先介绍有关向量内积的知识.

定义 4.4.1 设有两个 n 维实数向量 $\boldsymbol{\alpha}=(a_1,a_2,\cdots,a_n)^{\mathrm{T}}$,$\boldsymbol{\beta}=(b_1,b_2,\cdots,b_n)^{\mathrm{T}}\in\mathbf{R}^n$. 令

$$(\boldsymbol{\alpha},\boldsymbol{\beta})=a_1b_1+a_2b_2+\cdots+a_nb_n,$$

则称实数$(\boldsymbol{\alpha},\boldsymbol{\beta})$为 $\boldsymbol{\alpha}$ 与 $\boldsymbol{\beta}$ 的内积.

称向量 $\boldsymbol{\alpha}$ 与自身的内积的算术平方根,即$\sqrt{(\boldsymbol{\alpha},\boldsymbol{\alpha})}$,为 $\boldsymbol{\alpha}$ 的长度,记作$|\boldsymbol{\alpha}|$;特别地,称长度是 1 的向量为单位向量.

设 $\boldsymbol{\alpha},\boldsymbol{\beta}\in\mathbf{R}^n$,则称$|\boldsymbol{\alpha}-\boldsymbol{\beta}|$为 $\boldsymbol{\alpha}$ 到 $\boldsymbol{\beta}$ 的距离,记为 $d(\boldsymbol{\alpha},\boldsymbol{\beta})$.

顺便提一下,实空间 $\mathbf{R}^n$ 关于以上的内积是一个欧氏空间.

定义 4.4.2 设 $\boldsymbol{\alpha},\boldsymbol{\beta}\in\mathbf{R}^n$,若$(\boldsymbol{\alpha},\boldsymbol{\beta})=0$,则称向量 $\boldsymbol{\alpha}$ 与 $\boldsymbol{\beta}$ 是正交的;

若向量组 $\boldsymbol{\alpha}_1,\boldsymbol{\alpha}_2,\cdots,\boldsymbol{\alpha}_s$ 是两两正交的,则称该向量组为正交组;

特别地,若正交组中的每一向量都是单位向量,则称该向量组为标准正交组.

可以证明:在 $\mathbf{R}^n$ 中任何线性无关向量组 $\boldsymbol{\alpha}_1,\boldsymbol{\alpha}_2,\cdots,\boldsymbol{\alpha}_s$ 都可以通过如下的施密特正交化方法改造为标准正交组,步骤如下.

第一步:正交化

令

$$\boldsymbol{\beta}_1=\boldsymbol{\alpha}_1,$$

$$\boldsymbol{\beta}_i=\boldsymbol{\alpha}_i-\frac{(\boldsymbol{\alpha}_i,\boldsymbol{\beta}_1)}{(\boldsymbol{\beta}_1,\boldsymbol{\beta}_1)}\boldsymbol{\beta}_1-\frac{(\boldsymbol{\alpha}_i,\boldsymbol{\beta}_2)}{(\boldsymbol{\beta}_2,\boldsymbol{\beta}_2)}\boldsymbol{\beta}_2-\cdots-\frac{(\boldsymbol{\alpha}_i,\boldsymbol{\beta}_{i-1})}{(\boldsymbol{\beta}_{i-1},\boldsymbol{\beta}_{i-1})}\boldsymbol{\beta}_{i-1},(i=2,3,\cdots,s),$$

则 $\boldsymbol{\beta}_1,\boldsymbol{\beta}_2,\cdots,\boldsymbol{\beta}_s$ 是正交组.

第二步:单位化

令

$$\boldsymbol{\gamma}_i=\frac{1}{|\boldsymbol{\beta}_i|}\boldsymbol{\beta}_i(i=1,2,\cdots,s),$$

则 $\boldsymbol{\gamma}_1,\boldsymbol{\gamma}_2,\cdots,\boldsymbol{\gamma}_s$ 就是所求的标准正交组.

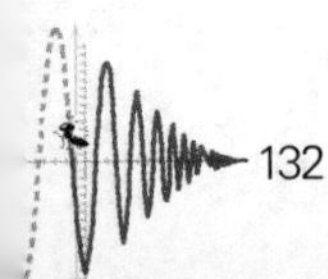

例 4.4.1　将线性无关向量组

$$\boldsymbol{\alpha}_1=(1,1,0,0)^{\mathrm{T}},\boldsymbol{\alpha}_2=(1,0,1,0)^{\mathrm{T}},$$
$$\boldsymbol{\alpha}_3=(-1,0,0,1)^{\mathrm{T}},\boldsymbol{\alpha}_4=(1,-1,-1,1)^{\mathrm{T}}$$

通过施密特正交化方法改造为标准正交组.

解:先正交化:

$$\boldsymbol{\beta}_1=\boldsymbol{\alpha}_1=(1,1,0,0)^{\mathrm{T}},$$

$$\boldsymbol{\beta}_2=\boldsymbol{\alpha}_2-\frac{(\boldsymbol{\alpha}_2,\boldsymbol{\beta}_1)}{(\boldsymbol{\beta}_1,\boldsymbol{\beta}_1)}\boldsymbol{\beta}_1=\left(\frac{1}{2},-\frac{1}{2},1,0\right)^{\mathrm{T}},$$

$$\boldsymbol{\beta}_3=\boldsymbol{\alpha}_3-\frac{(\boldsymbol{\alpha}_3,\boldsymbol{\beta}_1)}{(\boldsymbol{\beta}_1,\boldsymbol{\beta}_1)}\boldsymbol{\beta}_1-\frac{(\boldsymbol{\alpha}_3,\boldsymbol{\beta}_2)}{(\boldsymbol{\beta}_2,\boldsymbol{\beta}_2)}\boldsymbol{\beta}_2=\left(-\frac{1}{3},\frac{1}{3},\frac{1}{3},1\right)^{\mathrm{T}},$$

$$\boldsymbol{\beta}_4=\boldsymbol{\alpha}_4-\frac{(\boldsymbol{\alpha}_4,\boldsymbol{\beta}_1)}{(\boldsymbol{\beta}_1,\boldsymbol{\beta}_1)}\boldsymbol{\beta}_1-\frac{(\boldsymbol{\alpha}_4,\boldsymbol{\beta}_2)}{(\boldsymbol{\beta}_2,\boldsymbol{\beta}_2)}\boldsymbol{\beta}_2-\frac{(\boldsymbol{\alpha}_4,\boldsymbol{\beta}_3)}{(\boldsymbol{\beta}_3,\boldsymbol{\beta}_3)}\boldsymbol{\beta}_3=(1,-1,-1,1)^{\mathrm{T}}.$$

再单位化:

$$\boldsymbol{\eta}_1=\frac{1}{|\boldsymbol{\beta}_1|}\boldsymbol{\beta}_1=\left(\frac{1}{\sqrt{2}},\frac{1}{\sqrt{2}},0,0\right)^{\mathrm{T}},\boldsymbol{\eta}_2=\frac{1}{|\boldsymbol{\beta}_2|}\boldsymbol{\beta}_2=\left(\frac{1}{\sqrt{6}},-\frac{1}{\sqrt{6}},\frac{2}{\sqrt{6}},0\right)^{\mathrm{T}},$$

$$\boldsymbol{\eta}_3=\frac{1}{|\boldsymbol{\beta}_3|}\boldsymbol{\beta}_3=\left(-\frac{1}{\sqrt{12}},\frac{1}{\sqrt{12}},\frac{1}{\sqrt{12}},\frac{3}{\sqrt{12}}\right)^{\mathrm{T}},$$

$$\boldsymbol{\eta}_4=\frac{1}{|\boldsymbol{\beta}_4|}\boldsymbol{\beta}_4=\left(\frac{1}{2},-\frac{1}{2},-\frac{1}{2},\frac{1}{2}\right)^{\mathrm{T}},$$

则 $\boldsymbol{\eta}_1,\boldsymbol{\eta}_2,\boldsymbol{\eta}_3,\boldsymbol{\eta}_4$ 即为所求的标准正交组.

下列定理阐述了实对称矩阵的重要性质.

定理 4.4.1　实对称矩阵的特征值全为实数.

定理 4.4.2　设 $\boldsymbol{A}$ 是实对称矩阵,则 $\boldsymbol{A}$ 属于不同特征值的特征向量必正交.

定理 4.4.3　设 $\boldsymbol{A}$ 为任一 n 阶实对称矩阵,$\lambda_1,\lambda_2,\cdots,\lambda_n$ 是 $\boldsymbol{A}$ 的全部特征值,则存在一个 n 阶正交矩阵 $\boldsymbol{U}$(即满足 $\boldsymbol{U}^{\mathrm{T}}=\boldsymbol{U}^{-1}$ 的实矩阵 $\boldsymbol{U}$),使得

$$\boldsymbol{U}^{\mathrm{T}}\boldsymbol{A}\boldsymbol{U}=\boldsymbol{U}^{-1}\boldsymbol{A}\boldsymbol{U}=\begin{pmatrix}\lambda_1 & & & \\ & \lambda_2 & & \\ & & \ddots & \\ & & & \lambda_n\end{pmatrix}.$$

推论 4.4.1 设 $f(x_1,x_2,\cdots,x_n)=\boldsymbol{X}^{\mathrm{T}}\boldsymbol{AX}$ 是 n 元实二次型，则 $f(x_1,x_2,\cdots,x_n)$ 可以经过正交线性替换 $\boldsymbol{X}=\boldsymbol{UY}$（即 $\boldsymbol{U}$ 是正交矩阵）化为标准型：

$$\lambda_1 y_1^2+\lambda_2 y_2^2+\cdots+\lambda_n y_n^2.$$

这里 $\lambda_1,\lambda_2,\cdots,\lambda_n$ 是实对称矩阵 $\boldsymbol{A}$ 的特征值.

推论 4.4.1 告诉我们，求实二次型的标准型可以通过求它的矩阵的特征值获得.

之所以对实二次型化标准型所用的线性替换有时要求是正交的，是因为从几何上看，使用正交线性替换可使得图形不变形.

下面给出当 $\boldsymbol{A}$ 是 n 阶实对称矩阵时，如何求 n 阶正交矩阵 $\boldsymbol{U}$，使得 $\boldsymbol{U}^{\mathrm{T}}\boldsymbol{AU}=\boldsymbol{U}^{-1}\boldsymbol{AU}$ 为对角矩阵的步骤.

第一步：求 $\boldsymbol{A}$ 的特征值，设 $\boldsymbol{A}$ 的不同特征值为 $\lambda_1,\lambda_2,\cdots,\lambda_t$，其中 λ_i 作为 $\boldsymbol{A}$ 的特征多项式的根的重数是 $r_i(i=1,2,\cdots,t)$，则 $r_1+r_2+\cdots+r_t=n$.

第二步：对于每一个特征值 λ_i，求 n 元齐次线性方程组 $(\lambda_i\boldsymbol{E}_n-\boldsymbol{A})\boldsymbol{X}=\boldsymbol{O}$ 的一个基础解系 $\boldsymbol{\alpha}_{i1},\boldsymbol{\alpha}_{i2},\cdots,\boldsymbol{\alpha}_{ir_i},i=1,2,\cdots,t$；

第三步：用施密特正交化方法，将每一 $\boldsymbol{\alpha}_{i1},\boldsymbol{\alpha}_{i2},\cdots,\boldsymbol{\alpha}_{ir_i}$ 改造为标准正交组 $\boldsymbol{\gamma}_{i1},\boldsymbol{\gamma}_{i2},\cdots,\boldsymbol{\gamma}_{ir_i},i=1,2,\cdots,t$；

第四步：将所有的 $\boldsymbol{\gamma}_{i1},\boldsymbol{\gamma}_{i2},\cdots,\boldsymbol{\gamma}_{ir_i}(i=1,2,\cdots,t)$ 作为矩阵 $\boldsymbol{U}$ 的列向量，即

$$\boldsymbol{U}=(\boldsymbol{\gamma}_{11},\cdots,\boldsymbol{\gamma}_{1k_1},\cdots,\boldsymbol{\gamma}_{r1},\cdots,\boldsymbol{\gamma}_{rk_r}),$$

则 $\boldsymbol{U}$ 是正交矩阵，并且

$$\boldsymbol{U}^{\mathrm{T}}\boldsymbol{AU}=\boldsymbol{U}^{-1}\boldsymbol{AU}=\begin{pmatrix}\lambda_1&&&&&\\&\ddots&&&&\\&&\lambda_1&&&\\&&&\ddots&&\\&&&&\lambda_t&\\&&&&&\ddots\\&&&&&&\lambda_t\end{pmatrix}.$$

例 4.4.2 设 $\boldsymbol{A}=\begin{pmatrix}2&2&-2\\2&5&-4\\-2&-4&5\end{pmatrix}$，实二次型 $f(x_1,x_2,x_3)=\boldsymbol{X}^{\mathrm{T}}\boldsymbol{AX}$，求：

(1) 正交矩阵 $\boldsymbol{U}$，使得 $\boldsymbol{U}^{\mathrm{T}}\boldsymbol{AU}$ 为对角矩阵；

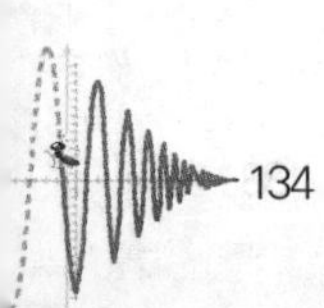

(2) 正交线性替换,将实二次型 $f(x_1,x_2,x_3)$化为标准型.

解:(1) 由 $|\lambda\boldsymbol{E}-\boldsymbol{A}|=(\lambda-1)^2(\lambda-10)$,得 $\boldsymbol{A}$ 的特征值为 1(二重根)和 10(单根).

当 $\lambda=1$ 时,齐次线性方程组$(\boldsymbol{E}_3-\boldsymbol{A})\boldsymbol{X}=\boldsymbol{O}$ 的基础解系为

$$\boldsymbol{\alpha}_1=(0,1,1)^{\mathrm{T}},\boldsymbol{\alpha}_2=(2,0,1)^{\mathrm{T}};$$

当 $\lambda=10$ 时,齐次线性方程组$(10\boldsymbol{E}_3-\boldsymbol{A})\boldsymbol{X}=\boldsymbol{O}$ 的基础解系为

$$\boldsymbol{\alpha}_3=(1,2,-2)^{\mathrm{T}}.$$

用施密特正交化方法将 $\boldsymbol{\alpha}_1,\boldsymbol{\alpha}_2,\boldsymbol{\alpha}_3$ 改造为标准正交组.

先正交化:

$$\boldsymbol{\beta}_1=\boldsymbol{\alpha}_1=(0,1,1)^{\mathrm{T}},$$

$$\boldsymbol{\beta}_2=\boldsymbol{\alpha}_2-\frac{(\boldsymbol{\alpha}_2,\boldsymbol{\beta}_1)}{(\boldsymbol{\beta}_1,\boldsymbol{\beta}_1)}\boldsymbol{\beta}_1=\left(2,-\frac{1}{2},\frac{1}{2}\right)^{\mathrm{T}},$$

$$\boldsymbol{\beta}_3=\boldsymbol{\alpha}_3-\frac{(\boldsymbol{\alpha}_3,\boldsymbol{\beta}_1)}{(\boldsymbol{\beta}_1,\boldsymbol{\beta}_1)}\boldsymbol{\beta}_1-\frac{(\boldsymbol{\alpha}_3,\boldsymbol{\beta}_2)}{(\boldsymbol{\beta}_2,\boldsymbol{\beta}_2)}\boldsymbol{\beta}_2=(1,2,-2)^{\mathrm{T}}.$$

再单位化:

$$\boldsymbol{\gamma}_1=\frac{1}{|\boldsymbol{\beta}_1|}\boldsymbol{\beta}_1=\frac{1}{\sqrt{2}}(0,1,1)^{\mathrm{T}},$$

$$\boldsymbol{\gamma}_2=\frac{1}{|\boldsymbol{\beta}_2|}\boldsymbol{\beta}_2=\frac{\sqrt{2}}{3}\left(2,-\frac{1}{2},\frac{1}{2}\right)^{\mathrm{T}},$$

$$\boldsymbol{\gamma}_3=\frac{1}{|\boldsymbol{\beta}_3|}\boldsymbol{\beta}_3=\frac{1}{3}(1,2,-2)^{\mathrm{T}}.$$

令

$$\boldsymbol{U}=\begin{pmatrix}0 & \frac{2\sqrt{2}}{3} & \frac{1}{3}\\ \frac{1}{\sqrt{2}} & -\frac{1}{3\sqrt{2}} & \frac{2}{3}\\ \frac{1}{\sqrt{2}} & \frac{1}{3\sqrt{2}} & -\frac{2}{3}\end{pmatrix},$$

则 $\boldsymbol{U}$ 是正交矩阵且

$$U^{-1}AU = U^{T}AU = \begin{pmatrix} 1 & 0 & 0 \\ 0 & 1 & 0 \\ 0 & 0 & 10 \end{pmatrix}.$$

(2) 由(1)得,$X=UY$ 就是所求的正交替换,且 $f(x_1,x_2,x_3)$的标准型是

$$y_1^2 + y_2^2 + 10y_3^2.$$

例 4.4.3 已知 $\lambda_1=6,\lambda_2=\lambda_3=3$ 是 3 阶实对称矩阵 A 的 3 个特征值,且对应于 $\lambda_2=\lambda_3=3$ 的特征向量为 $\alpha_2=(-1,0,1)^T,\alpha_3=(1,-2,1)^T$,求 A 对应于 $\lambda_1=6$ 的特征向量及矩阵 A.

解:设 A 对应于 $\lambda_1=6$ 的特征向量为 $\alpha_1=(x_1,x_2,x_3)^T$,因为实对称矩阵属于不同特征值的特征向量彼此正交,所以

$$(\alpha_1,\alpha_2) = 0,(\alpha_1,\alpha_3) = 0,$$

即

$$\begin{cases} -x_1 + x_3 = 0 \\ x_1 - 2x_2 + x_3 = 0 \end{cases},$$

解得 $x_1=x_2=x_3$,故 A 对应于 $\lambda_1=6$ 的特征向量为$(k,k,k)^T(k\neq 0)$.

取一个特征向量 $\alpha_1=(1,1,1)^T$,则 $\alpha_1,\alpha_2,\alpha_3$ 是 A 的 3 个线性无关特征向量,令

$$P = (\alpha_1,\alpha_2,\alpha_3) = \begin{pmatrix} 1 & -1 & 1 \\ 1 & 0 & -2 \\ 1 & 1 & 1 \end{pmatrix},$$

则 P 是可逆矩阵且

$$P^{-1}AP = \begin{pmatrix} 6 & 0 & 0 \\ 0 & 3 & 0 \\ 0 & 0 & 3 \end{pmatrix},$$

故

$$A = P\begin{pmatrix} 6 & 0 & 0 \\ 0 & 3 & 0 \\ 0 & 0 & 3 \end{pmatrix}P^{-1} = \begin{pmatrix} 4 & 1 & 1 \\ 1 & 4 & 1 \\ 1 & 1 & 4 \end{pmatrix}.$$

在实二次型中，正定二次型占有重要地位，下面我们给出它的定义及常用的判别条件.

定义 4.4.3　若对于任意 n 个不全为零的实数 $c_1,c_2,\cdots,c_n$，都有 $f(c_1,c_2,\cdots,c_n)>0$，则称 n 元实二次型 $f(x_1,x_2,\cdots,x_n)$ 为正定二次型.

若以 $\boldsymbol{A}$ 为矩阵的二次型 $\boldsymbol{X}^{\mathrm{T}}\boldsymbol{A}\boldsymbol{X}$ 是正定二次型，则称 n 阶实对称矩阵 $\boldsymbol{A}$ 是正定矩阵.

例 4.4.4　$f(x_1,x_2,\cdots,x_n)=x_1^2+x_2^2+\cdots+x_n^2$ 是正定二次型.

例 4.4.5　$f(x_1,x_2,\cdots,x_n)=x_1^2+x_2^2+\cdots+x_r^2(r<n)$ 不是正定二次型.

定理 4.4.4　$f(x_1,x_2,\cdots,x_n)=\boldsymbol{X}^{\mathrm{T}}\boldsymbol{A}\boldsymbol{X}$ 是 n 元实二次型，则下列条件等价：

(1) $f(x_1,x_2,\cdots,x_n)$ 是正定的；

(2) $f(x_1,x_2,\cdots,x_n)$ 的正惯性指数等于 n；

(3) $\boldsymbol{A}$ 是正定矩阵；

(4) $\boldsymbol{A}$ 合同于 n 阶单位矩阵 $\boldsymbol{E}_n$；

(5) $\boldsymbol{A}$ 的所有特征值全大于零；

(6) 设 $\boldsymbol{A}=(a_{ij})_n$，$\boldsymbol{A}$ 的各 k 阶顺序主子式 $\begin{vmatrix} a_{11} & a_{12} & \cdots & a_{1k} \\ a_{21} & a_{22} & \cdots & a_{2k} \\ \vdots & \vdots & & \vdots \\ a_{k1} & a_{k2} & \cdots & a_{kk} \end{vmatrix}>0,(k=1,2,\cdots,n)$.

例 4.4.6　证明：$f(x_1,x_2,\cdots,x_n)=\sum\limits_{i=1}^{n}x_i^2+\sum\limits_{1\leqslant i<j\leqslant n}x_ix_j$ 为正定二次型.

证明：设 $\boldsymbol{A}$ 为 n 元实二次型 $f(x_1,x_2,\cdots,x_n)$ 所对应的矩阵，设 $\boldsymbol{A}$ 的第 k 阶顺序主子式为 P_k，因为

$$P_k=\begin{vmatrix} 1 & \frac{1}{2} & 0 & \cdots & 0 & 0 \\ \frac{1}{2} & 1 & \frac{1}{2} & \cdots & 0 & 0 \\ \vdots & \vdots & \vdots & & \vdots & \vdots \\ 0 & 0 & 0 & \cdots & 1 & \frac{1}{2} \\ 0 & 0 & 0 & \cdots & \frac{1}{2} & 1 \end{vmatrix}=\left(\frac{1}{2}\right)^k(k+1)>0,k=1,2,\cdots,n,$$

所以 $f(x_1,x_2,\cdots,x_n)$为正定二次型.

例 4.4.7 设矩阵 $A=\begin{pmatrix}1&0&1\\0&2&0\\1&0&1\end{pmatrix}$,矩阵 $\boldsymbol{B}=(k\boldsymbol{E}_3+\boldsymbol{A})^2$,其中 k 为实数,$\boldsymbol{E}_3$ 为 3 阶单位矩阵.

(1)试求对角矩阵 $\boldsymbol{D}$,使 $\boldsymbol{B}$ 与 $\boldsymbol{D}$ 相似;

(2)问 k 为何值时,$\boldsymbol{B}$ 为正定矩阵?

解:(1)先求 $\boldsymbol{B}$ 的特征值,因为

$$|\lambda\boldsymbol{E}-\boldsymbol{A}|=\begin{vmatrix}\lambda-1&0&-1\\0&\lambda-2&0\lambda-1\\-1&0&\end{vmatrix}=\lambda(\lambda-1)^2,$$

所以 $\boldsymbol{A}$ 的特征值为 2,2,0,由例 4.1.3 知,$\boldsymbol{B}=(k\boldsymbol{E}_3+\boldsymbol{A})^2$ 的特征值为 $(k+2)^2,(k+2)^2,k^2$.

已知 $\boldsymbol{A}$ 为实对称矩阵,易证 $\boldsymbol{B}=(k\boldsymbol{E}+\boldsymbol{A})^2$ 也为实对称阵,于是存在正交矩阵 $\boldsymbol{Q}$,使得

$$\boldsymbol{Q}^{-1}\boldsymbol{B}\boldsymbol{Q}=\boldsymbol{Q}^{\mathrm{T}}\boldsymbol{B}\boldsymbol{Q}=\begin{pmatrix}(k+2)^2&0&0\\0&(k+2)^2&0\\0&0&k^2\end{pmatrix}.$$

令 $\boldsymbol{D}=\begin{pmatrix}(k+2)^2&0&0\\0&(k+2)^2&0\\0&0&k^2\end{pmatrix}$,故 $\boldsymbol{B}$ 与对角矩阵 $\boldsymbol{D}$ 相似.

(2)显然,$\boldsymbol{B}$ 为正定阵当且仅当 $\boldsymbol{B}$ 的特征值全大于零,即$\begin{cases}(^k+2)2>0\\k^2>0\end{cases}$.

解得 $k\neq0,k\neq-2$,故当 $k\in(-\infty,-2)\cup(-2,0)\cup(0,+\infty)$时,$\boldsymbol{B}$ 为正定矩阵.

§4.5　应用实例——最小二乘法

设实数域 **R** 上的线性方程组

$$\begin{cases}a_{11}x_1+a_{12}x_2+\cdots+a_{1s}x_s=b_1\\a_{21}x_1+a_{22}x_2+\cdots+a_{2s}x_s=b_2\\\qquad\vdots\\a_{n1}x_1+a_{n2}x_2+\cdots+a_{ns}x_s=b_n\end{cases}\tag{4.5.1}$$

是一个矛盾方程组(即方程组无解),于是对于任一组数 $x_1,x_2,\cdots,x_n$,

$$\sum_{i=1}^{n}(a_{i1}x_1+a_{i2}x_2+\cdots+a_{is}x_s-b_i)^2\tag{4.5.2}$$

都是非零数.

若有一组数 $x_1^0,x_2^0,\cdots,x_s^0$,使得

$$\sum_{i=1}^{n}(a_{i1}x_1^0+a_{i2}x_2^0+\cdots+a_{is}x_s^0-b_i)^2$$

为最小,则称这组数 $x_1^0,x_2^0,\cdots,x_s^0$ 为方程组(4.5.1)的最小二乘解,这样的问题也称为最小二乘法问题.

下面我们利用欧氏空间的概念来表达最小二乘法问题.

设 $\boldsymbol{A}$ 是方程组(4.5.1)的系数矩阵,则线性方程组(4.5.1)的矩阵形式是 $\boldsymbol{AX}=\boldsymbol{\beta}$,其中,$\boldsymbol{X}=(x_1,x_2,\cdots,x_s)^{\mathrm{T}}$,$\boldsymbol{\beta}=(b_1,b_2,\cdots,b_n)^{\mathrm{T}}$.

记

$$\boldsymbol{Y}=\boldsymbol{AX}=\begin{pmatrix}a_{11}x_1+a_{12}x_2+\cdots+a_{1s}x_s\\a_{21}x_1+a_{22}x_2+\cdots+a_{2s}x_s\\\vdots\\a_{n1}x_1+a_{n2}x_2+\cdots+a_{ns}x_s\end{pmatrix},$$

因此在 n 维欧氏空间 $\mathbf{R}^n$ 中,用距离的概念,式(4.5.2)就变为

$$|\boldsymbol{Y}-\boldsymbol{\beta}|^2.\tag{4.5.3}$$

于是找方程组(4.5.1)的最小二乘解 $\boldsymbol{X}$,就是在 $\mathbf{R}^n$ 中找 $\boldsymbol{X}$,使 $\boldsymbol{Y}$ 与 $\boldsymbol{\beta}$ 的距离(4.5.3)最短.

用欧氏空间理论可以证明:方程组(4.5.1)的最小二乘解就是线性方程组 $\boldsymbol{A}^{\mathrm{T}}\boldsymbol{AX}=\boldsymbol{A}^{\mathrm{T}}\boldsymbol{\beta}$ 的解.

因为

$$秩(\boldsymbol{A}^T\boldsymbol{A}) = 秩(\boldsymbol{A}^T),$$

$$秩(\boldsymbol{A}^T\boldsymbol{A}) \leqslant 秩(\boldsymbol{A}^T\boldsymbol{A},\boldsymbol{A}^T\boldsymbol{B}) = 秩[\boldsymbol{A}^T(\boldsymbol{A},\boldsymbol{B})] \leqslant 秩(\boldsymbol{A}^T) = 秩(\boldsymbol{A}^T\boldsymbol{A}),$$

所以$秩(\boldsymbol{A}^T\boldsymbol{A},\boldsymbol{A}^T\boldsymbol{B})=秩(\boldsymbol{A}^T\boldsymbol{A})$，故线性方程组$\boldsymbol{A}^T\boldsymbol{A}\boldsymbol{X}=\boldsymbol{A}^T\boldsymbol{\beta}$有解.

例 4.5.1 在经济学中，个人的收入与消费之间存在着密切的关系，收入越多，消费水平也越高，收入较少，消费水平也较低. 从一个社会整体来看，个人的平均收入与平均消费之间大致呈线性关系. 若 u 表示收入，v 表示支出，则 u,v 适合

$$u = a + bv,$$

其中 a,b 是两个常数，需要根据具体的统计数据来确定. 假定现有一组统计数字表示 3 年中每年的收入与消费情况（如表 4.5.1 所示），现要根据这一组统计数字求出 a,b.

表 4.5.1 收入与消费情况 （单位：万元）

年	1	2	3
u	1.6	1.7	2.0
v	1.2	1.4	1.8

解：将 u,v 的值代入 $u=a+bv$，得到含有 2 个未知数 3 个方程的线性方程组：

$$\begin{cases} a+1.2b=1.6 \\ a+1.4b=1.7. \\ a+1.8b=2.0 \end{cases}$$

设$\boldsymbol{A}=\begin{pmatrix} 1 & 1.2 \\ 1 & 1.4 \\ 1 & 1.8 \end{pmatrix}$，$\boldsymbol{\beta}=(1.6,1.7,2.0)^T$，则$\boldsymbol{A}^T\boldsymbol{A}=\begin{pmatrix} 3 & 4.4 \\ 4.4 & 6.64 \end{pmatrix}$是可逆矩阵，故线性方程组的最小二乘解是

$$\boldsymbol{X} = \begin{pmatrix} a \\ b \end{pmatrix} = (\boldsymbol{A}^T\boldsymbol{A})^{-1}\boldsymbol{A}^T\boldsymbol{\beta}$$

$$= \frac{1}{0.56}\begin{pmatrix} 6.64 & -4.4 \\ -4.4 & 3 \end{pmatrix}\begin{pmatrix} 5.3 \\ 7.9 \end{pmatrix}$$

$$\approx \begin{pmatrix} 0.77 \\ 0.68 \end{pmatrix},$$

即所求的收入与消费的关系式为

$$u = 0.77 + 0.68v.$$

习题 4

(A)

1. 求下列矩阵的特征值和特征向量：

(1) $\boldsymbol{A}=\begin{pmatrix} 2 & 1 \\ 1 & 2 \end{pmatrix}$；　(2) $\boldsymbol{A}=\begin{pmatrix} 1 & 1 & 0 \\ 1 & 1 & 2 \\ 0 & 0 & 2 \end{pmatrix}$；

(3) $\boldsymbol{A}=\begin{pmatrix} 1 & 2 & 3 \\ 2 & 1 & -3 \\ 3 & 3 & 6 \end{pmatrix}$；　(4) $\boldsymbol{A}=\begin{pmatrix} 1 & 1 & 1 & 1 \\ 1 & 1 & -1 & -1 \\ 1 & -1 & 1 & -1 \\ 1 & -1 & -1 & 1 \end{pmatrix}$.

2. 设矩阵 $\boldsymbol{A}$ 与 $\boldsymbol{B}$ 相似，试证明：

(1) $\boldsymbol{A}^{\mathrm{T}}$ 与 $\boldsymbol{B}^{\mathrm{T}}$ 相似；

(2) 当 $\boldsymbol{A}$ 可逆时，$\boldsymbol{A}^{-1}$ 与 $\boldsymbol{B}^{-1}$ 相似.

3. 设 $\boldsymbol{A}$ 为 n 阶矩阵，$\boldsymbol{P}$ 为 n 阶可逆矩阵，求证：

(1) $(\boldsymbol{P}^{-1}\boldsymbol{A}\boldsymbol{P})^2=\boldsymbol{P}^{-1}\boldsymbol{A}^2\boldsymbol{P}$；

(2) $(\boldsymbol{P}^{-1}\boldsymbol{A}\boldsymbol{P})^k=\boldsymbol{P}^{-1}\boldsymbol{A}^k\boldsymbol{P}$，($k$ 是一个正整数)；

(3) 若 $\boldsymbol{A}$ 可逆，则 $(\boldsymbol{P}^{-1}\boldsymbol{A}\boldsymbol{P})^{-1}=\boldsymbol{P}^{-1}\boldsymbol{A}^{-1}\boldsymbol{P}$.

4. 假设 λ 为可逆矩阵 $\boldsymbol{A}$ 的一个特征值，试证明：

(1) $\dfrac{1}{\lambda}$ 为 $\boldsymbol{A}^{-1}$ 的特征值.

(2) $\dfrac{|\boldsymbol{A}|}{\lambda}$ 为 $\boldsymbol{A}$ 的伴随矩阵 $\boldsymbol{A}^*$ 的特征值.

5. 设向量 $\boldsymbol{\alpha}=(1,k,1)^{\mathrm{T}}$ 是矩阵 $\boldsymbol{A}=\begin{pmatrix} 2 & 1 & 1 \\ 1 & 2 & 1 \\ 1 & 1 & 2 \end{pmatrix}$ 的逆矩阵 $\boldsymbol{A}^{-1}$ 的特征向

量,试求常数 k 的值.

6. 设$\boldsymbol{A}=\begin{pmatrix}-1&2&2\\2&-1&-2\\2&-2&-1\end{pmatrix}$,

(1) 求矩阵 $\boldsymbol{A}$ 的特征值;

(2) 利用(1)小题的结果,求矩阵 $\boldsymbol{E}_3+\boldsymbol{A}^{-1}$ 的特征值,其中 $\boldsymbol{E}_3$ 为 3 阶单位矩阵.

7. 设 $\boldsymbol{A}$ 为 n 阶矩阵,$\boldsymbol{E}_n$ 为 n 阶单位矩阵,且 $\boldsymbol{A}^2=\boldsymbol{E}_n$,试证明 $\boldsymbol{A}$ 的特征值为 1 或 -1.

8. 设 $\boldsymbol{\alpha}_i$ 是矩阵 $\boldsymbol{A}$ 的属于特征值 $\lambda_i(i=1,2)$ 的特征向量,$\lambda_1\neq\lambda_2$,试证明 $\boldsymbol{\alpha}_1+\boldsymbol{\alpha}_2$ 不是 $\boldsymbol{A}$ 的特征向量.

9. 题 1 中的各矩阵 $\boldsymbol{A}$,哪些可对角化?请说明理由.若可对角化,则求出可逆矩阵 $\boldsymbol{P}$ 和相似的对角矩阵 $\boldsymbol{D}$,使得 $\boldsymbol{P}^{-1}\boldsymbol{AP}$ 为对角矩阵.

10. 求下列二次型的矩阵:

(1) $f(x_1,x_2,x_3,x_4)=x_1^2-2x_2^2+x_3^2-5x_4^2+2x_2x_3$;

(2) $f(x_1,x_2,x_3)=x_1^2+2x_2^2-3x_3^2+4x_1x_2-6x_2x_3$;

(3) $f(x_1,x_2,x_3)=(a_1x_1+a_2x_2+a_3x_3)^2$;

(4) $f(x_1,x_2,x_3)=(x_1,x_2,x_3)\begin{pmatrix}1&0&1\\2&1&2\\1&1&1\end{pmatrix}\begin{pmatrix}x_1\\x_2\\x_3\end{pmatrix}$.

11. 用配方法化下列二次型为标准型,并求所用的非退化线性替换,最后利用矩阵验算所得的结果:

(1) $f(x_1,x_2,x_3)=x_1^2+2x_1x_2+2x_2^2+4x_2x_3+4x_3^2$;

(2) $f(x_1,x_2,x_3)=x_1^2-2x_1x_2-3x_2^2+2x_1x_3-6x_2x_3$;

(3) $f(x_1,x_2,x_3)=-4x_1x_2+2x_1x_3+2x_2x_3$;

(4) $f(x_1,x_2,x_3)=2x_1^2+4x_1x_2+5x_2^2-8x_2x_3+5x_3^2$.

12. 将线性无关向量组

$$\boldsymbol{\alpha}_1=(0,1,1,0,0)^{\mathrm{T}},\boldsymbol{\alpha}_2=(-1,1,0,1,0)^{\mathrm{T}},\boldsymbol{\alpha}_3=(4,-5,0,0,1)^{\mathrm{T}}$$

通过施密特正交化方法改造为标准正交组.

13. 求正交矩阵 $\boldsymbol{U}$,使得 $\boldsymbol{U}^{-1}\boldsymbol{AU}$ 为对角矩阵,其中 $\boldsymbol{A}$ 为

(1) $\boldsymbol{A}=\begin{pmatrix}2&-2&0\\-2&1&-2\\0&-2&0\end{pmatrix}$;

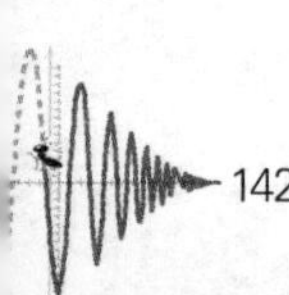

(2) $\boldsymbol{A}=\begin{pmatrix}1&1&1&1\\1&1&1&1\\1&1&1&1\\1&1&1&1\end{pmatrix}$.

14. 用正交线性替换化下列二次型为标准型,并求所用的正交线性替换:

(1) $f(x_1,x_2,x_3)=x_1^2+2x_2^2+3x_3^2-4x_1x_2-4x_2x_3$;

(2) $f(x_1,x_2,x_3)=x_1^2+4x_2^2+4x_3^2-4x_1x_2+4x_1x_3-8x_2x_3$.

15. 当 t 取什么时,实二次型 $f(x_1,x_2,x_3)=2x_1^2+x_2^2+x_3^2+2x_1x_2+tx_2x_3$ 是正定二次型?

(B)

1. 填空题

(1) 若 n 阶矩阵 $\boldsymbol{A}$ 的元素全为 1,则 $\boldsymbol{A}$ 的 n 个特征值是________.

(2) 若 3 阶矩阵 $\boldsymbol{A}$ 的特征值为 2,-2,1,$\boldsymbol{B}=\boldsymbol{A}^2-\boldsymbol{A}+\boldsymbol{E}_3$,其中 $\boldsymbol{E}_3$ 为 3 阶单位矩阵,则行列式 $|\boldsymbol{B}|=$________.

(3) 设 $\boldsymbol{A}$ 为 n 阶矩阵,$|\boldsymbol{A}|\neq 0$,$\boldsymbol{A}^*$ 为 $\boldsymbol{A}$ 的伴随矩阵,$\boldsymbol{E}_n$ 为 n 阶单位矩阵,若 $\boldsymbol{A}$ 有特征值 λ,则 $(\boldsymbol{A}^*)^2+\boldsymbol{E}_n$ 必有特征值________.

(4) 若 3 维列向量 $\boldsymbol{\alpha},\boldsymbol{\beta}$ 满足 $\boldsymbol{\alpha}^{\mathrm{T}}\boldsymbol{\beta}=2$,其中 $\boldsymbol{\alpha}^{\mathrm{T}}$ 为 $\boldsymbol{\alpha}$ 的转置,则矩阵 $\boldsymbol{\beta}\boldsymbol{\alpha}^{\mathrm{T}}$ 的非零特征值为________.

(5) 设 $\boldsymbol{A}$ 为 2 阶矩阵,$\boldsymbol{\alpha}_1,\boldsymbol{\alpha}_2$ 为线性无关的 2 维列向量,$\boldsymbol{A}\boldsymbol{\alpha}_1=\boldsymbol{O}$,$\boldsymbol{A}\boldsymbol{\alpha}_2=2\boldsymbol{\alpha}_1+\boldsymbol{\alpha}_2$,则 $\boldsymbol{A}$ 的非零特征值为________.

(6) 已知实二次型 $f(x_1,x_2,x_3)=a(x_1^2+x_2^2+x_3^2)+4x_1x_2+4x_1x_3+4x_2x_3$ 经正交变换 $\boldsymbol{X}=\boldsymbol{P}\boldsymbol{Y}$ 可化成标准型 $f=6y_1^2$,则 $a=$________.

(7) 若二次曲面方程 $x^2+3y^2+z^2+2axy+2xz+2yz=4$ 经过正交变换化为 $y_1^2+4z_1^2=4$,则 $a=$________.

(8) 若矩阵 $\boldsymbol{A}=\begin{pmatrix}1&1&0\\1&k&0\\0&0&k^2\end{pmatrix}$ 是正定矩阵,则 k 满足的条件是________.

(9) 设二次型 $f(x_1,x_2,x_3)=x_1^2-x_2^2+2ax_1x_3+4x_2x_3$ 的负惯性指数是 1,则 a 的取值范围是________.

2. 单项选择题

(1) 设 $\boldsymbol{A}=\begin{pmatrix}1&2&3\\x&y&z\\0&0&1\end{pmatrix}$,且 $\boldsymbol{A}$ 的特征值为 1,2,3,$\mathbf{R}$ 为实数集合,则

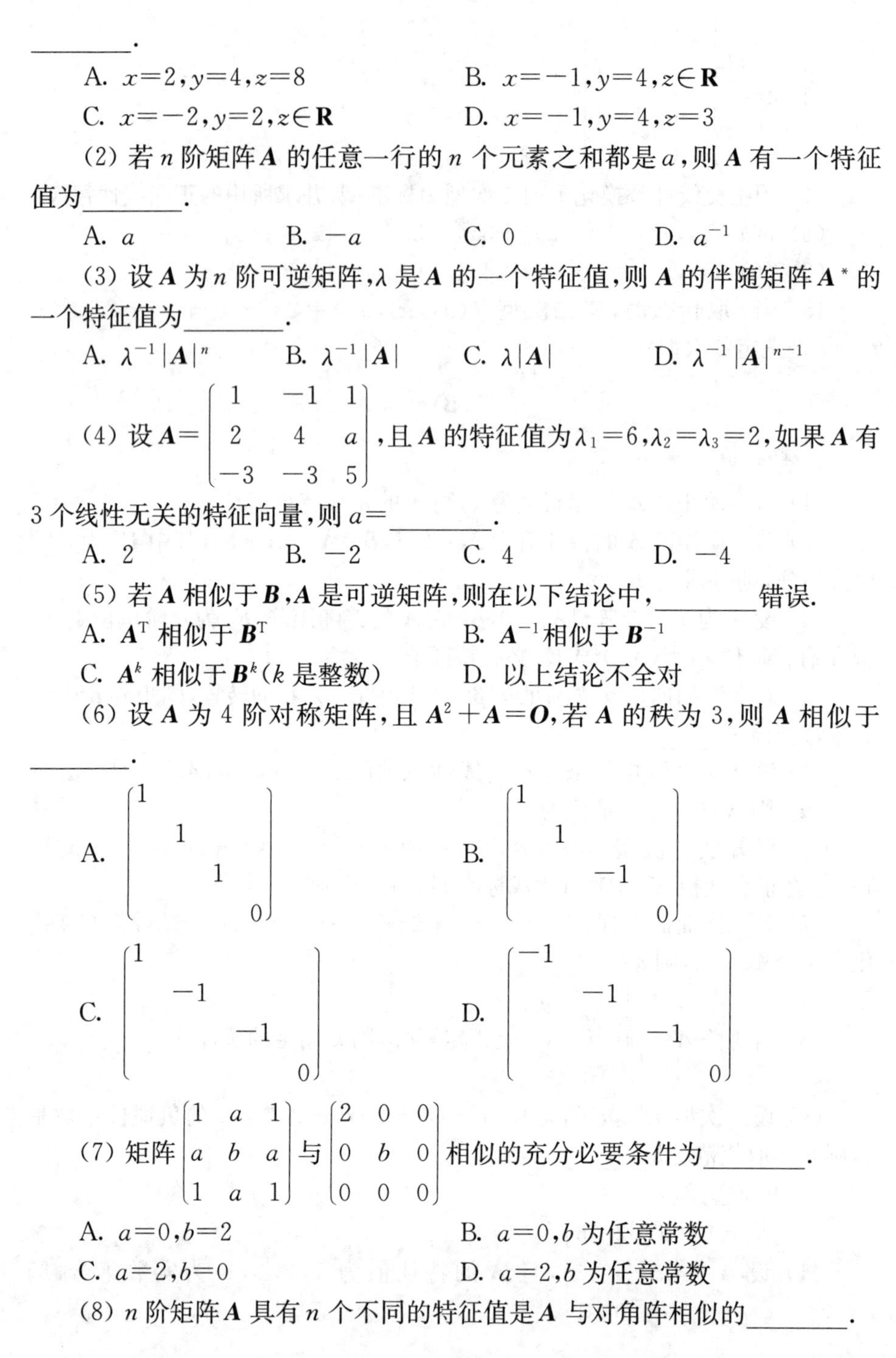

________.

A. $x=2, y=4, z=8$　　B. $x=-1, y=4, z\in\mathbf{R}$

C. $x=-2, y=2, z\in\mathbf{R}$　　D. $x=-1, y=4, z=3$

(2) 若 n 阶矩阵 $\boldsymbol{A}$ 的任意一行的 n 个元素之和都是 a，则 $\boldsymbol{A}$ 有一个特征值为________.

A. a　　B. $-a$　　C. 0　　D. a^{-1}

(3) 设 $\boldsymbol{A}$ 为 n 阶可逆矩阵，λ 是 $\boldsymbol{A}$ 的一个特征值，则 $\boldsymbol{A}$ 的伴随矩阵 $\boldsymbol{A}^*$ 的一个特征值为________.

A. $\lambda^{-1}|\boldsymbol{A}|^n$　　B. $\lambda^{-1}|\boldsymbol{A}|$　　C. $\lambda|\boldsymbol{A}|$　　D. $\lambda^{-1}|\boldsymbol{A}|^{n-1}$

(4) 设 $\boldsymbol{A}=\begin{pmatrix}1 & -1 & 1\\ 2 & 4 & a\\ -3 & -3 & 5\end{pmatrix}$，且 $\boldsymbol{A}$ 的特征值为 $\lambda_1=6, \lambda_2=\lambda_3=2$，如果 $\boldsymbol{A}$ 有 3 个线性无关的特征向量，则 $a=$________.

A. 2　　B. -2　　C. 4　　D. -4

(5) 若 $\boldsymbol{A}$ 相似于 $\boldsymbol{B}$，$\boldsymbol{A}$ 是可逆矩阵，则在以下结论中，________错误.

A. $\boldsymbol{A}^{\mathrm{T}}$ 相似于 $\boldsymbol{B}^{\mathrm{T}}$　　B. $\boldsymbol{A}^{-1}$ 相似于 $\boldsymbol{B}^{-1}$

C. $\boldsymbol{A}^k$ 相似于 $\boldsymbol{B}^k$（k 是整数）　　D. 以上结论不全对

(6) 设 $\boldsymbol{A}$ 为 4 阶对称矩阵，且 $\boldsymbol{A}^2+\boldsymbol{A}=\boldsymbol{O}$，若 $\boldsymbol{A}$ 的秩为 3，则 $\boldsymbol{A}$ 相似于________.

A. $\begin{pmatrix}1 & & & \\ & 1 & & \\ & & 1 & \\ & & & 0\end{pmatrix}$　　B. $\begin{pmatrix}1 & & & \\ & 1 & & \\ & & -1 & \\ & & & 0\end{pmatrix}$

C. $\begin{pmatrix}1 & & & \\ & -1 & & \\ & & -1 & \\ & & & 0\end{pmatrix}$　　D. $\begin{pmatrix}-1 & & & \\ & -1 & & \\ & & -1 & \\ & & & 0\end{pmatrix}$

(7) 矩阵 $\begin{pmatrix}1 & a & 1\\ a & b & a\\ 1 & a & 1\end{pmatrix}$ 与 $\begin{pmatrix}2 & 0 & 0\\ 0 & b & 0\\ 0 & 0 & 0\end{pmatrix}$ 相似的充分必要条件为________.

A. $a=0, b=2$　　B. $a=0$，b 为任意常数

C. $a=2, b=0$　　D. $a=2$，b 为任意常数

(8) n 阶矩阵 $\boldsymbol{A}$ 具有 n 个不同的特征值是 $\boldsymbol{A}$ 与对角阵相似的________.

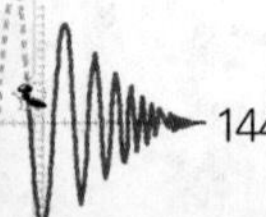

A. 充分必要条件　　B. 充分而非必要条件

C. 必要而非充分条件　　D. 既非充分也非必要条件

(9) 设 $\boldsymbol{A},\boldsymbol{B}$ 为 n 阶矩阵，且 $\boldsymbol{A}$ 与 $\boldsymbol{B}$ 相似，$\boldsymbol{E}_n$ 为 n 阶单位矩阵，则________.

A. $\boldsymbol{A}$ 与 $\boldsymbol{B}$ 的特征矩阵相等，即 $\lambda\boldsymbol{E}_n-\boldsymbol{A}=\lambda\boldsymbol{E}_n-\boldsymbol{B}$

B. $\boldsymbol{A}$ 与 $\boldsymbol{B}$ 有相同的特征值和特征向量

C. $\boldsymbol{A}$ 与 $\boldsymbol{B}$ 相似于一个对角矩阵

D. 对任意常数 t，$t\boldsymbol{E}_n-\boldsymbol{A}$ 与 $t\boldsymbol{E}_n-\boldsymbol{B}$ 相似

(10) 设 λ_1,λ_2 为矩阵 $\boldsymbol{A}$ 的两个不同特征值，对应的特征向量分别为 $\boldsymbol{\alpha}_1$，$\boldsymbol{\alpha}_2$，则 $\boldsymbol{\alpha}_1$，$\boldsymbol{A}(\boldsymbol{\alpha}_1+\boldsymbol{\alpha}_2)$线性无关的充分必要条件是________.

A. $\lambda_1\neq 0$　　B. $\lambda_2\neq 0$　　C. $\lambda_1=0$　　D. $\lambda_2=0$

(11) 设 $\boldsymbol{A}=\begin{pmatrix}1&1&1&1\\1&1&1&1\\1&1&1&1\\1&1&1&1\end{pmatrix}$，$\boldsymbol{B}=\begin{pmatrix}4&0&0&0\\0&0&0&0\\0&0&0&0\\0&0&0&0\end{pmatrix}$，则 $\boldsymbol{A}$ 与 $\boldsymbol{B}$ ________.

A. 合同且相似　　B. 合同但不相似

C. 不合同但相似　　D. 不合同且不相似

(12) 二次型 $f(x_1,x_2,x_3)$在正交变换 $\boldsymbol{X}=\boldsymbol{PY}$ 下的标准型为 $2y_1^2+y_2^2-y_3^2$，其中 $\boldsymbol{P}=(\boldsymbol{e}_1,\boldsymbol{e}_2,\boldsymbol{e}_3)$，若 $\boldsymbol{Q}=(\boldsymbol{e}_1,-\boldsymbol{e}_3,\boldsymbol{e}_2)$，则 $f(x_1,x_2,x_3)$在正交变换 $\boldsymbol{X}=\boldsymbol{QY}$ 下的标准型为________.

A. $2y_1^2-y_2^2+y_3^2$　　B. $2y_1^2+y_2^2-y_3^2$

C. $2y_1^2-y_2^2-y_3^2$　　D. $2y_1^2+y_2^2+y_3^2$

(13) 若 $\boldsymbol{A}$ 为 n 阶实对称矩阵且是正交矩阵，$\boldsymbol{E}_n$ 为 n 阶单位矩阵，则________.

A. $\boldsymbol{A}=\boldsymbol{E}_n$　　B. $\boldsymbol{A}$ 与 $\boldsymbol{E}_n$ 相似

C. $\boldsymbol{A}^2=\boldsymbol{E}_n$　　D. $\boldsymbol{A}$ 合同于 $\boldsymbol{E}_n$

(14) 若 $\boldsymbol{A},\boldsymbol{B}$ 均为正定矩阵，则________.

A. $\boldsymbol{AB}$，$\boldsymbol{A}+\boldsymbol{B}$ 都是正定阵

B. $\boldsymbol{AB}$ 是正定阵，但 $\boldsymbol{A}+\boldsymbol{B}$ 非正定

C. $\boldsymbol{AB}$ 非正定，但 $\boldsymbol{A}+\boldsymbol{B}$ 是正定的

D. $\boldsymbol{AB}$ 不一定正定，但 $\boldsymbol{A}+\boldsymbol{B}$ 是正定的

(15) 若 $\boldsymbol{A},\boldsymbol{B}$ 均为同阶正定矩阵，则 $\boldsymbol{AB}$ 一定为________.

A. 实对称矩阵　　B. 正交矩阵　　C. 正定矩阵　　D. 可逆矩阵

(16) 设 $\boldsymbol{A}$ 为正定矩阵,若矩阵 $\boldsymbol{B}$ 与 $\boldsymbol{A}$ 相似,则 $\boldsymbol{B}$ 必为________.

A. 实对称矩阵　B. 正定矩阵　C. 可逆矩阵　D. 正交矩阵

3. 已知矩阵 $\boldsymbol{A}$ 与 $\boldsymbol{C}$ 相似,矩阵 $\boldsymbol{B}$ 与 $\boldsymbol{D}$ 相似,证明分块矩阵 $\begin{pmatrix}\boldsymbol{A} & \boldsymbol{O}\\ \boldsymbol{O} & \boldsymbol{B}\end{pmatrix}$ 与 $\begin{pmatrix}\boldsymbol{C} & \boldsymbol{O}\\ \boldsymbol{O} & \boldsymbol{D}\end{pmatrix}$ 相似.

4. 设 $\boldsymbol{A}$ 为正交矩阵,若 $|\boldsymbol{A}|=-1$,试证明 $\boldsymbol{A}$ 一定有特征值 -1.

5. 假设 λ 是 n 阶可逆阵 $\boldsymbol{A}$ 的一个特征值,试证明:

(1) $\dfrac{1}{\lambda}$ 为 $\boldsymbol{A}^{-1}$ 的特征值;

(2) $\dfrac{|\boldsymbol{A}|}{\lambda}$ 为 $\boldsymbol{A}$ 的伴随矩阵 $\boldsymbol{A}^*$ 的特征值.

6. 设矩阵 $\boldsymbol{A}$ 与 $\boldsymbol{B}$ 相似,且

$$\boldsymbol{A}=\begin{pmatrix}1 & -1 & 1\\ 2 & 4 & -2\\ -3 & -3 & a\end{pmatrix},\boldsymbol{B}=\begin{pmatrix}2 & 0 & 0\\ 0 & 2 & 0\\ 0 & 0 & b\end{pmatrix},$$

(1) 求 a,b 的值;

(2) 求可逆矩阵 $\boldsymbol{P}$,使 $\boldsymbol{P}^{-1}\boldsymbol{AP}=\boldsymbol{B}$.

7. 设矩阵 $\boldsymbol{A}=\begin{pmatrix}3 & 2 & -2\\ -k & -1 & k\\ 4 & 2 & -3\end{pmatrix}$,问当 k 为何值时,存在可逆矩阵 $\boldsymbol{P}$,使得 $\boldsymbol{P}^{-1}\boldsymbol{AP}$ 为对角矩阵?并求出 $\boldsymbol{P}$ 和相应的对角矩阵.

8. 设 3 阶矩阵 $\boldsymbol{A}$ 满足 $\boldsymbol{A}\boldsymbol{\alpha}_i=i\boldsymbol{\alpha}_i(i=1,2,3)$,其中列向量

$$\boldsymbol{\alpha}_1=(1,2,2)^{\mathrm{T}},\boldsymbol{\alpha}_2=(2,-2,1)^{\mathrm{T}},\boldsymbol{\alpha}_3=(-2,-1,2)^{\mathrm{T}},$$

试求矩阵 $\boldsymbol{A}$.

9. 设矩阵 $\boldsymbol{A}=\begin{pmatrix}a & -1 & c\\ 5 & b & 3\\ 1-c & 0 & -a\end{pmatrix}$,其行列式 $|\boldsymbol{A}|=-1$,又 $\boldsymbol{A}$ 的伴随矩阵 $\boldsymbol{A}^*$ 的一个特征值为 λ_0,属于 λ_0 的一个特征向量 $\boldsymbol{\alpha}=(-1,-1,1)^{\mathrm{T}}$,求 a,b,c 和 λ_0 的值.

10. 设 3 阶实对称矩阵 $\boldsymbol{A}$ 的特征值为 1,2,3,矩阵 $\boldsymbol{A}$ 属于特征值 1,2 的特征向量分别是 $\boldsymbol{\alpha}_1=(-1,-1,1)^{\mathrm{T}},\boldsymbol{\alpha}_2=(1,-2,-1)^{\mathrm{T}}$.

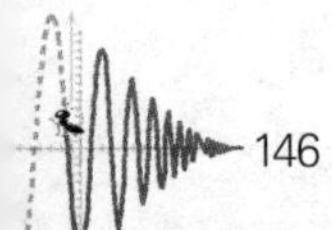

(1) 求 $\boldsymbol{A}$ 属于特征值 3 的特征向量；

(2) 求矩阵 $\boldsymbol{A}$.

11. 设 $\boldsymbol{A},\boldsymbol{B}$ 均为 n 阶正定矩阵,试证明 $\boldsymbol{A}+\boldsymbol{B}$ 也为正定矩阵.

12. 设 $\boldsymbol{A}$ 为 $m\times n$ 实矩阵,$\boldsymbol{E}_n$ 为 n 阶单位矩阵,已知矩阵 $\boldsymbol{B}=\lambda\boldsymbol{E}+\boldsymbol{A}^{\mathrm{T}}\boldsymbol{A}$,试证:当 $\lambda>0$ 时,矩阵 $\boldsymbol{B}$ 为正定矩阵.

13. 已知二次型 $f(x_1,x_2,x_3)=2x_1^2+3x_2^2+3x_3^2+2ax_2x_3(a>0)$ 通过正交变换化成标准型 $f=y_1^2+2y_2^2+5y_3^2$,求参数 a 及所用的正交变换矩阵.

总练习题

1. 设矩阵$\boldsymbol{A}=\begin{pmatrix} a & 1 & 0 \\ 1 & a & -1 \\ 0 & 1 & a \end{pmatrix}$,且$\boldsymbol{A}^3=\boldsymbol{O}$,

(1) 求a的值;

(2) 矩阵$\boldsymbol{X}$满足$\boldsymbol{X}-\boldsymbol{X}\boldsymbol{A}^2-\boldsymbol{A}\boldsymbol{X}+\boldsymbol{A}\boldsymbol{X}\boldsymbol{A}^2=\boldsymbol{E}_3$,其中$\boldsymbol{E}_3$为3阶单位矩阵,求$\boldsymbol{X}$.

2. 设$\boldsymbol{A}=\begin{pmatrix} 1 & a \\ 1 & 0 \end{pmatrix}$,$\boldsymbol{B}=\begin{pmatrix} 0 & 1 \\ 1 & b \end{pmatrix}$,当$a,b$为何值时,存在矩阵$\boldsymbol{C}$使得$\boldsymbol{A}\boldsymbol{C}-\boldsymbol{C}\boldsymbol{A}=\boldsymbol{B}$,并求所有矩阵$\boldsymbol{C}$.

3. $\boldsymbol{A}=\boldsymbol{\alpha}\boldsymbol{\alpha}^{\mathrm{T}}+\boldsymbol{\beta}\boldsymbol{\beta}^{\mathrm{T}}$,$\boldsymbol{\alpha},\boldsymbol{\beta}$是三维列向量,$\boldsymbol{\alpha}^{\mathrm{T}}$为$\boldsymbol{\alpha}$的转置,$\boldsymbol{\beta}^{\mathrm{T}}$为$\boldsymbol{\beta}$的转置,

(1) 证明秩$(\boldsymbol{A})\leqslant 2$;

(2) 证明若$\boldsymbol{\alpha},\boldsymbol{\beta}$线性相关,则秩$(\boldsymbol{A})<2$.

4. 已知3阶矩阵$\boldsymbol{A}$与3维向量$\boldsymbol{X}$,使得$\boldsymbol{X},\boldsymbol{A}\boldsymbol{X},\boldsymbol{A}^2\boldsymbol{X}$线性无关,且满足$\boldsymbol{A}^3\boldsymbol{X}=3\boldsymbol{A}\boldsymbol{X}-2\boldsymbol{A}^2\boldsymbol{X}$,

(1) 记$\boldsymbol{P}=(\boldsymbol{X},\boldsymbol{A}\boldsymbol{X},\boldsymbol{A}^2\boldsymbol{X})$,求3阶矩阵$\boldsymbol{B}$,使$\boldsymbol{A}=\boldsymbol{P}\boldsymbol{B}\boldsymbol{P}^{-1}$;

(2) 计算行列式$|\boldsymbol{A}+\boldsymbol{E}_3|$,其中$\boldsymbol{E}_3$为3阶单位矩阵.

5. 设向量组$\boldsymbol{\alpha}_1=(1,0,1)^{\mathrm{T}}$,$\boldsymbol{\alpha}_2=(0,1,1)^{\mathrm{T}}$,$\boldsymbol{\alpha}_3=(1,3,5)^{\mathrm{T}}$不能由向量组$\boldsymbol{\beta}_1=(1,1,1)^{\mathrm{T}}$,$\boldsymbol{\beta}_2=(1,2,3)^{\mathrm{T}}$,$\boldsymbol{\beta}_3=(3,4,a)^{\mathrm{T}}$线性表示.

(1) 求a的值;

(2) 将$\boldsymbol{\beta}_1,\boldsymbol{\beta}_2,\boldsymbol{\beta}_3$用$\boldsymbol{\alpha}_1,\boldsymbol{\alpha}_2,\boldsymbol{\alpha}_3$线性表示.

6. 已知平面上三条直线的方程分别为

$$\begin{cases} l_1: ax+2by+3c=0 \\ l_2: bx+2cy+3a=0 \\ l_3: cx+2ay+3b=0 \end{cases},$$

试证这三条直线交于一点的充分必要条件为$a+b+c=0$.

7. 设$\boldsymbol{\alpha}_1,\boldsymbol{\alpha}_2,\cdots,\boldsymbol{\alpha}_s$为线性方程组$\boldsymbol{A}\boldsymbol{X}=\boldsymbol{O}$的一个基础解系,

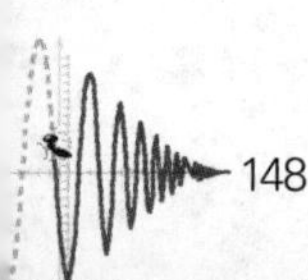

$$\boldsymbol{\beta}_1=t_1\boldsymbol{\alpha}_1+t_2\boldsymbol{\alpha}_2,\boldsymbol{\beta}_2=t_1\boldsymbol{\alpha}_2+t_2\boldsymbol{\alpha}_3,\cdots,\boldsymbol{\beta}_s=t_1\boldsymbol{\alpha}_s+t_2\boldsymbol{\alpha}_1,$$

其中 t_1,t_2 为实常数. 试问 t_1,t_2 满足什么关系时,$\boldsymbol{\beta}_1,\boldsymbol{\beta}_2,\cdots,\boldsymbol{\beta}_s$ 也为 $\boldsymbol{AX}=\boldsymbol{O}$ 的一个基础解系?

8. 设矩阵 $\boldsymbol{A}=\begin{pmatrix}1&-2&3&-4\\0&1&-1&1\\1&2&0&-3\end{pmatrix}$,$\boldsymbol{E}_3$ 为 3 阶单位矩阵,求:

(1) 方程组 $\boldsymbol{AX}=\boldsymbol{O}$ 的基础解系;

(2) 满足 $\boldsymbol{AB}=\boldsymbol{E}_3$ 的所有矩阵 $\boldsymbol{B}$.

9. 设有齐次线性方程组

$$\begin{cases}(1+a)x_1+x_2+\cdots+x_n=0\\2x_1+(2+a)x_2+\cdots+2x_n=0\\\qquad\vdots\\nx_1+nx_2+\cdots+(n+a)x_n=0\end{cases}(n\geqslant 2),$$

试问 a 取何值时,该方程组有非零解? 并求出其全部解.

10. 已知 4 阶方阵 $\boldsymbol{A}=(\boldsymbol{\alpha}_1,\boldsymbol{\alpha}_2,\boldsymbol{\alpha}_3,\boldsymbol{\alpha}_4)$,$\boldsymbol{\alpha}_1,\boldsymbol{\alpha}_2,\boldsymbol{\alpha}_3,\boldsymbol{\alpha}_4$ 均为 4 维列向量,其中 $\boldsymbol{\alpha}_2,\boldsymbol{\alpha}_3,\boldsymbol{\alpha}_4$ 线性无关,$\boldsymbol{\alpha}_1=2\boldsymbol{\alpha}_2-\boldsymbol{\alpha}_3$,如果 $\boldsymbol{\beta}=\boldsymbol{\alpha}_1+\boldsymbol{\alpha}_2+\boldsymbol{\alpha}_3+\boldsymbol{\alpha}_4$,求线性方程组 $\boldsymbol{AX}=\boldsymbol{\beta}$ 的全部解.

11. 已知 3 阶矩阵 $\boldsymbol{A}$ 的第一行是 (a,b,c),(a,b,c) 不全为零,矩阵 $\boldsymbol{B}=\begin{pmatrix}1&2&3\\2&4&6\\3&6&k\end{pmatrix}$($k$ 为常数)且 $\boldsymbol{AB}=\boldsymbol{O}$,求线性方程组 $\boldsymbol{AX}=\boldsymbol{O}$ 的全部解.

12. 设线性方程组 $\begin{cases}x_1+x_2+x_3=0\\x_1+2x_2+ax_3=0\\x_1+4x_2+a^2x_3=0\end{cases}$ 与方程 $x_1+2x_2+x_3=a-1$ 有公共解,求 a 的值及所有的公共解.

13. 设 $\boldsymbol{A}=\begin{pmatrix}\lambda&1&1\\0&\lambda-1&0\\1&1&\lambda\end{pmatrix}$,$\boldsymbol{\beta}=\begin{pmatrix}a\\1\\1\end{pmatrix}$,已知线性方程组 $\boldsymbol{AX}=\boldsymbol{\beta}$ 存在两个不同解,

(1) 求 λ 和 a;

(2) 求方程组 $\boldsymbol{AX}=\boldsymbol{\beta}$ 的全部解.

14. 设矩阵 $\boldsymbol{A}=\begin{pmatrix} 2a & 1 & & \\ a^2 & 2a & \ddots & \\ & \ddots & \ddots & 1 \\ & & a^2 & 2a \end{pmatrix}$，现矩阵 $\boldsymbol{A}$ 满足方程 $\boldsymbol{AX}=\boldsymbol{B}$，其中

$$\boldsymbol{X}=(x_1,x_2,\cdots,x_n)^{\mathrm{T}},\boldsymbol{B}=(1,0,\cdots,0)^{\mathrm{T}},$$

(1) 求证 $|\boldsymbol{A}|=(n+1)a^n$；

(2) a 为何值时，方程组 $\boldsymbol{AX}=\boldsymbol{B}$ 有唯一解？求 x_1；

(3) a 为何值时，方程组 $\boldsymbol{AX}=\boldsymbol{B}$ 有无穷多解？求其全部解.

15. 设矩阵 $\boldsymbol{A}=\begin{pmatrix} 3 & 2 & 2 \\ 2 & 3 & 2 \\ 2 & 2 & 3 \end{pmatrix}$，$\boldsymbol{P}=\begin{pmatrix} 0 & 1 & 0 \\ 1 & 0 & 1 \\ 0 & 0 & 1 \end{pmatrix}$，$\boldsymbol{B}=\boldsymbol{P}^{-1}\boldsymbol{A}^*\boldsymbol{P}$，求 $\boldsymbol{B}+2\boldsymbol{E}_3$ 的特征值和特征向量，其中 $\boldsymbol{A}^*$ 为 $\boldsymbol{A}$ 的伴随矩阵，$\boldsymbol{E}_3$ 为 3 阶单位矩阵.

16. 设矩阵 $\boldsymbol{A}=\begin{pmatrix} 1 & 2 & -3 \\ -1 & 4 & -3 \\ 1 & a & 5 \end{pmatrix}$ 的特征方程有一个 2 重根，求 a 的值，并讨论 $\boldsymbol{A}$ 是否可相似对角化.

17. 证明 n 阶矩阵 $\begin{pmatrix} 1 & 1 & \cdots & 1 \\ 1 & 1 & \cdots & 1 \\ \vdots & \vdots & & \vdots \\ 1 & 1 & \cdots & 1 \end{pmatrix}$ 与 $\begin{pmatrix} 0 & \cdots & 0 & 1 \\ 0 & \cdots & 0 & 2 \\ \vdots & & 0 & \vdots \\ 0 & \cdots & 0 & n \end{pmatrix}$ 相似.

18. 设向量组 $\boldsymbol{\alpha}_1,\boldsymbol{\alpha}_2,\boldsymbol{\alpha}_3$ 为 $\mathbf{R}^3$ 的一个基，

$$\boldsymbol{\beta}_1=2\boldsymbol{\alpha}_1+2k_3\boldsymbol{\alpha}_3,\boldsymbol{\beta}_2=2\boldsymbol{\alpha}_2,\boldsymbol{\beta}_3=\boldsymbol{\alpha}_1+(k+1)\boldsymbol{\alpha}_3,$$

(1) 证明向量组 $\boldsymbol{\beta}_1,\boldsymbol{\beta}_2,\boldsymbol{\beta}_3$ 为 $\mathbf{R}^3$ 的一个基.

(2) 当 k 为何值时，存在非零向量 $\boldsymbol{\xi}$ 在基 $\boldsymbol{\alpha}_1,\boldsymbol{\alpha}_2,\boldsymbol{\alpha}_3$ 与基 $\boldsymbol{\beta}_1,\boldsymbol{\beta}_2,\boldsymbol{\beta}_3$ 的坐标相同？并求所有的 $\boldsymbol{\xi}$.

19. 已知二次型 $f(x_1,x_2,x_3)=(1-a)x_1^2+(1-a)x_2^2+2x_3^2+2(1+a)x_1x_2$ 的秩为 2.

(1) 求 a 的值；

(2) 求正交变换 $\boldsymbol{X}=\boldsymbol{QY}$，把 $f(x_1,x_2,x_3)$ 化成标准型；

(3) 求方程 $f(x_1,x_2,x_3)=0$ 的解.

20. 设 3 阶实对称矩阵 $\boldsymbol{A}$ 的各行元素之和均为 3，向量 $\boldsymbol{\alpha}_1=$

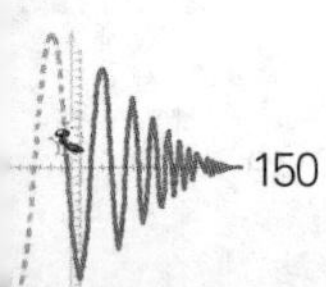

$(-1,2,-1)^{\mathrm{T}}$，$\boldsymbol{\alpha}_2=(0,-1,1)^{\mathrm{T}}$ 是线性方程组 $\boldsymbol{AX}=\boldsymbol{O}$ 的两个解.

(1) 求矩阵 $\boldsymbol{A}$ 的特征值和特征向量；

(2) 求正交矩阵 $\boldsymbol{Q}$ 和对角矩阵 $\boldsymbol{\Lambda}$，使得 $\boldsymbol{Q}^{\mathrm{T}}\boldsymbol{AQ}=\boldsymbol{\Lambda}$.

21. 设 3 阶实对称矩阵 $\boldsymbol{A}$ 的特征值 $\lambda_1=1,\lambda_2=2,\lambda_3=-2$，$\boldsymbol{\alpha}_1=(1,-1,1)^{\mathrm{T}}$ 是 $\boldsymbol{A}$ 属于特征值 λ_1 的一个特征向量，记 $\boldsymbol{B}=\boldsymbol{A}^5-4\boldsymbol{A}^3+\boldsymbol{E}_3$，其中 $\boldsymbol{E}_3$ 为 3 阶单位矩阵.

(1) 验证 $\boldsymbol{\alpha}_1$ 是矩阵 $\boldsymbol{B}$ 的特征向量，并求 $\boldsymbol{B}$ 的全部特征值和特征向量；

(2) 求矩阵 $\boldsymbol{B}$.

22. 设二次型 $f(x_1,x_2,x_3)=ax_1^2+ax_2^2+(a-1)x_3^2+2x_1x_3-2x_2x_3$，

(1) 求二次型 f 的矩阵的所有特征值；

(2) 若二次型 f 的规范型为 $y_1^2+y_2^2$，求 a 的值.

23. 已知二次型 $f(x_1,x_2,x_3)=\boldsymbol{X}^{\mathrm{T}}\boldsymbol{AX}$ 在正交变换 $\boldsymbol{X}=\boldsymbol{QY}$ 下的标准型为 $y_1^2+y_2^2$，且 $\boldsymbol{Q}$ 的第 3 列为 $\left(\frac{\sqrt{2}}{2},0,\frac{\sqrt{2}}{2}\right)^{\mathrm{T}}$，

(1) 求矩阵 $\boldsymbol{A}$；

(2) 证明 $\boldsymbol{A}+\boldsymbol{E}_3$ 为正定矩阵，其中 $\boldsymbol{E}_3$ 为 3 阶单位矩阵.

24. $\boldsymbol{A}=\begin{pmatrix}1&0&1\\0&1&1\\-1&0&a\end{pmatrix}$，$\boldsymbol{A}^{\mathrm{T}}$ 为 $\boldsymbol{A}$ 的转置矩阵，已知秩$(\boldsymbol{A}^{\mathrm{T}}\boldsymbol{A})=2$ 且二次型 $f=\boldsymbol{X}^{\mathrm{T}}\boldsymbol{A}^{\mathrm{T}}\boldsymbol{AX}$.

(1) 求 a；

(2) 求二次型及二次型对应的矩阵，并将二次型化为标准型，写出正交变换过程.

25. 设 $\boldsymbol{A}$ 为 3 阶实对称矩阵，秩$(\boldsymbol{A})=2$ 且 $\boldsymbol{A}\begin{pmatrix}1&1\\0&0\\-1&1\end{pmatrix}=\begin{pmatrix}-1&1\\0&0\\1&1\end{pmatrix}$，

(1) 求 $\boldsymbol{A}$ 的特征值和特征向量；

(2) 求矩阵 $\boldsymbol{A}$.

26. 设二次型 $f(x_1,x_2,x_3)=2(a_1x_1+a_2x_2+a_3x_3)^2+(b_1x_1+b_2x_2+b_3x_3)^2$，记 $\boldsymbol{\alpha}=(a_1,a_2,a_3,)^{\mathrm{T}}$，$\boldsymbol{\beta}=(b_1,b_2,b_3)^{\mathrm{T}}$.

(1) 证明二次型 f 对应的矩阵为 $2\boldsymbol{\alpha\alpha}^{\mathrm{T}}+\boldsymbol{\beta\beta}^{\mathrm{T}}$；

(2) 若 $\boldsymbol{\alpha},\boldsymbol{\beta}$ 正交且均为单位向量，证明二次型 f 在正交变换下的标准型为 $2y_1^2+y_2^2$.

附录　线性代数 MATLAB 基础实验

本部分包括 5 个线性代数的 MATLAB 基础实验. 通过具体示例,讲解如何利用 MATLAB 软件处理线性代数中的基本内容,包括行列式的计算、矩阵的各种运算、矩阵的初等变换、求解矩阵方程和线性方程组、向量的线性相关性以及矩阵对角化等.

实验 1　行列式的计算

实验目的: ◆ 会利用 MATLAB 函数命令计算行列式,包括含参量的行列式;

◆ 会利用 MATLAB 结合克莱姆法则求解方程个数与未知量个数相等的线性方程组.

相关命令: det(A):求矩阵 $\boldsymbol{A}$ 的行列式;

linsolve(A,b):求 $\boldsymbol{AX}=\boldsymbol{b}$ 的解;

solve:求解符号方程.

实验示例:

例 1.1　计算行列式 $D=\begin{vmatrix} 1 & 1 & -1 & 2 \\ -1 & -1 & -4 & 1 \\ 2 & 4 & -6 & 1 \\ 1 & 2 & 4 & 2 \end{vmatrix}$.(例 1.4.1)

在 MATLAB 命令窗口中输入:

```
A=[ 1   1  -1  2        %矩阵同行元素以逗号或空格分隔
   -1  -1  -4  1        %不同行间用分号或回车分隔
    2   4  -6  1
    1   2   4  2];
D=det(A)
```

运行结果为

```
D=
    57
```

所以行列式 D=57.

例 1.2　计算行列式$\begin{vmatrix} a & 1 & 1 & 1 \\ 1 & a & 1 & 1 \\ 1 & 1 & a & 1 \\ 1 & 1 & 1 & a \end{vmatrix}$.

在 MATLAB 命令窗口中输入：

```
syms a                                %定义符号变量 a
A=[a  1  1  1
   1  a  1  1
   1  1  a  1
   1  1  1  a];
D=det(A)
```

运行结果为

```
D=
   a^4-6*a^2+8*a-3
```

例 1.3　解线性方程组$\begin{cases} 2x_1+x_2-5x_3+x_4=8 \\ x_1-3x_2-6x_4=9 \\ 2x_2-x_3+2x_4=-5 \\ x_1+4x_2-7x_3+6x_4=0 \end{cases}$.(例 1.5.1)

方法一

在 MATLAB 命令窗口中输入：

```
A=[2 1 -5 1;1 -3 0 -6;0 2 -1 2;1 4 -7 6];
b=[8;9;-5;0];
X=linsolve(A,b)                       %求线性方程组 AX=b 的解
```

运行结果为

```
X=
     3.0000
    -4.0000
```

```
    -1.0000
     1.0000
```

方法二

在 MATLAB 命令窗口中输入：

```
A=[2 1 -5 1;1 -3 0 -6;0 2 -1 2;1 4 -7 6];
b=[8;9;-5;0];
A1=[b,A(:,2:4)];
A2=[A(:,1),b,A(:,3:4)];
A3=[A(:,1:2),b,A(:,4)];
A4=[A(:,1:3),b];
D=det(A);
D1=det(A1);
D2=det(A2);
D3=det(A3);
D4=det(A4);
x1=D1/D
x2=D2/D
x3=D3/D
x4=D4/D
```

运行结果为

```
x1=
    3
x2=
    -4
x3=
    -1
x4=
    1
```

方法三

在 MATLAB 命令窗口中输入：

```
syms x1 x2 x3 x4
eq1=sym('2*x1+x2-5*x3+x4=8');
eq2=sym('x1-3*x2-6*x4=9');
```

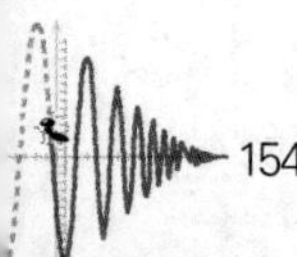

```
eq3=sym('2*x2-x3+2*x4=-5');
eq4=sym('x1+4*x2-7*x3+6*x4=0');
[x1 x2 x3 x4]=solve(eq1,eq2,eq3,eq4)  %解方程组 eq1,eq2,eq3,eq4
```

运行结果为

```
x1=
   3
x2=
   -4
x3=
   -1
x4 =
  1
```

实验 2 矩阵

实验目的：◆ 掌握基本矩阵的建立；

◆ 掌握利用 MATLAB 对矩阵进行转置、加、数乘、乘法、求逆等运算；

◆ 掌握利用 MATLAB 求解矩阵方程；

◆ 掌握利用 MATLAB 化矩阵为简化阶梯形矩阵；

◆ 掌握利用 MATLAB 求矩阵的秩.

相关命令：zeros：用以产生指定维数的全 0 元素矩阵；

ones：用以产生指定维数的全 1 元素矩阵；

eye：用以产生指定维数的单位矩阵；

inv(A)：求矩阵 $\boldsymbol{A}$ 的逆矩阵；

A\B：左除，等于求 inv(A)*b，用以解线性方程组 $\boldsymbol{AX}=\boldsymbol{b}$；

A/B：右除，等于求 b*inv(A)，用以解线性方程组 $\boldsymbol{XA}=\boldsymbol{b}$；

rref：求矩阵 $\boldsymbol{A}$ 的简化阶梯形矩阵；

rank：求矩阵 $\boldsymbol{A}$ 的秩.

实验示例：

例 2.1 用 Matlab 生成以下矩阵：

(1) $\boldsymbol{B}=\begin{pmatrix}1&0&0\\0&1&0\\0&0&1\end{pmatrix}$;　　(2) $\boldsymbol{C}=\begin{pmatrix}0&0\\0&0\end{pmatrix}$;

(3) $\boldsymbol{D}=\begin{pmatrix}1&1&1&1\\1&1&1&1\\1&1&1&1\\1&1&1&1\end{pmatrix}$.

(1) 在 Matlab 命令窗口中输入：

```
B=eye(3)
```

运行结果为

```
B=
    1    0    0
    0    1    0
    0    0    1
```

(2) 在 Matlab 命令窗口中输入：

```
C=zeros(2)
```

运行结果为

```
C=
    0    0
    0    0
```

(3) 在 Matlab 命令窗口中输入：

```
D=ones(4)
```

运行结果为

```
D=
    1    1    1    1
    1    1    1    1
    1    1    1    1
    1    1    1    1
```

例 2.2　任给两个三阶方阵 $\boldsymbol{A}$ 和 $\boldsymbol{B}$，分别计算：

(1) $\boldsymbol{A}+\boldsymbol{B}$；(2) $5\boldsymbol{A}$；(3) $\boldsymbol{AB}$；(4) $\boldsymbol{A}^{\mathrm{T}}$；(5) $\boldsymbol{A}^{5}$；(6) $\boldsymbol{A}^{-1}$.

在 MATLAB 命令窗口中输入：

```
A=[1   -1   1
```

```
     2     1  0
     1     2  3];
B=[6  9  5
   0  5  2
   2  9  1];
```

(1) 输入：

```
A+B
```

运行结果为

```
ans=
     7   8   6
     2   6   2
     3  11   4
```

(2) 输入：

```
5*A
```

运行结果为

```
ans=
     5   -5    5
    10    5    0
     5   10   15
```

(3) 输入：

```
A*B
```

运行结果为

```
ans=
     8   13    4
    12   23   12
    12   46   12
```

(4) 输入：

```
A'
```

运行结果为

```
ans=
     1   2   1
    -1   1   2
     1   0   3
```

(5) 输入:

```
A^5
```

运行结果为

```
ans=
    128   76   152
     76   71   114
    380  247   546
```

(6) 输入:

```
A^-1
```

或 inv(A)

运行结果都为

```
ans=
     0.2500    0.4167   -0.0833
    -0.5000    0.1667    0.1667
     0.2500   -0.2500    0.2500
```

例 2.3 已知矩阵方程$\begin{pmatrix}1 & 3\\1 & 4\end{pmatrix}\boldsymbol{X}=\begin{pmatrix}1 & 2 & -1\\0 & 1 & 1\end{pmatrix}$,求 $\boldsymbol{X}$.(例 2.3.4)

方法一

在 MATLAB 命令窗口中输入:

```
A=[1  3
   1  4];
B=[1  2  -1
   0  1   1];
X= inv(A) * B
```

方法二

在 MATLAB 命令窗口中输入:

```
A=[1  3
   1  4];
B=[1  2  -1
   0  1   1];
X=A\B                          %矩阵左除
```

两种方法的运行结果都为

```
X=
    4    5   -7
   -1   -1    2
```

例 2.4　设 $\boldsymbol{A}=\begin{pmatrix}1 & 0 & -2\\ -1 & -1 & 2\\ 0 & 2 & 1\end{pmatrix}$，用初等行变换法求 $\boldsymbol{A}^{-1}$.（例 2.5.4）

在 MATLAB 命令窗口中输入：

```
A=[  1    0   -2
    -1   -1    2
     0    2    1];
B=rref([A,eye(3) ]);          %对矩阵[A,E]进行初等行变换，B
                                为矩阵 A 的简化阶梯形矩阵
A2=B(:,4:6)                   %取出矩阵的后 3 列，并显示
```

运行结果为

```
A2=
     5    4  2
    -1   -1  0
     2    2  1
```

例 5　求矩阵 $\boldsymbol{A}=\begin{pmatrix}0 & 2 & 0 & 2 & -1\\ 1 & 1 & 1 & -3 & 2\\ 1 & 3 & 1 & -1 & 1\\ 3 & 5 & 3 & -7 & 5\end{pmatrix}$ 的秩.（例 2.6.2）

在 MATLAB 命令窗口中输入：

```
A=[0  2  0   2  -1
   1  1  1  -3   2
   1  3  1  -1   1
   3  5  3  -7   5];
rank(A)
```

运行结果为

```
ans=
    2
```

实验3 解线性方程组

实验目的：◆ 掌握利用 MATLAB 求齐次线性方程组的基础解系和通解z

◆ 掌握利用 MATLAB 求解非齐次线性方程组；

◆ 会利用 MATLAB 判断含参量的线性方程组是否有解，并求解.

相关命令：null(A)：求 $\boldsymbol{AX}=0$ 的基础解系.

rref；solve；\； linsolve.

实验示例：

例 3.1 求齐次线性方程组 $\begin{cases} x_1-x_2+5x_3-x_4=0 \\ x_1+x_2-2x_3+3x_4=0 \\ 3x_1-x_2+8x_3+x_4=0 \\ x_1+3x_2-9x_3+7x_4=0 \end{cases}$ 的一个基础解系及全部解.（例 3.5.1）

方法一

在 MATLAB 命令窗口中输入：

```
A=[1  -1   5  -1
   1   1  -2   3
   3  -1   8   1
   1   3  -9   7];
format rational                      %以分数的形式显示计算结果
rref(A)                              %系数矩阵 A 的简化阶梯形矩阵
```

运行结果为

```
ans=
    1  0   3/2  1
    0  1  -7/2  2
    0  0    0   0
    0  0    0   0
```

由以上显示结果可知原方程组等价于方程组$\begin{cases} x_1+\dfrac{3}{2}x_3+x_4=0 \\ x_2-\dfrac{7}{2}x_3+2x_4=0 \end{cases}$，

故方程组的基础解系为：$\boldsymbol{\eta}_1=(-3,7,2,0)^{\mathrm{T}}$，$\boldsymbol{\eta}_2=(-1,-2,0,1)^{\mathrm{T}}$.

它的全部解为 $\boldsymbol{X}=k_1\boldsymbol{\eta}_1+k_2\boldsymbol{\eta}_2$，其中 k_1,k_2 为一组任意数.

方法二

在 MATLAB 命令窗口中输入：

```
A=[1  -1   5  -1
   1   1  -2   3
   3  -1   8   1
   1   3  -9   7];
format rational
X=null(A)                        %计算"AX=0"的基础解系
```

运行结果为

```
X=
      547/705      -307/875
      673/1970     2078/2301
     -633/3400      576/2333
    -2719/5475     -187/9599
```

说明：X 的两个列向量就是基础解系.

例 3.2　解线性方程组$\begin{cases} 2x_1-x_2+3x_3=4 \\ 4x_1+2x_2+5x_3=9 \\ 2x_1+3x_2+2x_3=3 \end{cases}$.（例 3.1.3）

在 MATLAB 命令窗口中输入：

```
A=[2  -1  3
   4   2  5
   2   3  2];
b=[4;9;3];
format rational
rref([A,b])
```

运行结果为

```
ans=
      1   0   11/8   0
      0   1   -1/4   0
      0   0    0     1
```

由以上显示结果可知系数矩阵与增广矩阵的秩不相等,故原方程组无解.

例 3.3 设有线性方程组$\begin{cases}x_1+3x_2+3x_3-2x_4+x_5=3\\2x_1+6x_2+x_3-3x_4=2\\x_1+3x_2-2x_3-x_4-x_5=-1\\3x_1+9x_2+4x_3-5x_4+x_5=5\end{cases}$,试用其中一个特解与其导出方程组的基础解系表出其全部解.(例 3.5.3)

方法一

在 MATLAB 命令窗口中输入:

```
A=[1  3   3  -2   1
   2  6   1  -3   0
   1  3  -2  -1  -1
   3  9   4  -5   1];
b=[3;2;-1;5];
format rational
rref([A,b])
```

运行结果为

```
ans=
      1  3  0  -7/5  -1/5  3/5
      0  0  1  -1/5   2/5  4/5
      0  0  0   0     0    0
      0  0  0   0     0    0
```

由以上显示结果可知原方程组的一般解为

$$\begin{cases}x_1=\dfrac{3}{5}-3x_2+\dfrac{7}{5}x_4+\dfrac{1}{5}x_5\\x_3=\dfrac{4}{5}+\dfrac{1}{5}x_4-\dfrac{2}{5}x_5\end{cases}$$,其中 x_2,x_4,x_5 为自由未知量.

令 $x_2=x_4=x_5=0$,得方程组的一个解 $\boldsymbol{\gamma}_0=\left(\dfrac{3}{5},0,\dfrac{4}{5},0,0\right)^{\mathrm{T}}$.

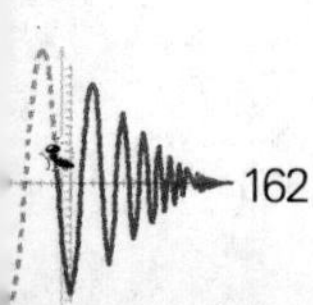

原方程组的导出组的一般解为$\begin{cases} x_1=-3x_2+\dfrac{7}{5}x_4+\dfrac{1}{5}x_5 \\ x_3=\dfrac{1}{5}x_4-\dfrac{2}{5}x_5 \end{cases}$，其中 x_2,x_4,x_5 为自由未知量.

由此可得基础解系：$\boldsymbol{\eta}_1=(-3,1,0,0,0)^{\mathrm{T}}$，$\boldsymbol{\eta}_2=(7,0,1,5,0)^{\mathrm{T}}$，$\boldsymbol{\eta}_3=(1,0,-2,0,5)^{\mathrm{T}}$，

故原方程组的全部解为 $\boldsymbol{X}=\boldsymbol{\gamma}_0+k_1\boldsymbol{\eta}_1+k_2\boldsymbol{\eta}_2+k_3\boldsymbol{\eta}_3$，其中 k_1,k_2,k_3 为一组任意数.

方法二

在 MATLAB 命令窗口中输入：

```
A=[1  3   3  -2   1
   2  6   1  -3   0
   1  3  -2  -1  -1
   3  9   4  -5   1];
b=[3;2;-1;5];
format rational
x0=A\b              %用矩阵左除运算求得方程组的一个特解
x=null(A)           %求导出组的基础解系
```

运行结果为

```
x0=
    0
    1/5
    4/5
    0
    0
x=
   -1563/1643    -122/6213   -769/7312
     588/1969    -427/1420   -673/2575
      68/3265     719/3751   -143/401
    -248/8265   -1273/2312   -590/829
    -443/6605    -544/721     443/827
```

说明：运行结果发出警告"Warning: Rank deficient, rank = 2, tol =

1.2900e−014."，这是由于使用命令 A\b 时，输入的 $m\times n$ 矩阵 $\boldsymbol{A}$ 应为非奇异的，即其秩应等于 min(m,n)，否则屏幕就会显示警告. 使用 MATLAB 解方程组时，左除运算是最常用的求解命令，但要注意：

(1) 当 $\boldsymbol{A}$ 为方阵时，A\b 结果与 inv(A) * b 一致；

(2) 当 $\boldsymbol{A}$ 不是方阵，$\boldsymbol{AX}=\boldsymbol{b}$ 有唯一解时，A\b 将给出这个解；

(3) 当 $\boldsymbol{A}$ 不是方阵，$\boldsymbol{AX}=\boldsymbol{b}$ 有无穷多解时，A\b 将给出一个具有最多零元素的特解；

(4) 当 $\boldsymbol{A}$ 不是方阵，$\boldsymbol{AX}=\boldsymbol{b}$ 无解时，A\b 将给出最小二乘意义上的近似解，即使得向量 $\boldsymbol{AX}-\boldsymbol{b}$ 的范数达到最小.

例 3.4 已知齐次线性方程组 $\begin{cases}x_1+x_2-x_3=0\\2x_1+3x_2+ax_3=0\\x_1+ax_2+3x_3=0\end{cases}$，讨论 a 取何值时，方程组有非零解？

在 MATLAB 命令窗口中输入：

```
syms a
A=[1  1  -1
   2  3   a
   1  a   3];                    %给系数矩阵赋值
D=det(A);                        %计算系数矩阵的行列式
aa=solve(D)                      %解方程“D=0”，得到解 aa，即 a 的值
for i=1:2
    AA=subs(A,a,aa(i));          %分别把 a 值代入系数矩阵 A 中
    disp(aa(i));                 %显示 a 的取值
    disp(null(AA))               %计算齐次线性方程组“AX=0”的基础
                                   解系
end
```

运行结果为

```
aa =
   -3
   2

-3
```

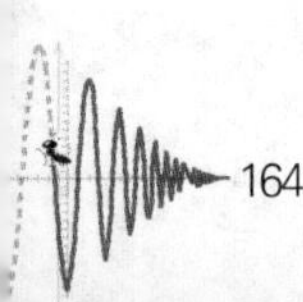

```
  0
  1
  1

  2

  5
 -4
  1
```

实验 4　向量

实验目的：◆ 掌握利用 MATLAB 将某一向量用向量组来线性表示；

◆ 会利用 MATLAB 判断一个向量组的线性相关性；

◆ 掌握利用 MATLAB 求向量组的极大无关组，并把其他向量用极大无关组线性表示；

◆ 掌握利用 MATLAB 求某一向量在一组基下的坐标.

相关命令：rank；rref.

实验示例：

例 4.1　已知 $\boldsymbol{\beta}=(0,0,0,1)^{\mathrm{T}}$，$\boldsymbol{\alpha}_1=(1,1,0,1)^{\mathrm{T}}$，$\boldsymbol{\alpha}_2=(2,1,3,1)^{\mathrm{T}}$，$\boldsymbol{\alpha}_3=(1,1,0,0)^{\mathrm{T}}$，$\boldsymbol{\alpha}_4=(0,1,-1,-1)^{\mathrm{T}}$，问 $\boldsymbol{\beta}$ 是否可由向量组 $\boldsymbol{\alpha}_1,\boldsymbol{\alpha}_2,\boldsymbol{\alpha}_3,\boldsymbol{\alpha}_4$ 线性表示？若是，则表示之.（例 3.3.2）

在 MATLAB 命令窗口中输入：

```
a1=[1;1;0;1];
a2=[2;1;3;1];
a3=[1;1;0;0];
a4=[0;1;-1;-1];
b=[0;0;0;1];
format rational
B=rref([a1,a2,a3,a4,b])
```

运行结果为

```
B=
    1  0  0  0   1
    0  1  0  0   0
    0  0  1  0  -1
    0  0  0  1   0
```

由以上显示结果可得：$\boldsymbol{\beta}$可由向量组$\boldsymbol{\alpha}_1,\boldsymbol{\alpha}_2,\boldsymbol{\alpha}_3,\boldsymbol{\alpha}_4$线性表示，且

$$\boldsymbol{\beta}=\boldsymbol{\alpha}_1+0\boldsymbol{\alpha}_2+(-1)\boldsymbol{\alpha}_3+0\boldsymbol{\alpha}_4=\boldsymbol{\alpha}_1-\boldsymbol{\alpha}_3.$$

例 4.2 判断 $\boldsymbol{\alpha}_1=(2,-1,3,1)^T$，$\boldsymbol{\alpha}_2=(4,-2,5,4)^T$，$\boldsymbol{\alpha}_3=(2,-1,3,-1)^T$ 的线性相关性.（例 3.3.4）

在 MATLAB 命令窗口中输入：

```
A=[  2   4   2
    -1  -2  -1
     3   5   3
     1   4  -1];
r=rank(A)
```

运行结果为

```
r =
 3                          %r=3=3,故线性无关.
```

例 4.3 求向量组

$$\boldsymbol{\alpha}_1=(1,2,-1,4)^T,\boldsymbol{\alpha}_2=(9,100,10,4)^T,$$
$$\boldsymbol{\alpha}_3=(-2,-4,2,-8)^T,\boldsymbol{\alpha}_4=(1,2,3,4)^T$$

的秩及一个极大无关组，并将其余向量用极大线性无关组线性表示.（例 3.4.1）

在 MATLAB 命令窗口中输入：

```
a1=[1;2;-1;4];              %输入 4 个列向量
a2=[9;100;10;4];
a3=[-2;-4;2;-8];
a4=[1;2;3;4];
A=[a1,a2,a3,a4];            %由 4 个列向量构造矩阵 A
```

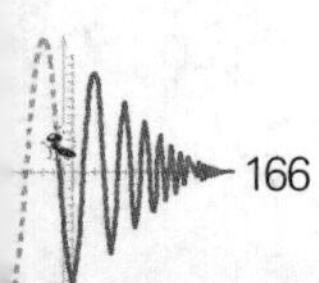

```
B=rref(A)
```

运行结果为

```
B=
   1  0  -2  0
   0  1   0  0
   0  0   0  1
   0  0   0  0
```

由以上显示结果可知向量组 $\boldsymbol{\alpha}_1,\boldsymbol{\alpha}_2,\boldsymbol{\alpha}_3,\boldsymbol{\alpha}_4$ 的一个极大无关组是 $\boldsymbol{\alpha}_1,\boldsymbol{\alpha}_2,\boldsymbol{\alpha}_4$，它的秩为 3，$\boldsymbol{\alpha}_3=-2\boldsymbol{\alpha}_1$.

例 4.4　求向量 $\boldsymbol{\xi}=(1,2,3)^T$ 在基 $\boldsymbol{\alpha}_1=(1,-1,0)^T,\boldsymbol{\alpha}_2=(1,2,-1)^T,\boldsymbol{\alpha}_3=(0,01)^T$ 下的坐标.

在 MATLAB 命令窗口中输入：

```
a1=[1,-1,0]';
a2=[1,2,-1]';
a3=[0,0,1]';
A=[a1,a2,a3];
b=[1,2,3]';
lamda=inv(A) * b
```

运行结果为

```
lamda =
     0.0000
     1.0000
     4.0000
```

由以上显示结果可知 $\boldsymbol{\xi}$ 在基 $\boldsymbol{\alpha}_1,\boldsymbol{\alpha}_2,\boldsymbol{\alpha}_3$ 下的坐标是$(0,1,4)^T$.

实验5　相似矩阵和二次型

实验目的：◆ 掌握利用 MATLAB 求矩阵的特征多项式的方法；

◆ 掌握利用 MATLAB 求矩阵特征值、特征向量的方法；

◆ 会利用 MATLAB 分析矩阵是否可对角化；

◆ 掌握利用 MATLAB 将实对称矩阵对角化及化二次型为标准型的方法.

相关命令：poly(A)：求矩阵 $\boldsymbol{A}$ 的特征多项式，给出的结果是多项式所对应的系数(幂次按降幂排列)；

roots(p)：多项式求根，其中 $\boldsymbol{p}$ 为描述多项式的系数向量；

d=eig(A)：求矩阵 $\boldsymbol{A}$ 的特征值，返回矩阵 $\boldsymbol{A}$ 的全部特征值组成的列向量；

[V,D]=eig(A)：求矩阵 $\boldsymbol{A}$ 的特征值和特征向量，矩阵 $\boldsymbol{D}$ 为矩阵 $\boldsymbol{A}$ 的特征值构成的对角矩阵，矩阵 $\boldsymbol{V}$ 的列向量为矩阵 $\boldsymbol{A}$ 与特征值 $\boldsymbol{D}$ 对应的特征向量.

实验示例：

例 5.1　用多种办法求矩阵 $\boldsymbol{A}=\begin{pmatrix}-2 & 0 & 0\\ 2 & 0 & 2\\ 3 & 1 & 1\end{pmatrix}$ 的特征值.(例 4.1.1)

方法一

在 MATLAB 命令窗口中输入：

```
A=[-2  0  0
    2  0  2
    3  1  1];
syms k
B=k*eye(length(A))-A;
D=det(B);
lamda1=solve(D)
```

运行结果为

```
lamda1 =
    -2
```

```
     2
    -1                          %特征值以列向量的形式输出
```

方法二

在 MATLAB 命令窗口中输入：

```
A=[-2  0  0
    2  0  2
    3  1  1];
P=poly(A);                     %计算矩阵 A 的特征多项式，向量 P 的
                                元素为该多项式的系数
lamda2=roots(P)
```

运行结果为

```
lamda2 =
     2
    -2
    -1
```

方法三

在 MATLAB 命令窗口中输入：

```
A=[-2  0  0
    2  0  2
    3  1  1];
lamda3=eig(A)                  %直接求出矩阵 A 的特征值
```

运行结果为

```
lamda3 =
     2
    -1
    -2
```

例 5.2　求矩阵 $\boldsymbol{A}=\begin{pmatrix}1&2&2\\2&1&2\\2&2&1\end{pmatrix}$ 的特征值和特征向量.（例 4.1.2）

在 MATLAB 命令窗口中输入：

```
A=[1  2  2
   2  1  2
```

```
    2  2  1];
format rational
[V,D]=eig(A)        %矩阵D为矩阵A的特征值构成的对角矩阵
                    %矩阵V的列向量为矩阵A与特征值D对应的特
                     征向量
```

运行结果为

```
V =

     247/398        1145/2158     780/1351
     279/1870      -1343/1673     780/1351
   -1040/1351       1013/3722     780/1351

D =

   -1     0     0
    0    -1     0
    0     0     5
```

由以上显示结果可知矩阵 **A** 的特征值为−1(二重)和 5;**V** 的第 1、2 列为特征值−1 对应的两个线性无关的特征向量,分别记为 $\boldsymbol{\xi}_1,\boldsymbol{\xi}_2$,因此 **A** 的属于特征值−1 的全部特征向量为 $k_1\boldsymbol{\xi}_1+k_2\boldsymbol{\xi}_2$,其中 k_1,k_2 是任意一组不全为零的数;**V** 的第 3 列为特征值 5 对应的一个线性无关的特征向量,记为 $\boldsymbol{\xi}_3$,因此 **A** 的属于特征值 5 的全部特征向量为 $k_3\boldsymbol{\xi}_3$,其中 k_3 是任意非零数.

例 5.3 判断矩阵 $\boldsymbol{A}=\begin{pmatrix}1 & -2 & 2\\ -2 & -2 & 4\\ 2 & 4 & -2\end{pmatrix}$ 是否可对角化,若可对角化,求可逆矩阵 **P**,使得 $\boldsymbol{P}^{-1}\boldsymbol{A}\boldsymbol{P}$ 为对角矩阵.(例 4.2.1)

在 MATLAB 命令窗口中输入:

```
A=[  1  -2   2
    -2  -2   4
     2   4  -2];
format rational
[V,D]=eig(A)
```

运行结果为

```
V =
```

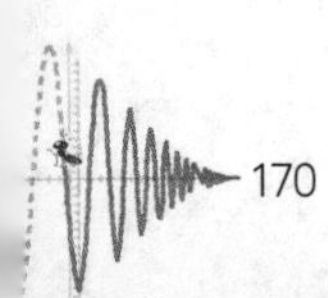

```
    1/3        325/348   -1144/8851
    2/3    -1019/3084     -614/919
   -2/3    1383/10129     -414/565
D =
   -7   0   0
    0   2   0
    0   0   2
```

由以上显示结果可知矩阵 **A** 能对角化，**V** 即为所求的可逆矩阵 **P**，$\boldsymbol{P}^{-1}\boldsymbol{AP}$ $=\begin{pmatrix}-7 & 0 & 0\\ 0 & 2 & 0\\ 0 & 0 & 2\end{pmatrix}$.

例 5.4 用正交线性替换化下列二次型为标准形，并求所用的正交线性替换：

$$f(x_1,x_2,x_3)=x_1^2+2x_2^2+3x_3^2-4x_1x_2-4x_2x_3.$$

在 MATLAB 命令窗口中输入：

```
A=[ 1  -2   0
   -2   2  -2
    0  -2   3];
format rational
[U,D]=eig(A)
```

运行结果为

```
U =
   -2/3   -2/3    1/3
   -2/3    1/3   -2/3
   -1/3    2/3    2/3
D =
   -1   0   0
    0   2   0
    0   0   5
```

由以上显示结果可知，令正交线性替换 $\boldsymbol{X}=\boldsymbol{UY}$，其中 $\boldsymbol{U}=$

$\frac{1}{3}\begin{pmatrix}-2 & -2 & 1\\ -2 & 1 & -2\\ -1 & 2 & 2\end{pmatrix}$,则二次型的标准形为$-y_1^2+2y_2^2+5y_3^2$.

说明:对实对称矩阵执行命令[U,D]=eig(A),矩阵 $\boldsymbol{D}$ 为以矩阵 $\boldsymbol{A}$ 的特征值为主对角线元素的对角矩阵,矩阵 $\boldsymbol{U}$ 为正交矩阵.

习题参考答案

习题 1

(A)

1. (1) 1;(2) a^2-b^2;(3) 0;(4) 0.

2. (1) $x=13$;(2) $x=1$ 或 $x=3$.

3. 略.

4. (1) -6;(2) 8.

5. (1) -6792000;(2) 0;(3) -18;(4) 0;(5) $abc(b-a)(c-a)(c-b)$;(6) $(a+3)(a-1)^3$;(7) 0;(8) 48;(9) -20;(10) 5.

6. $D=1-x^2-y^2-z^2$, $x=y=z=0$.

7. 略.

8. $M_{11}=7, M_{12}=12, M_{13}=3, M_{21}=-6, M_{22}=4, M_{23}=1, M_{31}=-5, M_{32}=-5, M_{33}=5$.

$A_{11}=7, A_{12}=-12, A_{13}=3, A_{21}=6, A_{22}=4, A_{23}=-1, A_{31}=-5, A_{32}=5, A_{33}=5$.

9. (1) $x_1=1, x_2=2, x_3=3$;(2) $x_1=3, x_2=1, x_3=1$.

10. $k=-1$ 或 $k=0$ 或 $k=6$.

11. (1) $\lambda\neq 0$ 且 $\lambda\neq 1$;(2) $\lambda=0$ 或 $\lambda=1$.

(B)

1. (1) 0;(2) -3;(3) x^4;(4) $1-a+a^2-a^3+a^4-a^5$;(5) -3;(6) $2^{n+1}-2$.

2. (1) B;(2) B;(3) B;(4) D;(5) A;(6) C.

3. (1) $b_1b_2b_3$;(2) x^4;(3) $2(a+b+c+d)^4$;(4) $(a_1a_2a_3a_4)^4\prod\limits_{1\leqslant j<i\leqslant 4}\left(\frac{b_i}{a_i}-\frac{b_j}{a_j}\right)$.

4. (1) $n!$;(2) a^n-a^{n-2};(3) $(x-2a)^{n-1}[x+(n-2)a]$;(4) $\prod\limits_{1\leqslant j<i\leqslant n}(x_i-x_j)$.

5. 略.

6. 略.

7. 略.

习题 2

(A)

1. (1) $\begin{pmatrix}6&1&-7\\5&-2&0\end{pmatrix}$;(2) $\begin{pmatrix}2&-1&-30\\-3&3&73\end{pmatrix}$.

2. $\begin{pmatrix}2&-12&10&0\\0&-4&4&-4\\-22&-6&-2&6\end{pmatrix}$.

3. $x=-5,y=-6,u=4,v=-2$.

4. (1) $\begin{pmatrix}1&4&2\\-19&5&13\end{pmatrix}$;(2) $\begin{pmatrix}8&5\\-15&6\end{pmatrix}$;(3) $\begin{pmatrix}1&2&3&4\\2&4&6&8\\3&6&9&12\\4&8&12&16\end{pmatrix}$;(4) 30;

(5) $\begin{pmatrix}15&-2&21&7\\10&-12&6&2\end{pmatrix}$.

5. (1) $\begin{pmatrix}a&b\\0&a\end{pmatrix}$,$a,b$ 为任意数;(2) $\boldsymbol{A}=\begin{pmatrix}a&b&c\\0&b&0\\0&d&e\end{pmatrix}$,$a,b,c,d,e$ 为任意数.

6. (1) $\begin{pmatrix}a^4&0&0\\0&b^4&0\\0&0&c^4\end{pmatrix}$;(2) $\begin{pmatrix}0&0&0\\0&0&0\\0&0&0\end{pmatrix}$.

7. $\boldsymbol{A}=\begin{pmatrix}2&-1&2\\4&-2&4\\2&-1&2\end{pmatrix}$,$\boldsymbol{A}^2=2\boldsymbol{A},\boldsymbol{A}^{100}=2^{99}\boldsymbol{A}$.

8. 略.

9. 略.

10. $\begin{pmatrix}9&2&4\\11&0&3\\-1&1&-2\end{pmatrix}$.

11. 略.

12. 略.

13. (1) $\begin{pmatrix}\frac{3}{8}&\frac{1}{4}\\-\frac{1}{8}&\frac{1}{4}\end{pmatrix}$;(2) $\begin{pmatrix}1&0&0\\-\frac{1}{2}&\frac{1}{2}&0\\0&-\frac{1}{3}&\frac{1}{3}\end{pmatrix}$;(3) $-\frac{1}{27}\begin{pmatrix}-3&-6&-6\\-6&-3&6\\-6&6&-3\end{pmatrix}$;

(4) $\begin{pmatrix} 1 & 0 & 0 & 0 \\ -1 & 1 & 0 & 0 \\ 0 & -1 & 1 & 0 \\ 0 & 0 & -1 & 1 \end{pmatrix}$;(5) $\begin{pmatrix} 22 & -6 & -26 & 17 \\ -17 & 5 & 20 & -13 \\ -1 & 0 & 2 & -1 \\ 4 & -1 & -5 & 3 \end{pmatrix}$;(6) $\begin{pmatrix} 1 & -a & 0 & 0 \\ 0 & 1 & -a & 0 \\ 0 & 0 & 1 & -a \\ 0 & 0 & 0 & 1 \end{pmatrix}$;

(7) $\begin{pmatrix} 2 & 1 & 0 & 0 & 0 \\ 1 & 1 & 0 & 0 & 0 \\ 0 & 0 & \frac{1}{5} & 0 & 0 \\ 0 & 0 & 0 & \frac{4}{3} & -1 \\ 0 & 0 & 0 & -\frac{7}{6} & 1 \end{pmatrix}$.

14. (1) $\begin{pmatrix} -8 & -7 & -15 \\ 3 & 3 & 6 \end{pmatrix}$;(2) $\begin{pmatrix} \frac{11}{6} & \frac{1}{2} & 1 \\ -\frac{1}{6} & -\frac{1}{2} & 0 \\ \frac{2}{3} & 1 & 0 \end{pmatrix}$;(3) $\begin{pmatrix} 0 & 3 & 2 \\ -4 & 23 & 15 \end{pmatrix}$;

(4) $\frac{1}{16}\begin{pmatrix} 13 & -1 & -9 \\ -13 & 1 & 9 \\ 9 & 3 & -5 \end{pmatrix}$.

15. $\boldsymbol{A}^{-1}=\begin{pmatrix} \boldsymbol{O} & \boldsymbol{C}^{-1} \\ \boldsymbol{B}^{-1} & \boldsymbol{O} \end{pmatrix}$.

16. $\begin{pmatrix} 0 & 0 & 0 & \cdots & 0 & \frac{1}{a_n} \\ \frac{1}{a_1} & 0 & 0 & \cdots & 0 & 0 \\ 0 & \frac{1}{a_2} & 0 & \cdots & 0 & 0 \\ 0 & 0 & \frac{1}{a_3} & \cdots & 0 & 0 \\ \vdots & \vdots & \vdots & & \vdots & \vdots \\ 0 & 0 & 0 & \cdots & \frac{1}{a_{n-1}} & 0 \end{pmatrix}$.

17. 略.

18. $(\boldsymbol{A}+4\boldsymbol{E}_n)^{-1}=\frac{2\boldsymbol{E}_n-\boldsymbol{A}}{5}$.

19. 略.

20. 略.

21. (1) 2;(2) 4;(3) 3;(4) 3.

(B)

1. (1) $3^{n-1}\begin{pmatrix}1 & \frac{1}{2} & \frac{1}{3}\\ 2 & 1 & \frac{2}{3}\\ 3 & \frac{2}{3} & 1\end{pmatrix}$;(2) $\begin{pmatrix}0 & 1 & 0 & 0\\ 1 & 0 & 0 & 0\\ 0 & 0 & 2 & -1\\ 0 & 0 & -1 & 1\end{pmatrix}$;(3) $\begin{pmatrix}-2 & 0 & 1\\ 0 & -1 & 0\\ 0 & 0 & -2\end{pmatrix}$;

(4) $\frac{1}{2}(\boldsymbol{A}+2\boldsymbol{E})$;(5) $\frac{1}{10}\begin{pmatrix}1 & 0 & 0\\ 2 & 2 & 0\\ 3 & 4 & 5\end{pmatrix}$;(6) $\frac{9}{64}$;(7) $-\frac{1}{2}$;(8) 2;(9) 2;(10) -27;(11) 2;(12) 1.

2. (1) D;(2) C;(3) C;(4) A;(5) D;(6) D;(7) B;(8) C;(9) A;(10) B;(11) B;(12) B;(13) D;(14) C;(15) C;(16) D;(17) B;(18) C;(19) B;(20) C;(21) A.

3. 略.

4. (1) $\sum_{i=1}^{n}a_{ki}a_{il}$;(2) $\sum_{i=1}^{n}a_{ki}a_{li}$;(3) $\sum_{i=1}^{n}a_{ik}a_{il}$.

5. 略.

6. 略.

7. 40.

8. $-m+n$.

9. $\boldsymbol{X}=\begin{pmatrix}2 & 0 & 1\\ 0 & 3 & 0\\ 1 & 0 & 2\end{pmatrix}$.

10. $\boldsymbol{B}=\begin{pmatrix}0 & 2 & 1\\ 0 & 0 & 0\\ 0 & 0 & 0\end{pmatrix}$.

11. $\boldsymbol{X}=\frac{1}{4}\begin{pmatrix}1 & 1 & 0\\ 0 & 1 & 1\\ 1 & 0 & 1\end{pmatrix}$.

习题 3

(A)

1. (1) $x_1=1,x_2=2,x_3=1$;(2) $x_1=\frac{10}{7},x_2=-\frac{1}{7},x_3=-\frac{2}{7}$;

(3) $\begin{cases} x_1=-x_3+\dfrac{7}{6}x_5 \\ x_2=x_3+\dfrac{5}{6}x_5 \\ x_4=\dfrac{1}{3}x_5 \end{cases}$，其中 x_3,x_5 为自由未知量；(4) 无解.

2. $(6,-1,0,-2)^T$.

3. $(0,-1,2)^T$.

4. $\boldsymbol{\beta}=\frac{5}{4}\boldsymbol{\alpha}_1+\frac{1}{4}\boldsymbol{\alpha}_2-\frac{1}{4}\boldsymbol{\alpha}_3-\frac{1}{4}\boldsymbol{\alpha}_4$.

5. (4)线性相关；(1)、(2)、(3)线性无关.

6. 略.

7. 略.

8. 略.

9. $t\neq 1$ 时，线性无关；$t=1$ 时；线性相关.

10. 略.

11. (1) $\boldsymbol{\alpha}_1,\boldsymbol{\alpha}_2$ 是一个极大线性无关组，秩为 2，$\boldsymbol{\alpha}_3=-3\boldsymbol{\alpha}_1+2\boldsymbol{\alpha}_2$；(2) $\boldsymbol{\alpha}_1,\boldsymbol{\alpha}_2,\boldsymbol{\alpha}_3$ 是一个极大线性无关组，秩为 3，$\boldsymbol{\alpha}_4=2\boldsymbol{\alpha}_1+\boldsymbol{\alpha}_2-\boldsymbol{\alpha}_3$.

12. 略.

13. 略.

14. (1) 基础解系为 $\boldsymbol{\eta}_1=(1,1,0,0)^T$，$\boldsymbol{\eta}_2=(0,0,1,1)^T$，全部解 $\boldsymbol{X}=k_1\boldsymbol{\eta}_1+k_2\boldsymbol{\eta}_2$，其中 k_1,k_2 是一组任意数；(2) 基础解系为 $\boldsymbol{\eta}_1=\left(-\frac{3}{2},\frac{7}{2},1,0\right)^T$，$\boldsymbol{\eta}_2=(-1,-2,0,1)^T$，全部解 $\boldsymbol{X}=k_1\boldsymbol{\eta}_1+k_2\boldsymbol{\eta}_2$，其中 k_1,k_2 是任意数.

15. (1) $\boldsymbol{X}=\boldsymbol{\gamma}_0+k_1\boldsymbol{\eta}_1+k_2\boldsymbol{\eta}_2$；其中 $\boldsymbol{\gamma}_0=\left(-\frac{2}{11},\frac{10}{11},0,0\right)^T$，$\boldsymbol{\eta}_1=(1,-5,11,0)^T$，$\boldsymbol{\eta}_2=(-9,1,0,11)^T$，$k_1,k_2$ 是任意数；(2) $\boldsymbol{X}=\boldsymbol{\gamma}_0+k_1\boldsymbol{\eta}_1$，$\boldsymbol{\gamma}_0=(3,-8,0,6)^T$，$\boldsymbol{\eta}_1(-1,2,1,0)^T$，$k_1$ 是任意数.

16. (1) $\lambda\neq 1,-\frac{4}{5}$ 时，方程组有唯一解；(2) 当 $\lambda=-\frac{4}{5}$ 时，方程组无解；(3) $\lambda=1$ 时，方程组有无穷解，其全部解为 $\boldsymbol{X}=(1,-1,0)^T+k_1\,(0,1,1)^T$，$k_1$ 为任意数.

17. 略.

18. $\boldsymbol{P}=\begin{pmatrix} 1 & 0 & 1 \\ -1 & 1 & 1 \\ 1 & -2 & -2 \end{pmatrix}$；$(-5,-6,4)^T$.

(B)

1. (1) $k\neq 0$ 或 -3；(2) $t=5,t\neq 5$；(3) 充要；(4) $a=2b$；(5) $\boldsymbol{O}$；(6) -3；(7) a_1+a_2+

$a_3+a_4=0$;(8) -1;(9) $\boldsymbol{X}=\boldsymbol{\eta}_1+k(\boldsymbol{\eta}_2-\boldsymbol{\eta}_1)$,$k$ 是任意数;(10) $\boldsymbol{X}=k\,(1,1,\cdots,1)^{\mathrm{T}}$($k$ 是任意数);(11) $\begin{pmatrix} 2 & 3 \\ -1 & -2 \end{pmatrix}$;(12) 6.

2. (1) C;(2) A;(3) B;(4) B;(5) C;(6) A;(7) C;(8) B;(9) C;(10) D;(11) A;(12) D;(13) D;(14) D;(15) A;(16) A;(17) A;(18) B;(19) C;(20) B;(21) B;(22) A;(23) A;(24) A;(25) C;(26) C;(27) B;(28) D;(29) D;(30) A.

3. 略.

4. 略.

5. 略.

6. 略.

7. 略.

8. (1) $a=-1$ 且 $b\neq 0$;(2) $a\neq -1$,b 是任意数.

9. (1) 当 $\lambda\neq 0$ 且 $\lambda\neq -3$ 时,$\boldsymbol{\beta}$ 可由 $\boldsymbol{\alpha}_1,\boldsymbol{\alpha}_2,\boldsymbol{\alpha}_3$ 线性表示,且表达式唯一;(2) 当 $\lambda=0$ 时,$\boldsymbol{\beta}$ 可由 $\boldsymbol{\alpha}_1,\boldsymbol{\alpha}_2,\boldsymbol{\alpha}_3$ 线性表示,但表达式不唯一;(3) 当 $\lambda=-3$ 时,$\boldsymbol{\beta}$ 不能由 $\boldsymbol{\alpha}_1,\boldsymbol{\alpha}_2,\boldsymbol{\alpha}_3$ 线性表示.

10. 略.

11. 略.

12. 略.

13. 略.

14. (1) 当 $k\neq -1,4$ 时,方程组有唯一解;(2) 当 $k=-1$ 时,方程组无解;(3) 当 $k=4$ 时,方程组有无穷多解,其全部解为 $\boldsymbol{X}=(0,4,0)^{\mathrm{T}}+k\,(-3,-1,1)^{\mathrm{T}}$,其中 k 是任意数.

15. (1) 方程组的通解为 $\boldsymbol{X}=(-2,-4,-5,0)+k(1,1,2,1)$,其中 k 为任意数;(2) $m=2,n=4,t=6$.

16. 略.

习题 4

(A)

1. (1) $\lambda_1=1,k\,(-1,1)^{\mathrm{T}},k\neq 0$ 的任意数;$\lambda_2=3,k\,(1,1)^{\mathrm{T}},k\neq 0$ 的任意数.

(2) $\lambda_1=0,k\,(-1,1,0)^{\mathrm{T}},k\neq 0$ 的任意数;$\lambda_2=\lambda_3=2,k\,(1,1,0)^{\mathrm{T}},k\neq 0$ 的任意数.

(3) $\lambda_1=-1,k\,(1,-1,0)^{\mathrm{T}},k\neq 0$ 的任意数;$\lambda_2=3,k\,(1,-5,4)^{\mathrm{T}},k\neq 0$ 的任意数;$\lambda_3=6,k\,(3,-3,7)^{\mathrm{T}},k\neq 0$ 的任意数.

(4) $\lambda_1=-2,k\,(-1,1,1,1)^{\mathrm{T}},k\neq 0$ 的任意数;

$\lambda_2=\lambda_3=\lambda_4=2,k_1\,(1,1,0,0)^{\mathrm{T}}+k_2\,(1,0,1,0)^{\mathrm{T}}+k_3\,(1,0,0,1)^{\mathrm{T}},k_1,k_2,k_3$ 为任意一组不全为零的任意数.

2. 略.

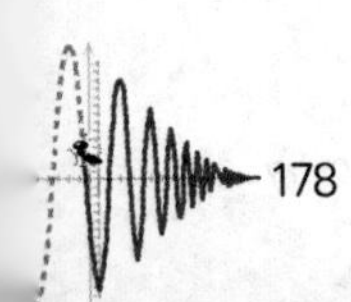

3. 略.

4. 略.

5. $k=-2$ 或 $k=1$.

6. (1) $\boldsymbol{A}$ 的特征值为 $1,1,-5$;(2) $\boldsymbol{E}_3+\boldsymbol{A}^{-1}$ 的特征值为 $2,2,\frac{4}{5}$.

7. 略.

8. 略.

9. (1) 可对角化,$\boldsymbol{P}=\begin{pmatrix}-1 & 1\\ 1 & 1\end{pmatrix}$,$\boldsymbol{P}^{-1}\boldsymbol{AP}=\begin{pmatrix}1 & 0\\ 0 & 3\end{pmatrix}$;(2) 不可对角化;(3) 可对角化,

$\boldsymbol{P}=\begin{pmatrix}1 & 1 & 3\\ -1 & -5 & -3\\ 0 & 4 & 7\end{pmatrix}$,$\boldsymbol{P}^{-1}\boldsymbol{AP}=\begin{pmatrix}-1 & 0 & 0\\ 0 & 3 & 0\\ 0 & 0 & 6\end{pmatrix}$;(4) 可对角化,$\boldsymbol{P}=\begin{pmatrix}-1 & 1 & 1 & 1\\ 1 & 1 & 0 & 0\\ 1 & 0 & 1 & 0\\ 1 & 0 & 0 & 1\end{pmatrix}$,

$$\boldsymbol{P}^{-1}\boldsymbol{AP}=\begin{pmatrix}-2 & 0 & 0 & 0\\ 0 & 2 & 0 & 0\\ 0 & 0 & 2 & 0\\ 0 & 0 & 0 & 2\end{pmatrix}.$$

10. (1) $\boldsymbol{A}=\begin{pmatrix}1 & 0 & 0 & 0\\ 0 & -2 & 1 & 0\\ 0 & 1 & 1 & 0\\ 0 & 0 & 0 & -5\end{pmatrix}$;(2) $\boldsymbol{A}=\begin{pmatrix}1 & 2 & 0\\ 2 & 2 & -3\\ 0 & -3 & -3\end{pmatrix}$;

(3) $\boldsymbol{A}=\begin{pmatrix}a_1^2 & a_1a_2 & a_1a_3\\ a_2a_1 & a_2^2 & a_2a_3\\ a_3a_1 & a_3a_2 & a_3^2\end{pmatrix}$;(4) $\boldsymbol{A}=\begin{pmatrix}1 & 1 & 1\\ 1 & 1 & \frac{3}{2}\\ 1 & \frac{3}{2} & 1\end{pmatrix}$.

11. (1) 非退化的线性替换:$\begin{cases}x_1=y_1-y_2+2y_3\\ x_2=y_2-2y_3\\ x_3=y_3\end{cases}$;标准型:$y_1^2+y_2^2$.

(2) 非退化的线性替换:$\begin{cases}x_1=y_1+\frac{1}{2}y_2-\frac{3}{2}y_3\\ x_2=\frac{1}{2}y_2-\frac{1}{2}y_3\\ x_3=y_3\end{cases}$;标准型:$y_1^2-y_2^2$.

(3) 非退化的线性替换:$\begin{cases}x_1=\frac{1}{2}y_1+y_2+\frac{1}{2}y_3\\ x_2=\frac{1}{2}y_1-y_2+\frac{1}{2}y_3\\ x_3=y_3\end{cases}$;标准型:$-y_1^2+4y_2^2+y_3^2$.

(4) 非退化的线性替换：$\begin{cases} x_1=y_1-y_2-\dfrac{4}{3}y_3 \\ x_2=y_2+\dfrac{4}{3}y_3 \\ x_3=y_3 \end{cases}$；标准型：$2y_1^2+3y_2^2-\dfrac{1}{3}y_3^2$.

12. $\boldsymbol{\eta}_1=\dfrac{1}{\sqrt{2}}(0,1,1,0,0)^{\mathrm{T}}$，$\boldsymbol{\eta}_2=\dfrac{1}{\sqrt{10}}(-2,1,-1,2,0)^{\mathrm{T}}$，$\boldsymbol{\eta}_3=\dfrac{1}{3\sqrt{35}}(7,-6,6,13,5)^{\mathrm{T}}$.

13. (1) $\boldsymbol{U}=\dfrac{1}{3}\begin{pmatrix}1 & 2 & -2\\ 2 & 1 & 2\\ 2 & -2 & -1\end{pmatrix}$；(2) $\boldsymbol{U}=\begin{pmatrix}\dfrac{1}{\sqrt{2}} & \dfrac{1}{\sqrt{6}} & \dfrac{\sqrt{3}}{6} & \dfrac{1}{2}\\ -\dfrac{1}{\sqrt{2}} & \dfrac{1}{\sqrt{6}} & \dfrac{\sqrt{3}}{6} & \dfrac{1}{2}\\ 0 & -\dfrac{2}{\sqrt{6}} & \dfrac{\sqrt{3}}{6} & \dfrac{1}{2}\\ 0 & 0 & -\dfrac{\sqrt{3}}{2} & \dfrac{1}{2}\end{pmatrix}$.

14. (1) 正交线性替换 $\boldsymbol{X}=\boldsymbol{UY}$，其中 $\boldsymbol{U}=\dfrac{1}{3}\begin{pmatrix}2 & -2 & -1\\ 2 & 1 & 2\\ 1 & 2 & -2\end{pmatrix}$；标准型：$-y_1^2+2y_2^2+5y_3^2$；(2) 正交线性替换 $\boldsymbol{X}=\boldsymbol{UY}$，其中 $\boldsymbol{U}=\begin{pmatrix}\dfrac{2}{\sqrt{5}} & \dfrac{-2}{3\sqrt{5}} & \dfrac{1}{3}\\ \dfrac{1}{\sqrt{5}} & \dfrac{4}{3\sqrt{5}} & -\dfrac{2}{3}\\ 0 & \dfrac{5}{3\sqrt{5}} & \dfrac{2}{3}\end{pmatrix}$；标准型：$9y_3^2$.

15. $-\sqrt{2}<t<\sqrt{2}$.

(B)

1. (1) $\lambda_i=0,(i=1,2,\cdots,n-1)$，$\lambda_n=n$；(2) 21；(3) $1+(\lambda^{-1}|\boldsymbol{A}|)^2$；(4) 2；(5) 1；(6) 2；(7) 1；(8) $k>1$；(9) $-2<a<2$.

2. (1) B；(2) A；(3) B；(4) B；(5) D；(6) D；(7) B；(8) B；(9) D；(10) B；(11) A；(12) A；(13) C；(14) D；(15) D；(16) C.

3. 略.

4. 略.

5. 略.

6. (1) $a=5,b=6$；(2) $\boldsymbol{P}=\begin{pmatrix}-1 & -1 & 1\\ 1 & 0 & -2\\ 0 & 1 & 3\end{pmatrix}$.

7. $k=0$, $\boldsymbol{P}=\begin{pmatrix}1&-1&1\\0&2&0\\1&0&2\end{pmatrix}$, $\boldsymbol{P}^{-1}\boldsymbol{AP}=\begin{pmatrix}1&0&0\\0&-1&0\\0&0&-1\end{pmatrix}$.

8. $\boldsymbol{A}=\frac{1}{3}\begin{pmatrix}7&0&-2\\0&5&-2\\-2&-2&6\end{pmatrix}$.

9. $a=2,b=-3,c=2,\lambda_0=1$.

10. (1) $\boldsymbol{A}$ 属于特征值 3 的特征向量为 $k\boldsymbol{\alpha}_3$, $\boldsymbol{\alpha}_3=(1,0,1)^{\mathrm{T}}$, k 是不为零的任意数；

(2) $\boldsymbol{A}=\frac{1}{6}\begin{pmatrix}13&-2&5\\-2&10&2\\5&2&13\end{pmatrix}$.

11. 略.

12. 略.

13. $a=2$, $\boldsymbol{Q}=\begin{pmatrix}0&1&0\\\frac{1}{\sqrt{2}}&0&\frac{1}{\sqrt{2}}\\-\frac{1}{\sqrt{2}}&0&\frac{1}{\sqrt{2}}\end{pmatrix}$.

总练习题

1. (1) $a=0$;(2) $\boldsymbol{X}=\begin{pmatrix}3&1&-2\\1&1&-1\\2&1&-1\end{pmatrix}$.

2. $a=-1,b=0$;$\boldsymbol{C}=\begin{pmatrix}1+k_1+k_2&-k_1\\k_1&k_2\end{pmatrix}$,其中 k_1,k_2 是任意常数.

3. 略.

4. (1) $\boldsymbol{B}=\begin{pmatrix}0&0&0\\1&0&3\\0&1&-2\end{pmatrix}$;(2) $|\boldsymbol{A}+\boldsymbol{E}|=-4$.

5. (1) $a=5$;(2) $\boldsymbol{\beta}_1=2\boldsymbol{\alpha}_1+4\boldsymbol{\alpha}_2-\boldsymbol{\alpha}_3$, $\boldsymbol{\beta}_2=\boldsymbol{\alpha}_1+2\boldsymbol{\alpha}_2$, $\boldsymbol{\beta}_3=5\boldsymbol{\alpha}_1+10\boldsymbol{\alpha}_2-2\boldsymbol{\alpha}_3$.

6. 略.

7. $t_1^{s-1}+(-1)^{s+1}t_2^{s-1}\neq 0$.

8. (1) $(-1,2,3,1)^{\mathrm{T}}$;(2) $\boldsymbol{B}=\begin{pmatrix}2-a&6-b&-1-c\\-1+2a&-3+2b&1+2c\\1+3a&-4+3b&1+3c\\a&b&c\end{pmatrix}$,其中 a,b,c 是任意数.

9. $a=0$ 或 $a=-\frac{n(n+1)}{2}$ 时,方程组有非零解.

(1) 当 $a=0$ 时, $\boldsymbol{X}=k_1\boldsymbol{\eta}_1+k_2\boldsymbol{\eta}_2+\cdots+k_{n-1}\boldsymbol{\eta}_{n-1}$, 其中 $k_1,k_2,\cdots,k_{n-1}$ 为任意常数,这里 $\boldsymbol{\eta}_1=(-1,1,0,\cdots,0)^{\mathrm{T}}$, $\boldsymbol{\eta}_2=(-1,0,1,\cdots,0)^{\mathrm{T}},\cdots,\boldsymbol{\eta}_{n-1}=(-1,0,0,\cdots,1)^{\mathrm{T}}$;(2) 当 $a=-\dfrac{n(n+1)}{2}$ 时, $\boldsymbol{X}=k\boldsymbol{\eta}$, 其中 k 为任意常数,这里 $\boldsymbol{\eta}=(1,2,\cdots,n)^{\mathrm{T}}$.

10. $\boldsymbol{X}=\boldsymbol{\eta}_0+k\boldsymbol{\eta}_1$, 其中 k 是任意数.

11. (1) 若 $k\neq 9$, 则 $\boldsymbol{X}=k_1(1,2,3)^{\mathrm{T}}+k_2(3,6,k)^{\mathrm{T}}$($k_1,k_2$ 是任意数);(2) 若 $k=9$ 且 $r(\boldsymbol{A})=2$ 时,则 $\boldsymbol{X}=l_1(1,2,3)^{\mathrm{T}}$($l_1$ 是任意数);(3) 若 $k=9$ 且 $r(\boldsymbol{A})=1$, 则 $\boldsymbol{X}=d_1\left(-\dfrac{b}{a},1,0\right)^{\mathrm{T}}+d_2\left(-\dfrac{c}{a},0,1\right)^{\mathrm{T}}$($d_1,d_2$ 是任意数).

12. $a=1$ 或 $a=2$;当 $a=1$ 时,公共解是 $k(1,0,-1)^{\mathrm{T}}$(k 是任意数);当 $a=2$ 时,公共解是 $(0,1,-1)^{\mathrm{T}}$.

13. (1) $\lambda=-1,a=-2$;(2) $\boldsymbol{X}=k(1,0,1)^{\mathrm{T}}+\left(\dfrac{3}{2},-\dfrac{1}{2},0\right)^{\mathrm{T}}$($k$ 是任意数).

14. (1) 略;(2) $a\neq 0$ 时,方程组有唯一解, $x_1=\dfrac{\boldsymbol{D}_1}{\boldsymbol{D}}=\dfrac{na^{n-1}}{(n+1)a^n}=\dfrac{n}{(n+1)a}$;(3) 当 $a=0$ 时,方程组有无穷多解, $\boldsymbol{X}=(0,1,0,\cdots,0)^{\mathrm{T}}+k(1,0,0,\cdots,0)^{\mathrm{T}}$($k$ 是任意数).

15. $\boldsymbol{B}+2\boldsymbol{E}$ 的特征值为 $\lambda_1=\lambda_2=9,\lambda_3=3$;属于 $\boldsymbol{B}$ 的特征值 9 的所有特征向量为 $k_1\boldsymbol{\eta}_1+k_2\boldsymbol{\eta}_2$, 其中 k_1,k_2 是不全为零的任意常数;属于 $\boldsymbol{B}$ 的特征值 $\lambda_3=3$ 的所有特征向量为 $k_3\boldsymbol{\eta}_3$, 其中 $k_3\neq 0$ 为任意常数.

16. 当 $a=-2$ 时, $\boldsymbol{A}$ 可相似对角化;当 $a=-\dfrac{2}{3}$ 时, $\boldsymbol{A}$ 不可相似对角化.

17. 略.

18. (1) 略;(2) $\boldsymbol{\xi}=a(\boldsymbol{\alpha}_1+\boldsymbol{\alpha}_2-\boldsymbol{\alpha}_3)$, a 是任意非零数.

19. (1) $a=0$;(2) 正交变换 $\boldsymbol{X}=\boldsymbol{QY}$, 其中 $\boldsymbol{Q}=\begin{pmatrix}\frac{1}{\sqrt{2}} & 0 & \frac{1}{\sqrt{2}}\\ \frac{1}{\sqrt{2}} & 0 & -\frac{1}{\sqrt{2}}\\ 0 & 1 & 0\end{pmatrix}$, 则 $f(x_1,x_2,x_3)$ 化成标准型 $2y_1^2+2y_2^2$;(3) 方程 $f(x_1,x_2,x_3)=0$ 的解为 $k(1,-1,0)^{\mathrm{T}}$(k 是任意数).

20. (1) $\boldsymbol{A}$ 的特征值为 0,0,3;$\boldsymbol{A}$ 属于特征值 0 和 3 的特征向量分别是 $k_1\boldsymbol{\alpha}_1+k_2\boldsymbol{\alpha}_2$($k_1$, k_2 是任意不全为零的数), $k_3\boldsymbol{\alpha}_3=$($k$ 是任意非零数), $\boldsymbol{\alpha}_3=(1,1,1)^{\mathrm{T}}$.

(2) $\boldsymbol{Q}=\begin{pmatrix}-\frac{1}{\sqrt{6}} & -\frac{1}{\sqrt{2}} & \frac{1}{\sqrt{3}}\\ \frac{2}{\sqrt{6}} & 0 & \frac{1}{\sqrt{3}}\\ -\frac{1}{\sqrt{6}} & \frac{1}{\sqrt{2}} & \frac{1}{\sqrt{3}}\end{pmatrix}$.

21. (1) $\boldsymbol{B}$ 的全部特征值是 $-2,1$;$\boldsymbol{B}$ 属于特征值 $-2,1$ 的全部特征向量分别是 $k_1\boldsymbol{\alpha}_1$

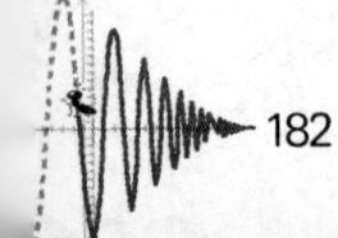

(k_1 是不为零的任意数)和 $k_2\boldsymbol{\alpha}_2+k_3\boldsymbol{\alpha}_3$($k_2,k_3$ 是不全为零的任意数);

(2) $\boldsymbol{B}=\begin{pmatrix}0&3&-3\\3&0&3\\-3&3&0\end{pmatrix}$.

22. (1) 特征值为 $a,a-2,a+1$;(2) $a=2$.

23. (1) $\boldsymbol{A}=\begin{pmatrix}\frac{1}{2}&0&-\frac{1}{2}\\0&1&0\\-\frac{1}{2}&0&\frac{1}{2}\end{pmatrix}$;(2) 略.

24. (1) $a=-1$;(2) f 的矩阵为 $\boldsymbol{B}=\begin{pmatrix}2&0&2\\0&2&2\\2&2&4\end{pmatrix}$;作正交变换 $\boldsymbol{X}=\boldsymbol{QY},\boldsymbol{Q}=$

$\begin{pmatrix}\frac{1}{\sqrt{3}}&\frac{1}{\sqrt{2}}&\frac{1}{\sqrt{6}}\\\frac{1}{\sqrt{3}}&-\frac{1}{\sqrt{2}}&\frac{1}{\sqrt{6}}\\-\frac{1}{\sqrt{3}}&0&\frac{2}{\sqrt{6}}\end{pmatrix}$,则 f 的标准型是 $2y_2^2+6y_3^2$.

25. (1) $\boldsymbol{A}$ 的特征值是 $-1,1,0$,且 $\boldsymbol{A}$ 属于特征值 $-1,1,0$ 的特征向量分别为 $k\boldsymbol{\alpha},k\boldsymbol{\beta}$, $k\boldsymbol{\gamma}$(k 是任意非零数),其中 $\boldsymbol{\alpha}=(1,0,-1)^{\mathrm{T}},\boldsymbol{\beta}=(1,0,1)^{\mathrm{T}},\boldsymbol{\gamma}=(0,1,0)^{\mathrm{T}}$;

(2) $\boldsymbol{A}=\begin{pmatrix}0&0&1\\0&0&0\\1&0&0\end{pmatrix}$.

26. 略.